住房城乡建设部土建类学科专业"十三五"规划教材

住房和城乡建设部中等职业教育建筑与房地产经济管理专业指导委员会规划推荐教材

装饰工程计量与计价

（工程造价专业）

夏昭萍　主　编

严　荣　刘　娟　副主编

黄厚华　吴海蓉　主　审

中国建筑工业出版社

图书在版编目（CIP）数据

装饰工程计量与计价 / 夏昭萍主编 . —北京：中国建筑工业出版社，2015.8（2025.2重印）

住房城乡建设部土建类学科专业"十三五"规划教材

住房和城乡建设部中等职业教育建筑与房地产经济管理专业指导委员会规划推荐教材

（工程造价专业）

ISBN 978-7-112-18396-8

Ⅰ.①装… Ⅱ.①夏… Ⅲ.①建筑装饰—计量—中等专业学校—教材②建筑装饰—工程造价—中等专业学位—教材 Ⅳ.①TU723.3

中国版本图书馆CIP数据核字（2015）第202961号

本书依据《中等职业学校工程造价专业教学标准（试行）》编写，基于任务引领的教学模式，按照典型工作任务设置教学任务，教学任务的设置与具体工作（学习）任务一一对应，突出以实际技能训练带动知识点的学习，做到教、学、做结合，理论与实践一体化。全书共分为5个项目，19个工作（学习）任务。

本书可供中职工程造价专业师生使用，也可供工程造价及工程技术人员学习、参考。

为更好地支持相应课程的教学，我们向采用本书作为教材的教师提供教学课件，有需要者可与出版社联系，邮箱：jckj@cabp.com.cn，电话：(010)58337285，建工书院 http://edu.cabplink.com.

责任编辑：陈 桦 张 晶 吴越恺
书籍设计：京点制版
责任校对：李美娜

住房城乡建设部土建类学科专业"十三五"规划教材
住房和城乡建设部中等职业教育建筑与房地产经济管理专业指导委员会规划推荐教材
装饰工程计量与计价
（工程造价专业）
　　　　　夏昭萍　主　编
严　荣　刘　娟　副主编
黄厚华　吴海蓉　主　审
＊
中国建筑工业出版社出版、发行（北京海淀三里河路9号）
各地新华书店、建筑书店经销
北京京点图文设计有限公司制版
建工社（河北）印刷有限公司印刷
＊
开本：787×1092毫米 1/16 印张：19½ 字数：451千字
2019年2月第一版 2025年2月第六次印刷
定价：**42.00**元（赠教师课件）
ISBN 978-7-112-18396-8
　　　（27642）

本系列教材编委会 ◆◆◆

序言 ◆◆◆

　　中等职业教育工程造价专业教学标准、核心课程标准、配套规划教材由住房和城乡建设部中等职业教育建筑与房地产经济管理专业指导委员会进行系统研制和开发。

　　工程造价专业是建设类职业学校开设最为普遍的专业之一，该专业学习内容地方特点明显，应用性较强。住房和城乡建设部中职教育建筑与房地产经济管理专业指导委员会充分发挥专家机构的职能作用，来自全国多个地区的专家委员对各地工程造价行业人才需求、中职学生就业岗位、工作层次、发展方向等现状进行了广泛而扎实的调研，对各地建筑工程造价相关规范、定额等进行了深入分析，在此基础上，综合各地实际情况，对该专业的培养目标、目标岗位、人才规格、课程体系、课程目标、课程内容等进行了全面和深入的研究，整体性和系统性地研制专业教学标准、核心课程标准以及开发配套规划教材，其中，由本指导委研制的《中等职业学校工程造价专业教学标准（试行）》于2014年6月由教育部正式颁布。

　　本套教材根据教育部颁布的《中等职业学校工程造价专业教学标准（试行）》和指导委员会研制的课程标准进行开发，每本教材均由来自不同地区的多位骨干教师共同编写，具有较为广泛的地域代表性。教材以"项目—任务"的模式进行开发，学习层次紧扣专业培养目标定位和目标岗位业务规格，学习内容紧贴目标岗位工作，大量选用实际工作案例，力求突出该专业应用性较强的特点，达到"与岗位工作对接，学以致用"的效果，对学习者熟悉工作过程知识、掌握专业技能、提升应用能力和水平有较为直接的帮助。

　　　　　　住房和城乡建设部中等职业教育建筑与房地产经济管理专业指导委员会

前言 ◆◆◆

　　本书是中等职业教育工程造价专业《装饰工程计量与计价》教材。本书是在基于任务引领的教学模式下进行编写的，按照典型工作任务设置教学任务，教学任务的设置与具体工作（学习）任务一一对应，突出以实际技能训练带动知识点的学习，做到教、学、做结合，理论与实践一体化。

　　本书任务设置是按中职学校工程造价专业《装饰工程计量与计价》课程开设一学期，每周八学时的教学安排来考虑的。同时需要说明的是：本书依据《建设工程工程量清单计价规范》GB 50500—2013 及《广东省 2010 版造价计价依据》进行编写。

　　本书由广州市土地房产管理职业学校夏昭萍主编，黄厚华、吴海蓉主审。全书共分为 5 个项目，19 个工作（学习）任务，项目 1 及项目 2 的任务 2.2 由河南省焦作市职业技术学校牛爱梅编写，项目 2 的任务 2.1、2.4、2.6、2.7 由广州市土地房产管理职业学校夏昭萍编写，项目 2 的任务 2.3 由宁夏建设职业技术学院严荣编写，项目 2 的任务 2.5 由广州市市政职业学校汪红丽编写，项目 3 及项目 4 由广州市土地房产管理职业学校黄彦编写，项目 5 由广州市土地房产管理职业学校刘娟编写。

　　由于编者水平有限，加之时间仓促，本书在编写过程中难免存在错误与不妥之处，恳请读者批评指正。

目录 ◆◆◆

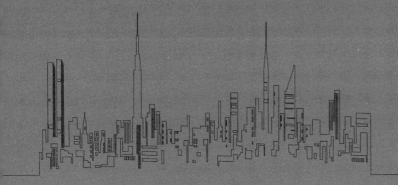

项目 1
绪论

【项目概述】

> 通过本项目的学习，学生能够：了解装饰工程的分类；理解计价定额的概念；掌握装饰工程费用项目组成和计价定额的应用；懂得本课程的学习方法。

【岗位情景】

> 小王从某职业技术学校毕业，准备进入某咨询公司实习，部门主管在面试时，准备了关于装饰工程费用项目的构成情况以及装饰工程计价的基本知识两个问题。请问小王该如何回答？请带着问题学习。

任务 1.1　课程性质、任务和学习方法

通过本任务的学习，学生能够：了解课程的性质、任务；在装饰工程计量与计价中，掌握正确的学习方法。

1.1.1　课程的性质、任务

本课程是中等职业学校工程造价专业的一门实践性较强的专业核心课。其任务是：使学生了解装饰工程及其分类，学习装饰工程造价计价的基本思路；掌握装饰工程计价定额的应用方法及其工程量计算规则，编制装饰工程预算书；能根据建筑与结构施工图、标准图、施工组织设计等规范性技术文件，结合《建设工程工程量清单计价规范》GB 50500-2013 和《房屋建筑与装饰工程工程量清单计算规范》GB 50854-2013，编

制一般装饰工程项目的工程量清单，结合装饰工程计价定额，编制装饰工程量清单计价文件；能初步达到造价员（装饰）岗位职业技能鉴定要求。

1.1.2　学习方法

《装饰工程计量与计价》是一门技术性、专业性和综合性很强的专业课程，学习过程中一定要掌握正确的学习方法，主要是注意以下几点：

1. 必须与其相关课程结合起来进行学习

装饰工程计量与计价涉及装饰工程识图与构造、装饰工程施工技术、装饰材料等有关知识，要学好装饰工程计量与计价，首先应能看懂图纸，了解常见的装饰材料，懂得施工技术，从而为装饰工程计量与计价的学习打下基础。

2. 平时养成多观察、多思考的习惯

课堂上讲的主要是理论知识，学生应通过平时一切可以利用的机会，如观察一些商场、宾馆、高档小区住宅的装饰装修，将理论知识与工程实际结合起来，增加感性认识，更有助于了解装饰材料、装饰工程构造及施工技术，从而更好地理解装饰工程预算项目。

3. 必须有耐心、细心

工程造价的编制是一项很繁琐、很细致的工作，有时一点差错很可能会使一项工作反复做几遍，也可能因为不细心而酿成大错，造价编制人必须要有很好的耐心和细心。

4. 多动手

装饰工程计量与计价需要反复训练，不能光看、光听，要多动手做练习，尽可能地对不同的结构类型、不同的做法进行综合训练。

任务 1.2　装饰工程概述

通过本任务的学习，学生能够：了解装饰工程基本知识；知道装饰工程费用由哪些项目组成，为装饰工程造价的计算打下基础。

【知识构成】

1.2.1　装饰工程概念及作用

1. 装饰工程概念

装饰工程是指采用装饰装修材料或饰物，对建筑物的内外表层及空间进行的各种处理过程，是为了保护建筑物的主体结构、完善建筑物的使用功能和美化建筑物。建筑装饰工程也可以理解为将内外装饰、色彩、灯光及雕刻、壁画等多方面组合的一门综合性工程。装饰工程施工中一般包括抹灰、油漆、刷浆、裱糊、饰面、罩面板和花饰等工艺，其具体内容包括内外墙面、柱面和顶棚的抹灰、刷浆；内外墙、柱饰面和镶面；楼地面的饰面；门窗工程；房屋立面花饰的安装；隔断安装；木制品和金属品油漆等。

2. 装饰工程作用

（1）保护建筑结构。房屋建筑施工中，存在自然因素的影响，如水泥制品会因大气的作用变得疏松，钢材会因氧化而锈蚀，竹木会受微生物的侵蚀而腐朽；人为因素的影响，如在使用过程中由于碰撞、磨损以及水、火、酸、碱的作用也会使建筑结构受到破坏。装饰工程不但不能破坏原有的建筑结构，而且还要使建筑过程中没有进行很好保护的部分通过装饰施工而得到很好的保护处理。装饰工程采用现代装饰材料及科学合理的施工工艺，对建筑结构进行有效的包覆施工，使其免受风吹雨打、湿气侵袭、有害介质的腐蚀以及机械作用等的伤害，从而起到保护建筑结构、增强耐久性、延长建筑物使用寿命的作用。

（2）满足使用功能的要求。任何空间的最终目的都是用来完成一定的功能。装饰工程的作用是根据功能的要求对现有的建筑空间进行适当的调整，以便建筑空间能更好地为功能服务。

（3）满足人们对审美的要求。人除了对空间有功能的要求外，还对空间的美有要求，这种要求随着社会的发展而迅速地提升。这就要求装饰工程完成以后，不但要完成使用功能的要求，还要满足使用者的审美要求。

1.2.2 装饰工程分类

1. 按用途划分

（1）保护性装饰。保护性装饰主要用来保护结构，它设于建筑结构外层，保护建筑构件免遭大气、有害介质的侵蚀和人为的污染。例如，通过木材面刷漆防止微生物的侵蚀而腐朽。

（2）功能装饰。功能装饰可对建筑物起保温、隔声（吸音）、防火等作用。

（3）饰面装饰。饰面装饰起美化建筑的作用，用于改善人们工作、生活的环境。

（4）空间利用装饰。通过安置各种隔板、壁柜、吊柜等，充分利用空间，为工作、生活创造方便。

2. 按装饰部位划分

按装饰部位，可以将装饰装修划分为楼地面装饰、外墙面装饰、内墙面装饰、柱面装饰和天棚装饰等。

3. 按所用材料划分

按建筑装饰装修使用材料，可以将装饰装修划分为水泥、石灰、砂、石类装饰；陶瓷类装饰；玻璃类装饰；涂料类装饰；塑料类装饰；木材类装饰；金属类装饰等。

1.2.3 装饰工程费用项目组成

根据《住房和城乡建设部、财政部关于印发〈建筑安装工程费用项目组成〉的通知》（建标[2013]44号），装饰工程费用项目组成有下面两种划分方法。

第一种：建筑安装工程费按照费用构成要素划分，由人工费、材料（包含工程设备，下同）费、施工机具使用费、企业管理费、利润、规费和税金组成。其中人工费、材料费、施工机具使用费、企业管理费和利润包含在分部分项工程费、措施项目费、其他项目费中。

1.人工费：是指按工资总额构成规定，支付给从事建筑安装工程施工的生产工人和附属生产单位工人的各项费用。内容包括：

（1）计时工资或计件工资

计时工资或计件工资是指按计时工资标准和工作时间或对已做工作按计件单价支付给个人的劳动报酬。

（2）奖金

指对超额劳动和增收节支支付给个人的劳动报酬。如节约奖、劳动竞赛奖等。

（3）津贴补贴

指为了补偿职工特殊或额外的劳动消耗和因其他特殊原因支付给个人的津贴，以及为了保证职工工资水平不受物价影响支付给个人的物价补贴。如流动施工津贴、特殊地区施工津贴、高温（寒）作业临时津贴、高空作业津贴等。

（4）加班加点工资

指按规定支付的在法定节假日工作的加班工资和在法定日工作时间外延时工作的加点工资。

（5）特殊情况下支付的工资

指根据国家法律、法规和政策规定，因病、工伤、产假、计划生育假、婚丧假、事假、探亲假、定期休假、停工学习、执行国家或社会义务等原因按计时工资标准或计时工资标准的一定比例支付的工资。

2.材料费：是指施工过程中耗费的原材料、辅助材料、构配件、零件、半成品或成品、工程设备的费用。内容包括：

（1）材料原价：是指材料、工程设备的出厂价格或商家供应价格。

（2）运杂费：是指材料、工程设备自来源地运至工地仓库或指定堆放地点所发生的全部费用。

（3）运输损耗费：是指材料在运输装卸过程中不可避免的损耗所产生的费用。

（4）采购及保管费：是指为组织采购、供应和保管材料、工程设备的过程中所需要的各项费用。包括采购费、仓储费、工地保管费、仓储损耗。

工程设备是指构成或计划构成永久工程一部分的机电设备、金属结构设备、仪器装置及其他类似的设备和装置。

3. 施工机具使用费：是指施工作业所发生的施工机械、仪器仪表使用费或其租赁费。

（1）施工机械使用费：以施工机械台班耗用量乘以施工机械台班单价表示，施工机械台班单价应由下列七项费用组成。

◆ 折旧费：指施工机械在规定的使用年限内，陆续收回其原值的费用。

◆ 大修理费：指施工机械按规定的大修理间隔台班进行必要的大修理，以恢复其正常功能所需的费用。

◆ 经常修理费：指施工机械除大修理以外的各级保养和临时故障排除所需的费用。包括为保障机械正常运转所需替换设备与随机配备工具附具的摊销和维护费用，机械运转中日常保养所需润滑与保养的材料费用及机械停滞期间的维护和保养费用等。

◆ 安拆费及场外运费：安拆费指施工机械（大型机械除外）在现场进行安装与拆卸所需的人工、材料、机械和试运转费用以及机械辅助设施的折旧、搭设、拆除等费用；场外运费指施工机械整体或分体自停放地点运至施工现场或由一施工地点运至另一施工地点的运输、装卸、辅助材料及架线等费用。

◆ 人工费：指机上司机（司炉）和其他操作人员的人工费。

◆ 燃料动力费：指施工机械在运转作业中消耗的各种燃料及水、电等的费用。

◆ 税费：指施工机械按照国家规定应缴纳的车船使用税、保险费及年检费等。

（2）仪器仪表使用费：是指工程施工所需使用的仪器仪表的摊销及维修费用。

4. 企业管理费：是指建筑安装企业组织施工生产和经营管理所需的费用。内容包括：

（1）管理人员工资：是指按规定支付给管理人员的计时工资、奖金、津贴补贴、加班加点工资及特殊情况下支付的工资等。

（2）办公费：是指企业管理办公用的文具、纸张、账表、印刷、邮电、书报、办公软件、现场监控、会议、水电和集体取暖降温（包括现场临时宿舍供暖降温）等发生的费用。

（3）差旅交通费：是指职工因公出差、调动工作的差旅费、住勤补助费，市内交通费和误餐补助费，职工探亲路费，劳动力招募费，职工退休、退职一次性路费，工伤人员就医路费，工地转移费以及管理部门使用的交通工具的油料、燃料等费用。

（4）固定资产使用费：是指管理和试验部门及附属生产单位使用的属于固定资产的房屋、设备、仪器等的折旧、大修、维修或租赁费。

（5）工具用具使用费：是指企业施工生产和管理使用的不属于固定资产的工具、器具、家具、交通工具和检验、试验、测绘、消防用具等的购置、维修和摊销费。

（6）劳动保险和职工福利费：是指由企业支付的职工退职金、按规定支付给离休干部的经费，集体福利费、夏季防暑降温、冬季取暖补贴、上下班交通补贴等。

（7）劳动保护费：是企业按规定发放的劳动保护用品的支出。如工作服、手套、防暑降温饮料以及在有碍身体健康的环境中施工的保健费用等。

（8）检验试验费：是指施工企业按照有关标准规定，对建筑以及材料、构件和建筑安装物进行一般鉴定、检查所发生的费用，包括自设试验室进行试验所耗用的材料等费用。不包括新结构、新材料的试验费，对构件做破坏性试验及其他特殊要求检验试验的费用和建设单位委托检测机构进行检测的费用，对此类检测发生的费用，由建设单位在工程建设其他费用中列支。但对施工企业提供的具有合格证明的材料进行检测不合格的，该检测费用由施工企业支付。

（9）工会经费：是指企业按《工会法》规定的全部职工工资总额比例计提的工会经费。

（10）职工教育经费：是指按职工工资总额的规定比例计提，企业为职工进行专业技术和职业技能培训，专业技术人员继续教育、职工职业技能鉴定、职业资格认定以及根据需要对职工进行各类文化教育所发生的费用。

（11）财产保险费：是指施工管理用财产、车辆等的保险费用。

（12）财务费：是指企业为施工生产筹集资金或提供预付款担保、履约担保、职工工资支付担保等所发生的各种费用。

（13）税金：是指企业按规定缴纳的房产税、车船使用税、土地使用税、印花税等。

（14）其他：包括技术转让费、技术开发费、投标费、业务招待费、绿化费、广告费、公证费、法律顾问费、审计费、咨询费、保险费等。

5. 利润：是指施工企业完成所承包工程获得的盈利。

6. 规费：是指按国家法律、法规规定，由省级政府和省级有关权力部门规定必须缴纳或计取的费用。包括：

（1）社会保险费

◆ 养老保险费：是指企业按照规定标准为职工缴纳的基本养老保险费。

◆ 失业保险费：是指企业按照规定标准为职工缴纳的失业保险费。

◆ 医疗保险费：是指企业按照规定标准为职工缴纳的基本医疗保险费。

◆ 生育保险费：是指企业按照规定标准为职工缴纳的生育保险费。

◆ 工伤保险费：是指企业按照规定标准为职工缴纳的工伤保险费。

（2）住房公积金：是指企业按规定标准为职工缴纳的住房公积金。

（3）工程排污费：是指按规定缴纳的施工现场工程排污费。其他应列而未列入的规费，按实际发生计取。

7. 税金：是指国家税法规定的应计入建筑安装工程造价内的营业税(3%)、城市维护建设税、教育费附加以及地方教育附加(2%)。

第二种：建筑安装工程费按照工程造价形成划分，由分部分项工程费、措施项目费、其他项目费、规费、税金组成。分部分项工程费、措施项目费、其他项目费包含人工费、材料费、施工机具使用费、企业管理费和利润。

1. 分部分项工程费：是指各专业工程的分部分项工程应予列支的各项费用。

（1）专业工程：是指按现行国家计量规范划分的房屋建筑与装饰工程、仿古建筑工程、通用安装工程、市政工程、园林绿化工程、矿山工程、构筑物工程、城市轨道交通工程、爆破工程等各类工程。

（2）分部分项工程：指按现行国家计量规范对各专业工程划分的项目。如房屋建筑与装饰工程划分的土石方工程、地基处理与桩基工程、砌筑工程、钢筋及钢筋混凝土工程等。

各类专业工程的分部分项工程划分见现行国家或行业计量规范。

2. 措施项目费：是指为完成建设工程施工，发生于该工程施工前和施工过程中的技术、生活、安全、环境保护等方面的费用。内容包括：

（1）安全文明施工费

◆ 环境保护费：是指施工现场为达到环保部门要求所需要的各项费用。

◆ 文明施工费：是指施工现场文明施工所需要的各项费用。

◆ 安全施工费：是指施工现场安全施工所需要的各项费用。

◆ 临时设施费：是指施工企业为进行建设工程施工所必须搭设的生活和生产用的临时建筑物、构筑物和其他临时设施费用。包括临时设施的搭设、维修、拆除、清理费或摊销费等。

（2）夜间施工增加费：是指因夜间施工所发生的夜班补助费、夜间施工降效、夜间施工照明设备摊销及照明用电等费用。

（3）二次搬运费：是指因施工场地条件限制而发生的材料、构配件、半成品等一次运输不能到达堆放地点，必须进行二次或多次搬运所发生的费用。

（4）冬雨季施工增加费：是指在冬季或雨季施工需增加的临时设施、防滑、排除雨雪，人工及施工机械效率降低等费用。

（5）已完工程及设备保护费：是指竣工验收前，对已完工程及设备采取的必要保护措施所发生的费用。

（6）工程定位复测费：是指工程施工过程中进行全部施工测量放线和复测工作的费用。

（7）特殊地区施工增加费：是指工程在沙漠或其边缘地区、高海拔、高寒、原始森林等特殊地区施工增加的费用。

（8）大型机械设备进出场及安拆费：是指机械整体或分体自停放场地运至施工现场或由一个施工地点运至另一个施工地点，所发生的机械进出场运输及转移费用及机械在施工现场进行安装、拆卸所需的人工费、材料费、机械费、试运转费和安装所需的辅助设施的费用。

（9）脚手架工程费：是指施工需要的各种脚手架搭、拆、运输费用以及脚手架购置费的摊销（或租赁）费用。

措施项目及其包含的内容详见各类专业工程的现行国家或行业计量规范。

3. 其他项目费

（1）暂列金额：是指建设单位在工程量清单中暂定并包括在工程合同价款中的一笔款项。用于施工合同签订时尚未确定或者不可预见的所需材料、工程设备、服务的采购，施工中可能发生的工程变更、合同约定调整因素出现时的工程价款调整以及发生的索赔、现场签证确认等的费用。

（2）计日工：是指在施工过程中，施工企业完成建设单位提出的施工图纸以外的零星项目或工作所需的费用。

（3）总承包服务费：是指总承包人为配合、协调建设单位进行的专业工程发包，对建设单位自行采购的材料、工程设备等进行保管以及施工现场管理、竣工资料汇总整理等服务所需的费用。

4. 规费：定义同第一种。

5. 税金：定义同第一种。

任务 1.3　装饰工程清单计价基本知识

通过本任务的学习，学生能够：掌握建设工程工程量清单计价规范相关内容，为装饰工程工程量清单计价打下基础。

【知识构成】

装饰工程计量与计价必须按照《建设工程工程量清单计价规范》GB 50500-2013（以下简称计价规范）、《房屋建筑与装饰工程工程量计算规范》GB 50854-2013（以下简称计量规范）的要求来编制工程量清单、结合装饰工程定额编制招标控制价及投标报价等。

1.3.1　常用术语

工程量清单：载明建设工程分部分项工程项目、措施项目、其他项目的名称和相应数量以及规费、税金项目等内容的明细清单。

招标工程量清单：招标人依据国家标准、招标文件、设计文件以及施工现场实际情况编制的，随招标文件发布供投标报价的工程量清单，包括其说明和表格。

已标价工程量清单：构成合同文件组成部分的投标文件中已标明价格，经算术性错误修正（如有）且承包人已确认的工程量清单，包括其说明和表格。

项目编码：分部分项工程和措施项目清单名称的阿拉伯数字标识。

项目特征：构成分部分项工程项目、措施项目自身价值的本质特征。

综合单价：完成一个规定清单项目所需的人工费、材料和工程设备费、施工机具使用费和企业管理费、利润以及一定范围内的风险费用。

风险费用：隐含于已标价工程量清单综合单价中，用于化解发承包双方在工程合同中约定内容和范围内的市场价格波动风险的费用。

招标控制价：招标人根据国家或省级、行业建设主管部门颁发的有关计价依据和办法，以及拟定的招标文件和招标工程量清单，结合工程具体情况编制的招标工程的最高投标限价。

投标价：投标人投标时响应招标文件要求所报出的对已标价工程量清单汇总后标明的总价。

工程量计算：指建设工程项目以工程设计图纸、施工组织设计或施工方案及有关技术经济文件为依据，按照相关工程国家标准的计算规则、计量单位等规定，进行工程数量的计算活动，在工程建设中简称工程计量。

1.3.2　清单计价规范的部分规定

1. 使用国有资金投资的建设工程发承包，必须采用工程量清单计价。

2. 非国有资金投资的建设工程，宜采用工程量清单计价。

3. 工程量清单应采用综合单价计价。

4. 措施项目中的安全文明施工费必须按国家或省级、建设行业主管部门的规定计算，不得作为竞争性费用。

5. 规费和税金必须按国家或省级、建设行业主管部门的规定计算，不得作为竞争性费用。

6. 建设工程发承包，必须在招标文件、合同中明确计价中的风险内容及其范围，不得采用"无限风险""所有风险"或类似语句规定计价中的风险内容及范围。

1.3.3　工程量清单编制的一般要求

1. 招标工程量清单应由具有编制能力的招标人或受其委托、具有相应资质的工程造价咨询人编制。

2. 招标工程量清单必须作为招标文件的组成部分，其准确性和完整性应由招标人负责。

3. 招标工程量清单应以单位（项）工程为单位编制，应由分部分项工程项目清单、措施项目清单、其他项目清单、规费和税金项目清单组成。

4. 分部分项工程项目清单必须载明项目编码、项目名称、项目特征、计量单位和工程量。

5. 分部分项工程项目清单必须根据相关工程现行国家计量规范规定的项目编码、项目名称、项目特征、计量单位和工程量计算规则进行编制。

6. 措施项目清单必须根据相关工程现行国家计量规范的规定编制。

7. 其他项目、规费和税金项目清单应按照现行国家计价规范的相关规定编制。

1.3.4　招标控制价的一般规定

1. 国有资金投资的建设工程招标，招标人必须编制招标控制价。

2. 招标控制价应由具有编制能力的招标人或受其委托具有相应资质的工程造价咨询人编制和复核。

1.3.5　投标报价的一般规定

1. 投标价应由投标人或受其委托具有相应资质的工程造价咨询人编制。

2. 投标人应依据计价规范的相关规定自主确定投标报价。

3. 投标报价不得低于工程成本。

4. 投标人必须按招标工程量清单填报价格。项目编码、项目名称、项目特征、计量单位、工程量必须与招标工程量清单一致。

5. 投标人的投标报价高于招标控制价的应予废标。

1.3.6　工程计价表格

工程计价表宜采用统一格式（详见《建设工程工程量清单计价规范》）。各省、自治区、直辖市建设行政主管部门和行业建设主管部门可根据本地区、本行业的实际情况，在计价规范附录 B 至附录 L 计价表格的基础上补充完善。

1.3.7　工程计量的有关规定

1. 房屋建筑与装饰工程计价，必须按相关规范规定的工程量计算规则进行工程计量。

2. 规范附录中有两个或两个以上计量单位的，应结合拟建工程项目的实际情况，确定其中一个为计量单位。同一工程项目的计量单位应一致。

3. 工程计量时每一项目汇总的有效位数应遵守下列规定：

（1）以"t"为单位，应保留小数点后三位数字，第四位小数四舍五入。

（2）以"m""m²""m³""kg"为单位，应保留小数点后两位数字，第三位小数四舍五入。

（3）以"个""件""根""组""系统"为单位，应取整数。

4. 规范附录中各项目仅列出了主要工作内容，除另有规定和说明者外，应视为已经包括完成该项目所列或未列的全部工作内容。

任务 1.4　装饰工程计价定额

通过本任务的学习，学生能够：理解定额的概念；会正确地套用定额，为装饰工程工程量清单综合单价的确定打下基础。

【知识构成】

1.4.1　装饰工程计价定额概念及作用

1. 装饰工程计价定额概念

装饰工程计价定额是指在正常的施工条件下，为了完成质量合格的单位装饰工程产品所需人工、材料、机械台班消耗和价值货币表现的数量标准。建设工程定额的种类较多，装饰工程计价定额是定额的一种，定额是一种标准、一种尺度，计价定额不但给出了实物消耗量指标，也给出了相应的货币消耗量指标，定额具有科学性、系统性、时效性等特性。

2. 装饰工程计价定额作用

建设工程定额有多种分类方法，其中按编制单位及使用范围可分为全国消耗量定额、地区消耗量定额、企业消耗量定额。各地区编制的装饰工程计价定额是由各地区建设行政主管部门根据合理的施工组织设计，按照正常施工条件制定的，完成单位合格的装饰分项工程所需人工、材料、机械台班的社会平均消耗量定额，其主要作用有以下几点：①编制装饰工程施工图预算的依据；②编制装饰工程招标控制价或标底的依据；③承发包双方办理竣工结算的依据；④招标人组合清单项目综合单价、衡量投标报价合理性的基础；⑤投标人组合清单项目综合单价、确定投标报价、企业内部核算的参考；⑥有关部门审核、审计的依据。

1.4.2　装饰工程计价定额的应用

目前，根据《建设工程工程量清单计价规范》GB 50500–2013进行装饰工程清单计价，离不开地区定额，地区定额是确定工程量清单综合单价的基础。在编制装饰工程造价时，必须对装饰工程定额的总说明、各分部说明及项目划分、工程量计算规则等有正确的理解并熟记。不同地区的定额会有一些差别，但在应用定额时通常都会遇到：定额的直接套用、定额的换算等。下面以2010年版《广东省建筑与装饰工程综合定额》为例介绍定额的应用。

1. 定额的直接套用

在套用定额时，当分项工程的设计内容与定额内容完全相符，或不完全相符但定额规定不允许调整时，则可以直接套用。在工程实际中，定额的直接套用应用于大部分项目。

【例1-1】 某装饰工程楼地面做法为贴陶瓷砖600mm×600mm，分项工程量为400m^2，使用的水泥种类等条件同定额，地区类别为一类，试计算该分项工程定额基价费用，并计算人工、计价主材用量？

解：以2010年版《广东省建筑与装饰工程综合定额》为计价依据

①确定定额子目编号：A9-68

②查定额，确定定额基价为8535.57元/100m^2，其中：

人工费：

21.681工日×51元=1105.73元/100m^2

材料费：

瓷质抛光砖（600×600）：102.500m^2×69.99元=7173.98元/100m^2

白色硅酸盐水泥42.5：0.010t×592.37元=5.92元/100m^2

复合普通硅酸盐水泥P·O 42.5：0.060t×317.07元=19.02元/100m^2

白棉纱：1.500kg×12.29元=18.44元/100m^2

水：3.000m^3×2.80元=8.40元/100m^2

其他材料费：8.03元/100m^2

水泥砂浆1:2含量（未计价材料）：1.010m^3/100m^2

材料费小计（不含未计价材料）：7233.79元/100m^2

机械费：0元/100m^2　　管理费：196.05元/100m^2

③计算定额基价费用：8535.57/100×400=34142.28元

④人工、计价主材用量计算：

人工：21.681/100×400=86.724工日

瓷质抛光砖（600×600）：102.500/100×400=410.00m^2

白色硅酸盐水泥42.5：0.010/100×400=0.040t

复合普通硅酸盐水泥 P·O 42.5：0.060/100×400=0.240t

2. 定额的换算

在套用定额时，当分项工程的设计内容与定额内容不完全相符，且根据定额规定允许调整时，则可以按定额规定的要求进行定额换算。装饰工程定额换算的主要内容有：乘系数换算、配合比换算、抹灰厚度换算等。

（1）乘系数换算

【例 1-2】某装饰工程楼地面做法为斜铺陶瓷砖 600mm×600mm，分项工程量为 400m²，使用的水泥种类等条件同定额，地区类别为一类，试计算该分项工程定额基价费用，并计算人工、计价主材用量。

解：以 2010 年《广东省建筑与装饰工程综合定额》为计价依据，定额说明规定：定额楼地面块料铺贴按正铺考虑，若设计斜铺者，人工消耗量乘以系数 1.10，块料消耗量乘以系数 1.03。

①定定额子目编号：A9-68 换

②换算定额基价：

人工费：21.681×1.10 工日 ×51 元 =1216.30 元 /100m²

材料费：瓷质抛光砖（600×600）：102.500×1.03m²×69.99 元 =7389.19 元 /100m²

其他材料同【例 1-1】。

材料费小计（不含未计价材料）：7449.00 元 /100m²

机械费、管理费同【例 1-1】。

合计：A9-68 换 =8861.35 元 /100m²

③计算定额基价费用：8861.35/100×400=35445.40 元

④人工、计价主材用量计算

人工：21.681×1.10/100×400=95.396 工日

瓷质抛光砖（600×600）：102.500×1.03/100×400=422.30m²

白色硅酸盐水泥 42.5：0.010/100×400=0.040t

复合普通硅酸盐水泥 P·O 42.5：0.060/100×400=0.240t

（2）配合比换算

【例 1-3】某装饰工程楼地面做法为普通水磨石整体面层 20mm+15mm（玻璃嵌条），分项工程量为 200m²，使用的水磨石子浆（配合比）为 1：2，水泥及玻璃种类等条件同定额，地区类别为二类，试计算该分项工程定额基价费用。

解：以 2010 年《广东省建筑与装饰工程综合定额》为计价依据，定额说明规定：定额中所注明的砂浆、水泥石子浆等配合比与设计规定不同时，可按设计规定换算，但人工消耗量不变。

①确定定额子目编号为：A9-18 换

②换算定额基价，将 1：1.25 水磨石子浆单价换算为 1：2 水磨石子浆单价（查配合

比表为 597.20 元 /m³），水磨石子浆用量不变，换算公式为：

换算后定额基价 = 定额原基价 + 定额水磨石子浆用量 ×（设计石子浆单价 – 定额石子浆单价）

即　A9-18 换 =5490.82+1.730×（597.20–570.15）=5537.62 元 /100m²

③计算定额基价费用（不含未计价材料）：5537.62/100×200=11075.24 元

或人工费：59.580 工日 ×51 元 =3038.58 元 /100m²

材料费：水磨石子浆（配合比）1：2：1.730m³×597.20 元 =1033.16 元 /100m²

复合普通硅酸盐水泥 P·O 42.5：0.086t×317.07 元 =27.27 元 /100m²

平板玻璃 3：3.120m²×15.20 元 =47.42 元 /100m²

白棉纱：2.000kg×12.29 元 =24.58 元 /100m²

松节油：15.000kg×7.000 元 =105.00 元 /100m²

金刚石（综合）：16.500 块 ×6.37 元 =105.11 元 /100m²

草酸：7.940kg×4.71 元 =37.40 元 /100m²

石蜡：5.000kg×3.10 元 =15.50 元 /100m²

水：6.250m³×2.80 元 =17.50 元 /100m²

其他材料费：29.84 元 /100m²

水泥砂浆：1：2.5 含量（未计价材料）2.020m³/100m²

材料费小计（不含未计价材料）：1442.78 元 /100m²

机械费：506.34 元 /100m² 其中：

灰浆搅拌机 拌筒容量 200（L）：0.353 台班 ×70.86 元 =25.01 元 /100m²

平面磨石机 功率 3（kW）：10.780 台班 ×44.65 元 =481.33 元 /100m²

管理费：549.95 元 /100m²

合计：A9-18 换 =5537.62 元 /100m²

④计算定额基价费用：5537.62/100×200=11075.24 元

3. 抹灰厚度换算

【例 1-4】某装饰工程楼地面做法为普通水磨石整体面层 20mm+10mm（玻璃嵌条），分项工程量为 200m²，使用的水磨石子浆（配合比）为 1：1.25，水泥及玻璃种类等条件同定额，地区类别为二类，试计算该分项工程定额基价费用。

解：以 2010 年《广东省建筑与装饰工程综合定额》为计价依据，定额说明规定：如设计抹灰厚度与定额不同时，定额有注明厚度的子目可以换算。定额 A9-18 中 1：1.25 水磨石子浆厚度为 15mm，而设计厚度为 10mm，可按定额 A9-23 进行厚度换算。

①定定额子目编号：A9-18 换

②换算定额基价：A9-18 换 =（A9-18）基价 –（A9-23）基价

$$=5490.82–391.63=5099.19 元 /100m²$$

③计算定额基价费用（不含未计价材料）：5099.19/100×200=10198.38 元

4. 其他换算

【例 1-5】某工程外墙面装饰用水泥膏粘贴 240mm×60mm×8mm 陶瓷面砖，灰缝宽 6mm，用白水泥膏勾缝，工程量 68.50m²，地区类别为一类，试计算该分项工程定额基价费用？

解：以 2010 年《广东省建筑与装饰工程综合定额》为计价依据，定额附注规定：疏缝宽按 8mm 考虑；墙面陶瓷砖用量按扣减灰缝后的块料面积乘以 1.03 系数；墙面白水泥膏勾缝用量为 0.09m³，并相应扣减水泥膏用量。白水泥膏单价查配合比表，1119.79 元/m³。

①定定额子目编号：A10-144 换

②换算定额基价：釉面砖（240mm×60mm）用量 ={100/[（0.24+0.006）×（0.06+0.006）]}×0.24×0.06×1.03=91.353m²

人工费：45.927 工日 ×51 元 =2342.28 元/100m²

材料费：

釉面砖（240×60）：91.353m²×25.55 元 =2334.07 元/100m²

白棉纱：1.000kg×12.29 元 =12.29 元/100m²

水：0.240m³×2.80 元 =0.67 元/100m²

水泥膏（配合比）：（0.630−0.09）m³×600.03 元 =324.02 元/100m²

白水泥膏（配合比）：0.09m³×1119.79 元 =100.78 元/100m²

其他材料费：4.29 元/100m²

材料费小计：2776.12 元/100m²

机械费：0

管理费：415.29 元/100m²

合计：A10-144 换 =5533.69 元/100m²

③计算定额基价费用：5533.69/100×68.50=3790.58 元

【项目训练】

1. 某装饰工程楼地面做法为贴陶瓷砖 800mm×800mm，分项工程量为 200m²，使用的水泥种类等条件同定额，试结合地区定额计算该分项工程的定额基价费用，并计算人工、计价主材消耗量。

2. 某装饰工程楼地面做法为斜铺陶瓷砖 800mm×800mm，分项工程量为 200m²，使用的水泥种类等条件同定额，地区类别为一类，试根据 2010 年《广东省建筑与装饰工程综合定额》计算该分项工程的定额基价费用，并计算人工、计价主材消耗量？

项目 2
分部分项工程和单价措施项目计量与计价

【项目概述】

　　本项目是通过位于广东省广州市的某公寓样板房装饰工程施工图中分部分项工程和单价措施项目计量与计价的学习，使学生能够识读某公寓样板房装饰工程施工图；了解该样板房装饰工程中各分部分项工程和单项措施项目的施工工艺；掌握装饰工程各分部分项工程和单价措施项目工程量计算规范；能够根据装饰工程施工图，计算装饰工程各分部分项工程和单价措施项目的清单工程量，最终编制出各分部分项工程和单价措施项目的工程量清单；掌握当地装饰工程计价定额中各分部分项工程和单价措施项目定额项目划分及工程量计算规则；根据编制的各分部分项工程和单价措施项目工程量清单，填写综合单价分析表，从而最终确定各分部分项工程和单价措施项目清单项目的综合单价。

【岗位情景】

　　小王顺利进入某咨询公司实习，部门主管将某公寓样板房的装饰图纸交给小王，让小王编制一份工程量清单报价书，小王决定首先对分部分项工程和清单措施项目计量与计价，请问小王该如何计算呢？请带着问题学习。

任务 2.1　楼地面装饰工程计量与计价

【任务描述】

　　本任务是通过位于广东省广州市的某公寓样板房装饰工程施工图中的楼地面面层、踢脚线、楼梯面层及零星装饰项目等分部分项工程的学习，使学生能够识读某公寓样板房中楼地面装饰工程施工图；了解该样板房装饰工程中所用楼地面装饰工程施工工艺；掌握楼地面装饰工程工程量计算规范；能够根据楼地面装饰工程施工图，计算楼地面装饰工程清单工程量，最终编制出楼地面装饰工程的工程量清单；掌握当地装饰工程计价定额中楼地面装饰工程定额子目划分及工程量计算规则；根据编制的楼地面装饰工程量清单，填写综合单价分析表，从而最终确定清单项目的综合单价。

【知识构成】

2.1.1　楼地面装饰工程量清单设置

　　楼地面装饰工程清单项目按照面层装饰材料和使用部位的不同分为整体面层及找平层、块料面层、橡塑面层、其他材料面层、踢脚线、楼梯面层、台阶装饰、零星装饰项目共 8 节 43 个项目。适用于楼地面、楼梯、台阶等装饰工程。各项目的项目编码、项目名称、项目特征、计量单位、工程量计算规则以及包含的工作内容详见《房屋建筑与装饰工程计量规范》GB 50854-2013 附录 L 中的 L.1 ～ L.8。下面仅将常见的楼地面工程清单项目摘录如表 2-1 ～表 2-7。

1. 整体面层及找平层

　　整体面层及找平层清单项目的设置、项目特征描述的内容、计量单位及工程量计算规则应按《房屋建筑与装饰工程计量规范》GB 50854-2013 附录 L.1 的规定执行。常见的整体面层及找平层清单项目的相关内容见表 2-1。

L.1 整体面层及找平层（编码：011101） 表 2-1

项目编码	项目名称	项目特征	计量单位	工程量计算规则	工作内容
011101001	水泥砂浆楼地面	1. 找平层厚度、砂浆配合比 2. 素水泥浆遍数 3. 面层厚度、砂浆配合比 4. 面层做法要求	m^2	按设计图示尺寸以面积计算。扣除凸出地面构筑物、设备基础、室内铁道、地沟等所占面积，不扣除间壁墙及 $\leqslant 0.3m^2$ 柱、垛、附墙烟囱及孔洞所占面积。门洞、空圈、暖气包槽、壁龛的开口部分不增加面积	1. 基层清理 2. 抹找平层 3. 抹面层 4. 材料运输
011101002	现浇水磨石楼地面	1. 找平层厚度、砂浆配合比 2. 面层厚度、水泥石子砂浆配合比 3. 嵌条材料种类、规格 4. 石子的种类、规格、颜色 5. 颜料的种类、颜色 6. 图案要求 7. 磨光、酸洗、打蜡要求	m^2		1. 基层清理 2. 抹找平层 3. 面层铺设 4. 嵌缝条安装 5. 磨光、酸洗打蜡 6. 材料运输
011101006	平面砂浆找平层	找平层厚度、砂浆配合比	m^2	按设计图示尺寸以面积计算	1. 基层清理 2. 抹找平层 3. 材料运输

2. 块料面层

块料面层清单项目的设置、项目特征描述的内容、计量单位及工程量计算规则应按《房屋建筑与装饰工程计量规范》GB 50854-2013 附录 L.2 的规定执行。常见的块料面层清单项目的相关内容见表 2-2。

L.2 块料面层（编码：011102） 表 2-2

项目编码	项目名称	项目特征	计量单位	工程量计算规则	工作内容
011102001	石材楼地面	1. 找平层厚度、砂浆配合比 2. 结合层厚度、砂浆配合比 3. 面层材料品种、规格、颜色 4. 嵌缝材料种类 5. 防护层材料种类 6. 酸洗、打蜡要求	m^2	按设计图示尺寸以面积计算。门洞、空圈、暖气包槽、壁龛的开口部分并入相应的工程量内	1. 基层清理 2. 抹找平层 3. 面层铺设、磨边 4. 嵌缝 5. 刷防护材料 6. 酸洗、打蜡 7. 材料运输
011102003	块料楼地面				

3. 其他材料面层

其他材料面层清单项目的设置、项目特征描述的内容、计量单位及工程量计算规则应按《房屋建筑与装饰工程计量规范》GB 50854-2013 附录 L.4 的规定执行。常见的其他材料面层清单项目的相关内容见表 2-3。

L.4 其他材料面层（编码：011104） 表 2-3

项目编码	项目名称	项目特征	计量单位	工程量计算规则	工作内容
011104002	竹、木（复合）地板	1. 龙骨材料种类、规格、铺设间距 2. 基层材料种类、规格 3. 面层材料品种、规格、颜色 4. 防护材料种类	m^2	按设计图示尺寸以面积计算。门洞、空圈、暖气包槽、壁龛的开口部分并入相应的工程量内	1. 基层清理 2. 龙骨铺设 3. 基层铺设 4. 面层铺贴 5. 刷防护材料 6. 材料运输

4. 踢脚线

踢脚线清单项目的设置、项目特征描述的内容、计量单位及工程量计算规则应按《房屋建筑与装饰工程计量规范》GB 50854-2013 附录 L.5 的规定执行。常见的踢脚线清单项目的相关内容见表 2-4。

L.5 踢脚线（编码：011105）　　　　　　　　表 2-4

项目编码	项目名称	项目特征	计量单位	工程量计算规则	工作内容
011105002	石材踢脚线	1. 踢脚线高度 2. 粘结层厚度、材料种类 3. 面层材料品种、规格、颜色 4. 防护材料种类	1. m² 2. m	1. 以平方米计量，按设计图示长度乘高度以面积计算 2. 以米计量，按延长米计算	1. 基层清理 2. 底层抹灰 3. 面层铺贴、磨边 4. 擦缝 5. 磨光、酸洗、打蜡 6. 刷防护材料 7. 材料运输
011105003	块料踢脚线				
011105005	木质踢脚线				
011105006	金属踢脚线	1. 踢脚线高度 2. 基层材料种类、规格 3. 面层材料品种、规格、颜色			1. 基层清理 2. 基层铺贴 3. 面层铺贴 4. 材料运输

5. 楼梯面层

楼梯面层清单项目的设置、项目特征描述的内容、计量单位及工程量计算规则应按《房屋建筑与装饰工程计量规范》GB 50854-2013 附录 L.6 的规定执行。常见的楼梯面层清单项目的相关内容见表 2-5。

L.6 楼梯面层（编码：011106）　　　　　　　　表 2-5

项目编码	项目名称	项目特征	计量单位	工程量计算规则	工作内容
011106001	石材楼梯面层	1. 找平层厚度、砂浆配合比 2. 粘结层厚度、砂浆配合比 3. 面层材料品种、规格、颜色 4. 防滑条材料种类、规格 5. 勾缝材料种类 6. 防护材料种类 7. 酸洗、打蜡要求	m²	按设计图示尺寸以楼梯（包括踏步、休息平台及 ≤ 500mm 的楼梯井）水平投影面积计算。楼梯与楼梯地面相连时，算至楼梯梁内侧边沿；无梯口梁者，算至上一层踏步边沿加 300mm	1. 基层清理 2. 抹找平层 3. 面层铺贴、磨边 4. 贴嵌防滑条 5. 勾缝 6. 刷防护材料 7. 酸洗、打蜡 8. 材料运输
011106002	块料楼梯面层				
011106007	木板楼梯面层	1. 基层材料种类、规格 2. 面层材料品种、规格、颜色 3. 粘结材料种类 4. 防护材料种类			1. 基层清理 2. 基层铺贴 3. 面层铺贴 4. 刷防护材料 5. 材料运输

6. 台阶装饰

台阶面层清单项目的设置、项目特征描述的内容、计量单位及工程量计算规则应按《房屋建筑与装饰工程计量规范》GB 50854-2013 附录 L.7 的规定执行。常见的台阶装饰清单项目的相关内容见表 2-6。

L.7 台阶装饰（编码：011107）　　　　表 2-6

项目编码	项目名称	项目特征	计量单位	工程量计算规则	工作内容
011107001	石材台阶面	1. 找平层厚度、砂浆配合比 2. 粘结层材料种类 3. 面层材料品种、规格、颜色 4. 勾缝材料种类 5. 防滑条材料种类、规格 6. 防护材料种类	m²	按设计图示尺寸以台阶（包括最上层踏步边沿加300mm）水平投影面积计算	1. 基层清理 2. 抹找平层 3. 面层铺贴 4. 贴嵌防滑条 5. 勾缝 6. 刷防护材料 7. 材料运输
011107002	块料台阶面				
011107004	水泥砂浆台阶面	1. 找平层厚度、砂浆配合比 2. 面层厚度、砂浆配合比 3. 防滑条材料种类			1. 基层清理 2. 抹找平层 3. 抹面层 4. 抹防滑条 5. 材料运输

7. 零星装饰项目

零星装饰项目清单项目的设置、项目特征描述的内容、计量单位及工程量计算规则应按《房屋建筑与装饰工程计量规范》GB 50854-2013 附录 L.8 的规定执行。常见的零星装饰清单项目的相关内容见表 2-7。

L.8 零星装饰项目（编码：011108）　　　　表 2-7

项目编码	项目名称	项目特征	计量单位	工程量计算规则	工作内容
011108001	石材零星项目	1. 工作部位 2. 找平层厚度、砂浆配合比 3. 贴结合层厚度、材料种类 4. 面层材料品种、规格、颜色 5. 勾缝材料种类 6. 防护材料种类 7. 酸洗、打蜡要求	m²	按设计图示尺寸以面积计算	1. 基层清理 2. 抹找平层 3. 基层铺贴、磨边 4. 勾缝 5. 刷防护材料 6. 酸洗、打蜡 7. 材料运输
011108003	块料零星项目				
011108004	水泥砂浆零星项目	1. 工程部位 2. 找平层厚度、砂浆配合比 3. 面层厚度、砂浆厚度			1. 基层清理 2. 抹找平层 3. 抹面层 4. 材料运输

【知识拓展】

2.1.2　楼地面装饰工程工程量清单编制的相关知识

楼地面装饰工程是指利用各种面层材料对楼地面进行装饰的工程，包括整体面层、块料面层、木地板等。下面就常见的面层进行介绍。

1. 整体面层是指面层的装修是现场整浇而成，主要包括水泥砂浆、现浇水磨石、细石混凝土、水泥砂浆找平层等。

（1）水泥砂浆面层是通常是指用配合比为 1：1.5 ～ 1：3 的水泥砂浆在楼地面上抹 20 ～ 30mm 厚。

（2）现浇水磨石地面，就是将彩色石子与水泥加水搅拌后形成水泥石子浆，铺于地面找平层上，在浆料的表面撒彩色石子，用辊子碾压平整，凝固后养护达到设计强度的 100% 后，用水磨机加水磨光将彩色石子磨出形成地面面层。

2. 块料面层是指面层由各种不同形状的板块材料装修而成，这些材料种类繁多，有天然的（如大理石、花岗岩），也有人工合成的（如抛光砖、耐磨砖等）。

3. 竹、木面层是指面层材料是竹、木地板料，主要包括实木、复合木、精竹等。

2.1.3 楼地面装饰工程工程量清单编制应注意的事项

（1）水泥砂浆面层处理是拉毛还是提浆压光，其清单设置为按水泥砂浆楼地面，并在面层做法要求中进行描述；

（2）平面砂浆找平层只适用于仅做找平层的平面抹灰，如某值班室地面 1：2 水泥砂浆找平 20 厚，1：1 水泥砂浆贴 600mm×600mm 抛光砖面层，进行清单列项时是不需要将 1：2 水泥砂浆找平 20 厚单独列项的。

（3）零星装饰适用于小面积（0.5m² 以内）少量分散的楼地面装饰，应在清单项目中对其工作部位进行描述。

（4）楼梯、台阶前沿和侧面镶贴块料面层应按零星装饰项目的编码列项，并在清单项目中进行描述。

（5）当楼梯的楼梯井 ≤ 500mm 时，楼梯面层工程量计算时取值如图 2-1 所示。

（6）台阶面层工程量计算时取值如图 2-2 所示。

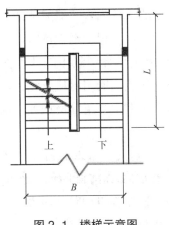

图 2-1　楼梯示意图

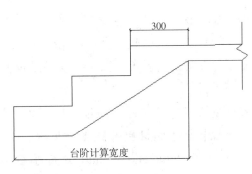

图 2-2　台阶示意图

2.1.4 对楼地面装饰工程中经常出现的部分专业术语进行解释

（1）波打线：也有称为导波线、花边、边线、走边的，主要是指边界。一般用和主体块料不一样颜色的块料加工而成，从而使地面看起来更富有变化。通常用在客厅地面或者玄关通道处（详见图 2-3）。

（2）门槛石：也称过门石，主要的作用是将两个空间分隔。通常当两个空间的地面铺贴材料不同时，利用门槛石给两种材料收口；或者当两个空间的地面铺贴高度有高差，用门槛石来解决。

（3）间壁墙：墙厚在 120mm 以内的起分隔作用的非承重墙。

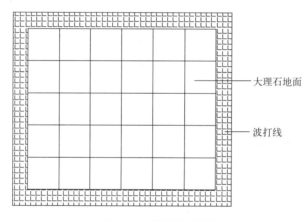

图 2-3 波打线示意图

课堂活动

活动 1 识读图纸

楼地面装饰工程计量与计价时，首先是要熟悉图纸的设计内容，然后才能根据图纸的设计要求来进行清单列项、工程量计算等。楼地面面装饰工程图纸识读时，必须识读设计说明、施工说明、平面布置与立面索引图等。重点是设计图纸中的楼地面装饰的长和宽、柱的数量及水平截面尺寸，还必须看清楚楼地面装饰所用材料及构造作法等内容。下面以附图某公寓复式样板房装修工程的相关图纸为例，介绍如何识读楼地面装饰工程图纸。

某公寓复式样板房装修工程位于广东省广州市，从复式上层地面材质开线图（见附图）、复式上层地面材质开线图（见附图）可以看出该公寓楼面面层分别为：玄关处面层材料为 600mm×600mm 仿大理石拼花陶瓷砖（CT-05）、其嵌边材料为 600mm×235mm（CT-04）仿深啡网大理石瓷砖；卫生间面层材料为 300mm×600mm 仿意大利木纹石防滑砖（CT-02）；客厅面层材料为 600mm×600mm 仿意大利木纹石抛光砖（CT-01）；阳台面层材料为 150mm×600mm 仿意大利木纹石防滑砖（CT-03）；

主卧、次卧、衣帽间/工作室面层材料为复合木地板（FL-01）；入口大门门槛处面层材料为意大利木纹大理石（MA-01）；其他门槛处面层材料为仿深啡网大理石瓷砖；楼梯面层材料为意大利木纹大理石（MA-01）；踢脚线的面层材料及高度需要从立面图读出，以玄关 2 立面为例（详见图 2-4），可以读出踢脚线面层材料为金属（SS-01），高为 100mm，金属的材质与厚度需从设计说明中读出，为 1.0mm 厚玫瑰金。

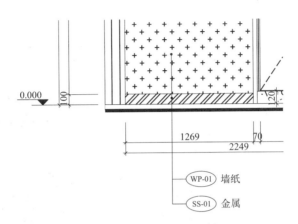

图 2-4　玄关 2 立面（局部）

活动 2　楼地面装饰工程清单工程量的计算

1. 楼地面面装饰工程清单项目

楼地面装饰工程清单工程量计算时，首先应根据图纸设计内容及《房屋建筑与装饰工程工程量计算规范》GB 50854–2013 附录 L 中清单项目的设置先进行列项。

某公寓复式样板房楼地面装饰工程的图纸设计内容见活动 1 和附图，《房屋建筑与装饰工程工程量计算规范》GB 50854–2013 附录 L 中清单项目的设置（详见本任务中知识构成部分），该工程的清单项目有：

（1）块料楼地面

◆　块料楼地面 011102003001，装饰部位是指玄关地面；

◆　块料楼地面 011102003002，装饰部位是指玄关处地面的波打线；

◆　块料楼地面 011102003003，装饰部位是指卫生间地面；

◆　块料楼地面 011102003004，装饰部位是指客厅、餐厅及开放式阳台地面；

◆　块料楼地面 011102003005，装饰部位是指阳台地面。

（2）竹、木（复合）地板 011104002001，装饰部位是指主卧、次卧及衣帽间/工作间地面；

（3）金属踢脚线 011105006001，装饰部位详见立面图；

（4）石材楼梯面层 011106001001，装饰部位是指楼梯地面；

（5）石材零星项目 011108001001，装饰部位是指入口大门门槛石；

（6）块料零星项目011108002001，装饰部位是指其他门槛石。

2. 清单工程量的计算

根据某公寓样板房复式上层地面材质开线图（见图2-5）和复式上层地面材质开线图等图纸，结合上表中的计算规则，可以计算出清单工程量。下面对照部分附图局部内容，举例说明清单工程量的计算方法。

（1）块料面层（玄关处600mm×600mm瓷砖）

从复式下层地面材质开线图可以读出铺贴长度为$2×600mm=1200mm$，宽度为2873mm（即2550−400−235+100+1900−807−235）（详见图2-5），则：$S=1.2×2.873=3.45m^2$

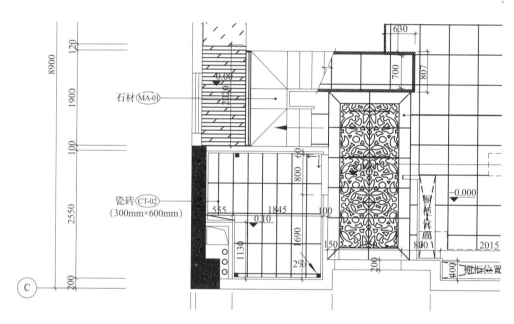

图2-5　复式下层地面材质开线图（局部）

（2）块料面层（玄关处波打线）

从复式下层地面材质开线图可以读出波打线的宽度为235mm，则：

$S=（2.873+0.235×2）×0.235×2+1.2×0.235×2=2.14m^2$

（3）块料面层卫生间（300mm×600mm防滑砖）

◆ 从复式下层土建砌体说明可以算出卫生间面层的清单工程量（尺寸见图2-5）：

$S1=（0.555+1.845）×（1.69+0.8+0.06）−0.3×0.4=6m^2$

其中柱子的位置没有铺面层，所以这部分面积需要扣减。那么，柱子的截面尺寸是从哪里读取的呢？是从复式下层土建砌体说明图中读取的（见图2-6）。

根据清单计算规则门洞的开口部分并入相应的工程量里，但是从复式上层地面材质开线图说明第1点：所有门均做门槛石，故门洞开口处的工程量不应并入相应的工程量，而是另外增加清单项目。

图 2-5 中卫生间地面 555mm × 1130mm 范围内要不要铺面层呢？这个位置到底是放什么的呢？从复式下层卫生间 2 立面可以读出此处是坐厕（见图 2-7），故而是需要计算的。

图 2-6　复式下层土建砌体说明图（局部）

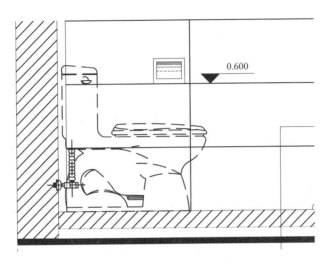

图 2-7　卫生间 2 立面图（局部）

◆　复式上层地面材质的开线图可以算出卫生间的清单工程量（尺寸见图 2-8）：

$S2 = (2.52+0.78) \times 2.15 + (2.52+0.78-0.9) \times 0.4 - 0.3 \times 0.4 = 7.94 \text{m}^2$

◆　$S = S1 + S2 = 6 + 7.94 = 13.94 \text{m}^2$

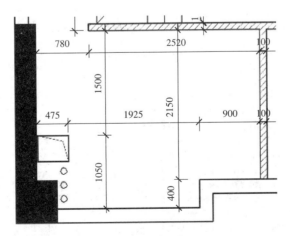

图 2-8　复式上层地面材质开线图（局部）

同样，可以计算出其他项目的清单工程量，见表 2-8。

工程量计算表 表 2-8

工程名称：某公寓样板房装饰工程 标段：精装修

项目名称	工程量计算式	单位	计算结果
块料楼地面	玄关处（600mm×600mm 瓷砖）： $S=1.2×（2.55-0.4-0.235+0.1+1.9-0.807-0.235）$ $=1.2×2.873=3.45m^2$	m^2	3.45
块料楼地面	玄关处（波打线）： $S=（2.873+0.235×2）×0.235×2+1.2×0.235×2$ $=2.14m^2$	m^2	2.14
块料楼地面	卫生间（300mm×600mm 防滑砖）： $S=S1+S2=6+7.94=13.94m^2$（计算过程略）	m^2	13.94
块料楼地面	600mm×600mm 抛光砖： 客厅处： $S1=（0.98+2.1+0.5+0.15）×2.6+（0.98+2.1+0.5+0.2）×$ $（3.75+0.4-2.6）-0.15×0.4-0.2×0.4=15.42m^2$ 餐厅处： $S2=（0.98+2.1+0.5+0.15-0.63）×0.807=2.50m^2$ 开放式厨房处： $S3=（0.15+1.35+0.8+2.015+0.535-0.235-0.235-1.2）×$ $（2.55+0.1+1.9-0.807-0.4）+（2.015+0.535）×0.4-$ $0.15×0.4=11.60m^2$ $S=S1+S2+S3=15.42+2.50+11.60=29.52m^2$	m^2	29.52
块料楼地面	阳台（150mm×600mm 防滑砖） $S=(7.7-0.1-0.1)×0.9+5.4×(0.7-0.2)=9.45m^2$	m^2	9.45
竹、木（复合）地板	次卧室： $S1=（0.8+1.8+0.9）×2.6+（0.9+2.7）×（1.43-0.6）+0.9×$ $（2.02+0.6）-0.3×0.4-14.33m^2$ 主卧室： $S2=（0.8+1.8+0.9）×2.6+（0.9+2.7）×（1.43-0.6）+0.88×$ $（2.02+0.6）-0.3×0.4=14.27m^2$ 衣帽间/工作间： $S3=（1.4+2.015+0.535）×2.13+（2.015+0.535）×0.4-$ $0.535×1.1+（1.4+2.015+0.535-0.6）×0.12+（1.4+2.015+0.535-$ $0.6+0.05）×（1.12+0.78）-0.25×0.78=15.51m^2$ $S=S1+S2+S3=14.33+14.27+15.51=44.11m^2$	m^2	44.11
金属踢脚线	客厅/餐厅 1 立面：$L1=0.98+0.65=1.63m$ 客厅/餐厅 2 立面：$L2=0.4+0.4+2.01+0.45+0.941=4.2m$ 客厅/餐厅 4 立面：$L3=1.701+0.109=1.81m$ 客厅/餐厅 5 立面：$L4=1.576+0.601=2.18m$ 次卧 1 立面：$L5=0.299+0.5+0.901=1.7m$ 次卧 2 立面：$L6=2.381+0.15=2.53m$ 次卧 3 立面：$L7=2.54m$ 次卧 4 立面：$L8=3.029+0.401+0.1=3.53m$ 储藏间 1 立面：$L9=2.02m$ 储藏间 3 立面：$L10=0.12+1.9=2.02m$ 储藏间 4 立面：$L11=0.9m$	m^2	6.5

续表

项目名称	工程量计算式	单位	计算结果
金属踢脚线	开放式厨房 1 立面：$L12=1.825+0.58=2.41\text{m}$ 开放式厨房 2 立面：$L13=0.35\text{m}$ 开放式厨房 3 立面：$L14=0.41+0.961=1.37\text{m}$ 玄关 1 立面：$L15=0.13\text{m}$ 玄关 2 立面：$L16=1.269+0.14=1.41\text{m}$ 玄关 3 立面：$L17=1.69-0.08=1.61\text{m}$ 楼梯间 2 立面：$L18=2.2\text{m}$ 楼梯间 3 立面：$L19=2.55\text{m}$ 衣帽间 / 工作室 1 立面：$L20=0.32\text{m}$ 衣帽间 / 工作室 2 立面：$L21=3.44+0.725=4.17\text{m}$ 衣帽间 / 工作室 3 立面：$L22=3.35\text{m}$ 衣帽间 / 工作室 4 立面：$L23=2.13\text{m}$ 主卧 1 立面：$L24=0.9+0.8=1.7\text{m}$ 主卧 2 立面：$L25=2.65+0.66=3.31\text{m}$ 主卧 4 立面：$L26=1.8+0.6=2.4\text{m}$ 主卧 5 立面：$L27=1.98\text{m}$ 主卧 6 立面：$L28=1.98\text{m}$ 小计：$L=58.43\text{m}$，$S1=58.43 \times 0.1=5.83\text{m}^2$ 楼梯： $S2=（0.35+0.25 \times 2+0.15 \times 3+0.75+0.75+0.25 \times 3$ $+0.15 \times 4+0.45+0.25 \times 2+0.15 \times 3+0.72+0.15 \times 3）$ $\times 0.1=0.67\text{m}^2$ $S= S1+ S2=5.83+0.67=6.50\text{m}^2$	m^2	6.5
石材楼梯面层	餐厅至标高 0.475： $S1=0.5 \times 0.75=0.38\text{m}^2$ 标高 0.475 至 1.105： $S2=（1.15+0.75）\times 0.75=1.43\text{m}^2$ 标高 1.105 至平台： $S3=0.75 \times 0.807=0.6\ 1\text{m}^2$ 平台： $S4=（3.35-0.75-0.25 \times 3-0.5）\times 0.807=1.09\text{m}^2$ 平台至衣帽间 / 工作间： $S5=0.5 \times 0.807=0.4\text{m}^2$ 主卧至平台： $S6=（0.13+0.25+0.25）\times 0.9=0.57\text{m}^2$ $S= S1+ S2+ S3+S4+S5+S6=4.48\text{m}^2$	m^2	4.48
石材零星项目	入口大门门槛石：入口大门门洞宽为 1350，墙厚为 200 $S=1.35 \times 0.2=0.27\text{m}^2$	m^2	0.27
块料零星项目	其他门槛石： 次卧出客厅处：$S1=0.9 \times 0.12=0.11\text{m}^2$ 次卧出阳台处：$S2=1.8 \times 0.2=0.36\text{m}^2$ 客厅出阳台处：$S3=2.1 \times 0.2=0.42\text{m}^2$ 下层卫生间处：$S4=0.8 \times 0.1=0.08\text{m}^2$ 主卧进卫生间处：$S5=0.78 \times 0.12=0.09\text{m}^2$ $S = S1+ S2+ S3+S4+S5=1.06\text{m}^2$	m^2	1.06

活动3　楼地面装饰工程工程量清单的编制

根据图纸、楼地面工程清单项目摘录表2-1～表2-7及工程量计算表2-8，编制分部分项工程量清单见表2-9。

分部分项工程量清单　　　　　　　　　　　　　　　表2-9

工程名称：某公寓样板房装饰工程　　　　　　　　　　　　　　　　　　　　　标段：精装修

项目编码	项目名称	项目特征	工作内容	计量单位	工程量
011102003001	块料楼地面	1. 找平层厚度、砂浆配合比：30mm厚1：2.5水泥砂浆 2. 面层材料品种、规格、颜色：仿大理石拼花瓷砖600mm×600mm 3. 嵌缝材料种类：白水泥浆	1. 基层清理 2. 抹找平层 3. 面层铺设 4. 嵌缝	m²	3.45
011102003002	块料楼地面	1. 找平层厚度、砂浆配合比：30mm厚1：2.5水泥砂浆 2. 面层材料品种、规格、颜色：仿深啡网大理石瓷砖600mm×235mm 3. 嵌缝材料种类：白水泥浆	1. 基层清理 2. 抹找平层 3. 面层铺设 4. 嵌缝	m²	2.14
011102003003	块料楼地面	1. 找平层厚度、砂浆配合比：30mm厚1：2.5水泥砂浆 2. 面层材料品种、规格、颜色：仿意大利木纹石防滑瓷砖300mm×600mm 3. 嵌缝材料种类：白水泥浆	1. 基层清理 2. 抹找平层 3. 面层铺设 4. 嵌缝	m²	13.94
011102003004	块料楼地面	1. 找平层厚度、砂浆配合比：30mm厚1：2.5水泥砂浆 2. 面层材料品种、规格、颜色：仿意大利木纹石抛光瓷砖600mm×600mm 3. 嵌缝材料种类：白水泥浆	1. 基层清理 2. 抹找平层 3. 面层铺设 4. 嵌缝	m²	29.52
011102003005	块料楼地面	1. 找平层厚度、砂浆配合比：30mm厚1：2.5水泥砂浆 2. 面层材料品种、规格、颜色：仿意大利木纹石防滑瓷砖150mm×600mm 3. 嵌缝材料种类：白水泥浆	1. 基层清理 2. 抹找平层 3. 面层铺设 4. 嵌缝	m²	9.45
011104002001	木地板	1. 面层材料品种、规格、颜色：复合实木地板、100mm×900mm×18mm、复合木地板（成品） 2. 防护材料种类：防潮纸	1. 基层清理 2. 面层清理 3. 刷防护材料	m²	44.11
011105006001	金属踢脚线	1. 踢脚线高度：100mm 2. 基层材料种类、规格：12mm厚防火胶合板 3. 面层材料的规格、种类、颜色：1.0mm厚玫瑰金踢脚线	1. 基层清理 2. 基层铺贴 3. 面层铺贴	m²	6.50

续表

项目编码	项目名称	项目特征	工作内容	计量单位	工程量
011106001001	石材楼梯面层	1. 找平层厚度、砂浆配合比：素水泥浆一遍、30mm 厚 1：2.5 水泥砂浆 2. 面层材料品种、规格、颜色：20mm 厚意大利木纹大理石 3. 防滑条材料种类、规格：踏步面石材开凹坑防滑，详图 CD-08/8a 4. 勾缝材料种类：白水泥浆擦缝 5. 酸洗打蜡要求：表面草酸处理后打蜡上光	1. 基层清理 2. 抹找平层 3. 面层铺贴 4. 贴嵌防滑条 5. 勾缝 6. 酸洗、打蜡	m²	4.48
011108001001	石材零星项目	1. 工程部位：入口大门门槛石 2. 找平层厚度、砂浆配合比：30mm 厚 1：2.5 水泥砂浆 3. 面层材料品种、规格、颜色：20mm 厚意大利木纹大理石 4. 勾缝材料种类：白水泥浆擦缝 5. 酸洗、打蜡要求：上硬白蜡净面	1. 基层清理 2. 抹找平层 3. 面层铺贴 4. 勾缝	m²	0.27
011108002001	块料零星项目	1. 工程部位：其他门门槛石 2. 找平层厚度、砂浆配合比：30mm 厚 1：2.5 水泥砂浆 3. 面层材料品种、规格、颜色：仿深啡网大理石瓷砖 4. 勾缝材料种类：白水泥浆擦缝	1. 基层清理 2. 抹找平层 3. 面层铺贴 4. 勾缝	m²	1.06

活动 4 楼地面装饰工程清单项目组价对应定额子目的列出

前面计算出了清单的工程量，接下来需要确定清单项目的综合单价，一般我们将清单综合单价的形成过程称为组价。清单项目组价的依据之一是企业定额，如没有企业定额时，可以参照当地计价依据的消耗量及当地的价格水平综合计算确定。

参考 2013 年《广东省建筑与装饰工程工程量清单指引》，根据表 2-9 中的清单项目的特征及工作内容，列出图纸所涉及的楼地面装饰工程清单组价对应的定额子目，见表 2-10。

楼地面装饰工程清单项目组价对应的定额子目　　　　　　表 2-10

工程名称：某公寓样板房装饰工程　　　　　　　　　　　　　　　　　　　　标段：精装修

项目编码	项目名称	工作内容	特征	对应的综合定额子目
011102003001	块料楼地面	找平层	30mm 厚 1：2.5 水泥砂浆	A9-1+A9-3×2 换
		面层	600mm×600mm 仿大理石拼花瓷砖	A9-68 换
011102003002	块料楼地面	找平层	30mm 厚 1：2.5 水泥砂浆	A9-1+A9-3×2 换
		面层	600mm×235mm 仿深啡网大理石瓷砖	A9-67 换

续表

项目编码	项目名称	工作内容	特征	对应的综合定额子目
011102003003	块料楼地面	找平层	30mm 厚 1:2.5 水泥砂浆	A9-1+A9-3×2（换）
		面层	300mm×600mm 仿意大利木纹石防滑瓷砖	A9-67 换
011102003004	块料楼地面	找平层	30mm 厚 1:2.5 水泥砂浆	A9-1+A9-3×2 换
		面层	600mm×600mm 仿意大利木纹石抛光瓷砖	A9-68 换
011102003005	块料楼地面	找平层	30mm 厚 1:2.5 水泥砂浆	A9-1+A9-3×2 换
		面层	150mm×600mm 仿意大利木纹石防滑瓷砖	A9-67 换
011104002001	木地板	面层	100mm×900mm×18mm 复合实木地板	A9-147
		防潮层	防潮纸	A9-141
		其他	门槛石与木地板交接处分隔条	A9-178
011105006001	金属踢脚线	基层	12mm 厚防火胶合板	A9-138 换
		面层	1.0mm 厚玫瑰金踢脚线	A9-171
011106001001	石材楼梯面层	找平层	30mm 1:2.5 水泥砂浆厚	A9-4+A9-3×2 换
		面层	20mm 厚意大利木纹大理石	A9-38 换
011108001001	石材零星项目	找平层	30mm 厚 1:2.5 水泥砂浆	A9-1+A9-3×2 换
		面层	20mm 厚意大利木纹大理石	A9-41 换
011108002001	块料零星项目	找平层	30mm 厚 1:2.5 水泥砂浆	A9-1+A9-3×2 换
		面层	仿深啡网大理石瓷砖	A9-74 换

活动 5　计价工程量的计算

计价工程量是依据施工图纸和施工方案，按照所采用的当地定额的计算规则来计算的。本任务的某公寓样板房装饰工程位于广州市，故采用广东省计价依据。参照 2010年《广东省建筑与装饰工程定额》，将表 2-1-9 中出现的定额子目相关的计算规则汇总见表 2-11。

楼地面装饰工程清单项目组价对应的定额子目工程量计算规则　　　　表 2-11

工程名称：某公寓样板房装饰工程　　　　　　　　　　　　　　　　　　标段：精装修

定额项目	计量单位	计算规则
找平层	m²	按相应面层的工作量计算
块料楼地面面层	m²	按设计图示尺寸以面积计算。扣除凸出地面构筑物、设备基础、室内管道、地沟等所占面积，不扣除间壁墙、点缀和 0.3m² 以内的柱、垛、附墙烟囱及孔洞所占面积。门洞、空圈、暖气包槽、壁龛的开口部分增加面积
木地板	m²	按设计图示尺寸以面积计算。门洞、空圈、暖气包槽、壁龛的开口部分并入相应的工程量里

续表

定额项目	计量单位	计算规则
石材楼梯面层	m²	按设计的图示尺寸以楼梯（包括踏步、休息平台及500mm以内的楼梯井）水平投影面积计算。楼梯与楼地面相连时，算至楼梯梁内侧边沿；无梯口梁者，算至最上一层踏步边沿加300mm
零星装饰的块料面层	m²	按设计图示尺寸以面积计算。梯级拦水线，按设计图示尺寸以水平投影面积计算
踢脚线	m²	按设计图示长度乘以高度以面积计算

由于本套施工图涉及的楼地面装饰工程清单工程量的计算规则和定额计算规则除块料楼地面外其他均相同，编制定额子目工程量计算表，见表 2-12。

楼地面装饰工程清单项目组价对应的定额子目工程量计算表   表 2-12

工程名称：某公寓样板房装饰工程   标段：精装修

项目编码	项目名称	工作内容	对应定额工程量
011102003003	块料楼地面	300mm×600mm 仿意大利木纹石防滑瓷砖面层	复式下层卫生间 $S1=(0.555+1.845)\times(1.69+0.8+0.06)=6.12m^2$ 复式上层卫生间 $S2=(2.52+0.78)\times2.15+(2.52+0.78-0.9)\times0.4=8.06m^2$ $S=S1+S2=6.12+8.06=14.18m^2$
011102003004	块料楼地面	600mm×600mm 仿意大利木纹石抛光瓷砖面层	客厅处： $S1=(0.98+2.1+0.5+0.15)\times2.6+(0.98+2.1+0.5+0.2)\times(3.75+0.4-2.6)=15.56m^2$ 餐厅处： $S2=(0.98+2.1+0.5+0.15-0.63)\times0.807=2.50m^2$ 开放式厨房处： $S3=(0.15+1.35+0.8+2.015+0.535-0.235-0.235-1.2)\times(2.55+0.1+1.9-0.807-0.4)+(2.015+0.535)\times0.4=11.66m^2$ $S=S1+S2+S3=15.56+2.50+11.66=29.72m^2$
011104002001	木地板	木地板与块料地面交接处收口线	$L=0.9+1.8+0.78+0.9+0.9=5.28m$

将计算出工程量的定额子目套用当地计价定额，套用时要注意进行定额换算，具体定额子目的套用见表 2-13。

楼地面装饰工程清单项目组价对应的定额子目工程量表   表 2-13

工程名称：某公寓样板房装饰工程   标段：精装修

项目编码	项目名称	定额项目	对应的综合定额子目	单位	定额工程量
011102003001	块料楼地面	30mm 厚 1:2.5 水泥砂浆找平层	A9-1+A9-3×2 换	m²	3.45
		600mm×600mm 仿大理石拼花瓷砖面层	A9-68 换	m²	3.45

续表

项目编码	项目名称	定额项目	对应的综合定额子目	单位	定额工程量
011102003002	块料楼地面	30mm 厚 1∶2.5 水泥砂浆找平层	A9-1+A9-3×2 换	m²	2.14
		600mm×235mm 仿深啡网大理石瓷砖面层	A9-67 换	m²	2.14
011102003003	块料楼地面	30mm 厚 1∶2.5 水泥砂浆找平层	A9-1+A9-3×2 换	m²	14.18
		300mm×600mm 仿意大利木纹石防滑瓷砖面层	A9-67 换	m²	14.18
011102003004	块料楼地面	30mm 厚 1∶2.5 水泥砂浆找平层	A9-1+A9-3×2 换	m²	29.72
		600mm×600mm 仿意大利木纹石抛光瓷砖面层	A9-68 换	m²	29.72
011102003005	块料楼地面	30mm 厚 1∶2.5 水泥砂浆找平层	A9-1+A9-3×2 换	m²	9.45
		150mm×600mm 仿意大利木纹石防滑瓷面层	A9-67 换	m²	9.45
011104002001	木地板	100mm×900mm×18mm 复合实木地板面层	A9-147	m²	44.11
		防潮纸防潮层	A9-141	m²	44.11
		木地板与块料地面交接处收口线	A9-178	m	5.28
011105006001	金属踢脚线	12mm 厚防火胶合板基层	A9-138 换	m²	6.5
		1.0mm 厚玫瑰金踢脚线面层	A9-171	m²	6.5
011106001001	石材楼梯面层	30mm 1∶2.5 水泥砂浆厚找平层	A9-4+A9-3×2 换	m²	4.48
		20mm 厚意大利木纹大理石	A9-38 换	m²	4.48
011108001001	石材零星项目	30mm 厚 1∶2.5 水泥砂浆找平层	A9-1+A9-3×2 换	m²	0.27
		20mm 厚意大利木纹大理石面层	A9-41 换	m²	0.27
011108002001	块料零星项目	30mm 厚 1∶2.5 水泥砂浆找平层	A9-1+A9-3×2 换	m²	1.06
		仿深啡网大理石瓷砖面层	A9-74 换	m²	1.06

活动 6　楼地面装饰工程工程量清单综合单价的计算

1. 分部分项工程量清单综合单价计算的相关说明

分部分项工程量清单综合单价是指完成一个规定计量单位的分部分项清单项目所需要的人工费、材料费、机械费、管理费、利润以及一定范围内的风险费用的合计。在计算过程中：

（1）消耗量按照 2010 年《广东省建筑与装饰工程综合定额》计取；

（2）人工单价为 102 元 / 工日，材料单价见表 2-14；

（3）利润按人工费的 18% 计算；

（4）定额中所注明的砂浆、水泥石子浆等种类、配合比、饰面材料的型号规格与设计不同时，可按设计规定换算，但人工消耗量不变。

材料价格表　　　　　　　　　　　　　表 2-14

工程名称：某公寓样板房装饰工程　　　　　　　　　　　　　　　标段：精装修

材料名称	计量单位	单价（元）
600mm×600mm 仿大理石拼花瓷砖	m²	80
600mm×235mm 仿深啡网大理石瓷砖	m²	80
300mm×600mm 仿意大利木纹石防滑瓷砖	m²	80
600mm×600mm 仿意大利木纹石抛光瓷砖	m²	80
150mm×600mm 仿意大利木纹石防滑瓷砖	m²	80
意大利木纹大理石 20mm 厚	m²	400
仿深啡网大理石瓷砖	m²	80
1.0mm 玫瑰金踢脚线	m²	190
预拌砂浆（湿拌）1：2.5 水泥砂浆（地面找平）	m³	365
复合实木地板 100mm×900mm×18mm	m²	223
防火胶合板	m²	46
40mm×40mm×1.0mm 玫瑰金不锈钢扶手	m	30.4
1.0mm 玫瑰金不锈钢	m²	190
5+5 夹层钢化玻璃	m²	163
复合普通硅酸盐水泥 P·C 42.5	t	428.4
白色硅酸盐水泥 42.5	t	721.14
杉木枋	m³	1744.85
水	m³	4.72
电（机械用）	kW·h	0.86

2. 计算过程

以块料楼地面（600mm×600mm 仿大理石拼花瓷砖）为例，讲解清单综合单价计算。

（1）找平层（1：2.5 水泥砂浆 30mm 厚）

人工费：（5.349+0.924×2）×102=734.09 元 /100m²

材料费：$0.06 \times 428.4+1 \times 4.72+16.07+4.06 \times 2=54.61$ 元 /100m²

机械费：0 元 /100m²

管理费：$48.37+8.35 \times 2=65.07$ 元 /100m²

利润：$734.09 \times 18\%=132.14$ 元 /100m²

预拌砂浆（湿拌）1：2.5 水泥砂浆：$(2.02+0.51 \times 2) \times 365=1109.6$ 元 /100m²

小计：2095.51 元 /100m²

（2）楼地面陶瓷块料周长 2600 以内

人工费：$21.681 \times 102=2211.46$ 元 /100m)

材料费：$102.5 \times 80+0.01 \times 721.14+0.06 \times 428.4+1.5 \times 12.29+3 \times 4.72+8.03=8273.54$ 元 /100m²

机械费：0 元 /100m²

管理费：196.05 元 /100m²

利润：$2211.66 \times 18\%=398.10$ 元 /100m²

预拌砂浆（湿拌）1：2.5 水泥砂浆：$1.01 \times 365=368.65$ 元 /100m²

小计：11447.76 元 /100m²

合计：$(2095.51 \times 3.54+11447.76 \times 3.45) \div 100=467.24$ 元

故其综合单价为：$467.24 \div 3.45=135.43$ 元 /m²

同样，可以计算出其他分部分项工程工程量清单的综合单价。

3. 综合单价分析表的填写

按以上计算过程填写综合单价分析表，以块料面层、其他材料面层、踢脚线、楼梯面层、零星装饰项目各一例填写综合分析表（详见表 2-15 ～表 2-19）。

综合单价分析表　　　　　　　　　　　　　　表 2-15

工程名称：某公寓样板房装饰工程　　　　　　标段：精装修　　　　第 1 页 共 5 页

项目编码	011102003001	项目名称	块料楼地面	计量单位	m²	工程量	3.45

清单综合单价组成明细

定额编号	定额项目名称	定额单位	数量	单价				合价			
				人工费	材料费	机械费	管理费和利润	人工费	材料费	机械费	管理费和利润
A9-1+A9-3×2	楼地面找平层30厚	100m²	0.01	734.09	54.61	0	197.21	7.34	0.55	0	1.97
A9-68(换)	楼地面陶瓷块料	100m²	0.01	2211.46	8273.54	0	594.11	22.11	82.73	0	5.94
人工单价			小计					29.45	83.28	0	7.91

续表

项目编码	011102003001	项目名称	块料楼地面	计量单位	m²	工程量	3.45
102 元 / 工日		未计材料费				14.78	
清单项目综合单价						135.43	

材料费明细	主要材料名称、规格、型号	单位	数量	单价（元）	合价（元）	暂估单价（元）	暂估合价（元）
	白棉纱	kg	0.015	12.29	0.18		
	白色硅酸盐水泥 42.5	t	0.0001	721.14	0.07		
	水	m³	0.04	4.72	0.19		
	复合普通硅酸盐水泥 P.C 42.5	t	0.0012	428.4	0.51		
	仿大理石拼花瓷砖 600×600	m²	1.025	80	82		
	预拌砂浆（湿拌）1：2.5 水泥砂浆（地面找平）	m³	0.0405	365	14.78		
	其他材料费			–	0.32	–	
	材料费小计			–	98.06	–	

综合单价分析表　　　　　　　　　表 2-16

工程名称：某公寓样板房装饰工程　　　　　标段：精装修　　　　第2页　共5页

项目编码	011104002001	项目名称	木地板	计量单位	m²	工程量	44.11

清单综合单价组成明细

定额编号	定额项目名称	定额单位	数量	单价				合价			
				人工费	材料费	机械费	管理费和利润	人工费	材料费	机械费	管理费和利润
A9-147	普通实木地板铺设	100m²	0.01	2104.97	24254.87	8.03	566.78	21.05	242.55	0.08	1.97
A9-141	防潮层防潮纸	100m²	0.01	58.75	93.76	0	15.79	0.59	0.94	0	0.16
A9-178	防滑条金属条	100m²	0.012	530.6	7905.38	0	142.55	0.64	9.46	0	0.16
人工单价		小计						22.27	252.95	0.08	6
102 元 / 工日		未计材料费						0			
清单项目综合单价								281.3			

续表

项目编码	011104002001	项目名称	木地板	计量单位	m²	工程量	44.11

材料费明细	主要材料名称、规格、型号	单位	数量	单价（元）	合价（元）	暂估单价（元）	暂估合价（元）
	白棉纱	kg	0.011	12.29	0.12		
	地板防水	kg	0.7	10	7		
	泡沫防潮纸	m²	1.08	0.87	0.94		
	水	m³	0.052	4.72	0.25		
	木螺钉 M3.5×22～25	10 个	0.0505	0.17	0.01		
	水胶粉	kg	0.16	6.44	1.03		
	复合实木地板 100mm×900mm×18mm	m²	1.05	223	234.15		
	其他材料费			–	9.44	–	
	材料费小计			–	252.95	–	

综合单价分析表　　　　　　　　　　　　　表 2-17

工程名称：某公寓样板房装饰工程　　　　　　标段：精装修　　　　　　第 3 页　共 5 页

项目编码	011105006001	项目名称	金属踢脚线	计量单位	m²	工程量	6.5

清单综合单价组成明细

定额编号	定额项目名称	定额单位	数量	单价				合价			
				人工费	材料费	机械费	管理费和利润	人工费	材料费	机械费	管理费和利润
A9-171	金属踢脚线板	100m²	0.01	302665	19776.4	0	813.11	30.27	197.76	0	8.13
A9-138（换）	铺基层板胶合板	100m²	0.01	355.27	4878.9	8.31	96.78	3.55	48.79	0.08	0.97
人工单价		小计						33.82	246.55	0	9.1
102 元 / 工日		未计材料费						0			
清单项目综合单价								289.47			

材料费明细	主要材料名称、规格、型号	单位	数量	单价（元）	合价（元）	暂估单价（元）	暂估合价（元）
	圆钉 50～75	kg	0.0215	4.36	0.09		

续表

项目编码	011105006001	项目名称	金属踢脚线	计量单位	m²	工程量		6.5
材料费明细	灯用煤油		kg	0.026	2.34	0.06		
	臭油水		kg	0.1316	1	0.13		
	白棉纱		kg	0.0046	12.29	0.06		
	氟化钠		kg	0.1134	1.29	0.15		
	903 胶		kg	0.4	9.91	3.96		
	玫瑰金踢脚线 1.0mm		m²	1.02	190	193.8		
	防火胶合板 集安 12		m²	1.05	46	48.3		
	其他材料费		–		0	–		
	材料费小计		–		246.55	–		

综合单价分析表 表 2-18

工程名称：某公寓样板房装饰工程　　　标段：精装修　　　第 4 页　共 5 页

项目编码	011106001001	项目名称	石材楼梯面层	计量单位	m²	工程量	4.48

清单综合单价组成明细

定额编号	定额项目名称	定额单位	数量	单价				合价			
				人工费	材料费	机械费	管理费和利润	人工费	材料费	机械费	管理费和利润
A9-4+A9-3×2	楼梯找平层	100m²	0.01	2434.05	71.67	0	654.17	24.35	0.72	0	6.54
A9-38	大理石楼梯	100m²	0.01	5029.01	58063.89	0	1351.04	50.29	580.64	0	13.51
人工单价		小计						74.64	581.36	0	20.05
102 元 / 工日		未计材料费						23.86			
清单项目综合单价								699.92			

材料费明细	主要材料名称、规格、型号	单位	数量	单价（元）	合价（元）	暂估单价（元）	暂估合价（元）
	白棉纱	kg	0.0206	12.29	0.25		
	白色硅酸盐水泥 42.5	t	0.0001	721.14	0.07		
	水	m³	0.0532	4.72	0.25		

续表

项目编码	011106001001	项目名称	石材楼梯面层	计量单位	m²	工程量	4.48

	名称	单位	数量	单价	合价	
材料费明细	复合普通硅酸盐水泥 P.C 42.5	t	0.0017	428.4	0.73	
	草酸	kg	0.0135	4.71	0.06	
	石蜡	kg	0.0362	3.1	0.11	
	麻袋	个	0.3003	1.97	0.59	
	意大利木纹大理石 20mm 厚	m²	1.4469	400	578.76	
	预拌砂浆（湿拌）1:2.5 水泥砂浆（抹灰）	m³	0.0276	365	10.07	
	预拌砂浆（湿拌）1:2.5 水泥砂浆（地面找平）	m³	0.0378	365	13.8	
	其他材料费			–	0.52	–
	材料费小计			–	605.21	–

综合单价分析表

表 2-19

工程名称：某公寓样板房装饰工程　　　　标段：精装修　　　第 5 页 共 5 页

项目编码	011108001001	项目名称	石材零星项目	计量单位	m²	工程量	0.27

清单综合单价组成明细

定额编号	定额项目名称	定额单位	数量	单价				合价			
				人工费	材料费	机械费	管理费和利润	人工费	材料费	机械费	管理费和利润
A9-1+A9-3×2	零星项目找平层	100m²	0.01	734.1	54.61	0	197.21	7.34	0.55	0	1.97
A9-41	零星装饰	100m²	0.01	4571.13	42538.52	0	1228.03	45.71	425.39	0	12.28
人工单价			小计					53.05	425.93	0	14.25
102 元 / 工日			未计材料费					18.52			
			清单项目综合单价					511.7			

材料费明细	主要材料名称、规格、型号	单位	数量	单价（元）	合价（元）	暂估单价（元）	暂估合价（元）
	白棉纱	kg	0.0152	12.29	0.19		
	水	m³	0.04	4.72	0.19		

续表

项目编码	011108001001	项目名称	石材零星项目	计量单位	m²	工程量		0.27	
材料费明细	复合普通硅酸盐水泥 P.C 42.5			t	0.0015	428.4	0.64		
	草酸			kg	0.01	4.71	0.05		
	石蜡			kg	0.0267	3.1	0.08		
	麻袋			个	0.22	1.97	0.43		
	意大利木纹大理石 20mm 厚			m²	1.06	400	424		
	预拌砂浆（湿拌）1：2.5 水泥砂浆（抹灰）			m³	0.0204	365	7.45		
	预拌砂浆（湿拌）1：2.5 水泥砂浆（地面找平）			m³	0.0304	365	11.1		
	其他材料费				–		0.4	–	
	材料费小计				–		444.53	–	

4. 分部分项工程和单价措施项目清单与计价表的填写

各分部分项工程量综合单价计算完成后，填写分部分项工程和单价措施项目清单与计价表（详见表 2-20）。

分部分项工程和单价措施项目清单与计价表　　　　　　表 2-20

工程名称：某公寓样板房装饰工程　　　　　　标段：精装修　　　　　　第　页　共　页

序号	项目编码	项目名称	项目特征描述	计量单位	工程量	全额（元）		
						综合单价	合价	其中 暂估价
1	011102003001	块料楼地面	1. 找平层材料种类、厚度：1：2.5 水泥砂浆 30mm 厚 2. 面层材料品种、规格：仿大理石拼花瓷砖 600mm×600mm 3. 嵌缝材料种类：白水泥浆	m²	3.45	135.43	467.23	
2	011102003002	块料楼地面	1. 找平层材料种类、厚度：1：2.5 水泥砂浆 30mm 厚 2. 面层材料品种、规格：仿深啡网大理石瓷砖 600mm×235mm 3. 嵌缝材料种类：白水泥浆	m²	2.14	132.85	284.30	

续表

序号	项目编码	项目名称	项目特征描述	计量单位	工程量	金额（元）		
						综合单价	合价	其中 暂估价
3	011102003003	块料楼地面	1. 找平层材料种类、厚度：1：2.5 水泥砂浆 30mm 厚 2. 面层材料品种、规格：仿意大利木纹石防滑瓷砖 300mm×600mm 3. 嵌缝材料种类：白水泥浆	m²	13.94	133.2	1856.81	
4	011102003004	块料楼地面	1. 找平层材料种类、厚度：1：2.5 水泥砂浆 30mm 厚 2. 面层材料品种、规格：仿意大利木纹石抛光瓷砖 600mm×600mm 3. 嵌缝材料种类：白水泥浆	m²	29.52	135.59	4002.62	
5	011102003005	块料楼地面	1. 找平层材料种类、厚度：1：2.5 水泥砂浆 30mm 厚 2. 面层材料品种、规格：仿意大利木纹石防滑瓷砖 150mm×600mm 3. 嵌缝材料种类：白水泥浆	m²	9.45	132.85	1255.43	
6	011104002001	木地板	1. 面层材料品种、规格、颜色：复合实木地板、100mm×900mm×18mm、复合木地板（成品） 2. 防护材料种类：防潮纸	m²	44.11	281.3	12408.14	
7	011105006001	金属踢脚线	1. 踢脚线高度：100mm 2. 基层材料种类、规格：12mm 厚防火胶合板 3. 面层材料的规格、种类、颜色 1.0mm 厚玫瑰金踢脚线	m²	6.50	289.55	1882.07	
8	011106001001	石材楼梯面层	1. 找平层厚度、砂浆配合比：素水泥浆一遍，30mm 厚1：2.5 水泥砂浆 2. 面层材料品种、规格、颜色：20mm 厚意大利木纹大理石 3. 防滑条材料种类、规格：踏步面石材开凹坑防滑，详图 CD-08/8a 4. 勾缝材料种类：白水泥浆擦缝 5. 酸洗打蜡要求：表面草酸处理后打蜡上光	m²	4.48	699.92	3135.64	
9	011108001001	石材零星项目	1. 工程部位：入口大门门槛石 2. 找平层厚度、砂浆配合比：30mm 厚1：2.5 水泥砂浆 3. 面层材料品种、规格、颜色：20mm 厚意大利木纹大理石 4. 勾缝材料种类：白水泥浆擦缝 5. 酸洗、打蜡要求：上硬白蜡净面	m²	0.27	511.7	138.16	

续表

序号	项目编码	项目名称	项目特征描述	计量单位	工程量	金额（元）			
						综合单价	合价	其中
								暂估价
10	011108002001	块料零星项目	1. 工程部位：其他门槛石 2. 找平层厚度、砂浆配合比：30mm 厚 1 : 2.5 水泥砂浆 3. 面层材料品种、规格、颜色：仿深啡网大理石瓷砖 4. 勾缝材料种类：白水泥浆擦缝	m²	1.06	192.91	204.48	
合计							25634.88	

【能力拓展】

某厂房平面图如下（见图 2-9），其地面均为 1 : 3 水泥砂浆找平 20 厚，普通水磨石楼地面（不带嵌条），散水、台阶为 5mm 厚水泥砂浆随捣随抹光。根据工程量清单计算规则，试计算该分部分项工程清单工程量，并编制工程量清单。结合当地的计价依据及当地的价格进行组价，并进行出综合单价。

计算提示：

1. 水磨石地面工程清单怎么列项、计算规则是什么？

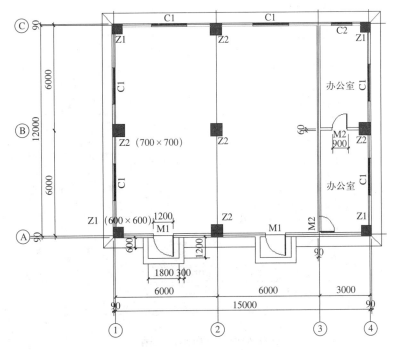

图 2-9 某厂房平面图

2. 按水磨石地面工程的计算规则，该怎么计算？

①计算轴线 1 ~ 2 的室内净距离

②计算轴线 A ~ B 的室内净距离

③ 3 轴 A ~ C 墙与 B 轴 3 ~ 4 墙是不是隔墙？计算面积时是否要扣除？

④柱子的位置是没有铺贴面层的，计算面积时是否要扣除？

3. 台阶的装饰工程清单怎么列项、计算规则是什么？

4. 按台阶装饰工程的计算规则，投影面积该怎么计算呢？

5. 散水工程清单怎么列项？计算规则是什么？

6. 按散水工程的计算规则，怎么计算呢？

【项目训练】

某别墅为三层，各层地面铺贴图如下（见图 2-10 ~ 图 2-12），请计算楼地面装饰工程的清单工程量；编制工程量清单；结合本地的计价依据，进行组价；计算综合单价。

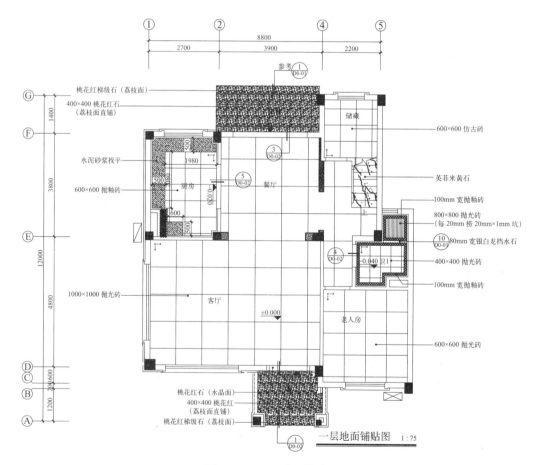

图 2-10　一层地面铺贴图

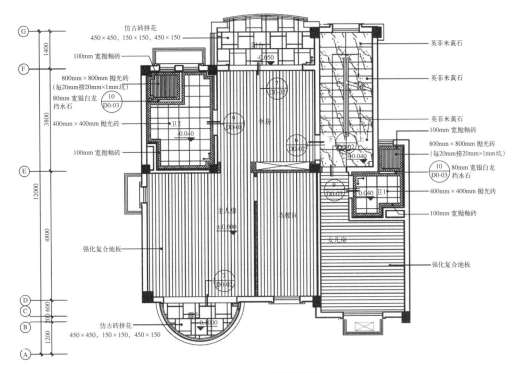

图 2-11　二层地面铺贴图

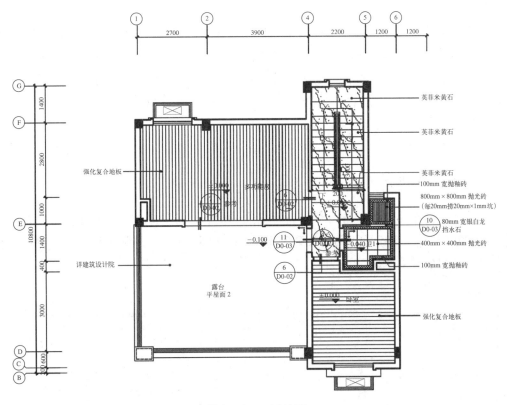

图 2-12　三层地面

任务 2.2 墙柱面装饰工程计量与计价

【任务描述】

本任务是通过位于广东省广州市的某公寓样板房装饰工程施工图中的墙柱面装饰工程的学习，使学生能够识读某公寓样板房中墙柱面装饰工程装饰施工图；了解该样板房装饰工程中所用的墙面一般抹灰、块料墙面、墙面软包等工程施工工艺；掌握墙柱面装饰工程工程量计算规范；能够根据墙柱面装饰工程施工图，计算墙柱面装饰工程清单工程量，最终编制墙柱面装饰工程的工程量清单；掌握当地装饰工程计价定额中墙柱面装饰工程定额子目划分及工程量计算规则；根据编制的墙柱面装饰工程量清单，填写综合单价分析表，从而最终确定清单项目的综合单价。

【知识构成】

墙柱面装饰与隔断、幕墙工程清单项目按照面层装饰材料和使用部位的不同分为墙面抹灰、柱（梁）面抹灰、零星抹灰、墙面块料面层、柱（梁）面镶贴块料、镶贴零星块料、墙饰面、柱（梁）饰面、幕墙工程、隔断共 10 节 35 个项目，具体内容详见《房屋建筑与装饰工程工程量计算规范》GB 50854–2013 附录 M。下面仅将常见的墙柱面装饰与隔断工程清单项目摘录见表 2-21 ～表 2-29。

2.2.1 墙面抹灰

墙面抹灰清单项目的设置、项目特征描述的内容、计量单位及工程量计算规则应按《房屋建筑与装饰工程计量规范》GB 50854 —2013 附录 M.1 的规定执行。常见的墙面抹灰清单项目的相关内容见表 2-21。

M.1 墙面抹灰（编码：011201） 表 2-21

项目编码	项目名称	项目特征	计量单位	工程量计算规则	工作内容
011201001	墙面一般抹灰	1.墙体类型 2.底层厚度、砂浆配合比 3.面层厚度、砂浆配合比 4.装饰面材料种类 5.分格缝宽度、材料种类	m²	按设计图示尺寸以面积计算。扣除墙裙、门窗洞口及单个 > 0.3m² 的孔洞面积，不扣除踢脚线、挂镜线和墙与构件交接处的面积，门窗洞口和孔洞的侧壁及顶面不增加面积。附墙柱、梁、垛、烟囱侧壁并入相应的墙面面积内 1.外墙抹灰面积按外墙垂直投影面积计算 2.外墙裙抹灰面积按其长度乘以高度计算 3.内墙抹灰面积按主墙间的净长乘以高度计算 （1）无墙裙的，高度按室内楼地面至天棚底面计算 （2）有墙裙的，高度按墙裙顶至天棚底面计算 （3）有吊顶天棚抹灰，高度算至天棚底 4.内墙裙抹灰面按内墙净长乘以高度计算	1.基层清理 2.砂浆制作、运输 3.底层抹灰 4.抹面层 5.抹装饰面 6.勾分格缝
011201002	墙面装饰抹灰				

2.2.2 柱（梁）面抹灰

柱（梁）面抹灰清单项目的设置、项目特征描述的内容、计量单位及工程量计算规则应按《房屋建筑与装饰工程计量规范》GB 50854–2013 附录 M.2 的规定执行。常见的柱（梁）面抹灰清单项目的相关内容见表 2-22。

M.2 柱（梁）面抹灰（编码：011202） 表 2-22

项目编码	项目名称	项目特征	计量单位	工程量计算规则	工作内容
011202001	柱、梁面一般抹灰	1.柱（梁）体类型 2.底层厚度、砂浆配合比 3.面层厚度、砂浆配合比 4.装饰面材料种类 5.分格缝宽度、材料种类	m²	1.柱面抹灰：按设计图示柱断面周长乘以高度以面积计算 2.梁面抹灰：按设计图示梁断面周长乘长度以面积计算	1.基层清理 2.砂浆制作、运输 3.底层抹灰 4.抹面层 5.勾分格缝
011202002	柱、梁面装饰抹灰				

2.2.3 零星抹灰

零星抹灰清单项目的设置、项目特征描述的内容、计量单位及工程量计算规则应按《房屋建筑与装饰工程计量规范》GB 50854—2013 附录 M.3 的规定执行。常见的零星抹灰清单项目的相关内容见表 2-23。

M.3 零星抹灰（编码：011203）   表 2-23

项目编码	项目名称	项目特征	计量单位	工程量计算规则	工作内容
011203001	零星项目一般抹灰	1. 基层类型、部位 2. 底层厚度、砂浆配合比 3. 面层厚度、砂浆配合比 4. 装饰面材料种类 5. 分格缝宽度、材料种类	m²	按设计图示尺寸以面积计算	1. 基层清理 2. 砂浆制作、运输 3. 底层抹灰 4. 抹面层 5. 抹装饰面 6. 勾分格缝
011203002	零星项目装饰抹灰				

2.2.4　墙面块料面层

墙面块料面层清单项目的设置、项目特征描述的内容、计量单位及工程量计算规则应按《房屋建筑与装饰工程计量规范》GB 50854－2013 附录 M.4 的规定执行。常见的墙面块料面层清单项目的相关内容见表 2-24。

M.4 墙面块料面层（编码：011204）   表 2-24

项目编码	项目名称	项目特征	计量单位	工程量计算规则	工作内容
011204001	石材墙面	1. 墙体类型 2. 安装方式 3. 面层材料品种、规格、颜色 4. 缝宽、嵌缝材料种类 5. 防护材料种类 6. 磨光、酸洗、打蜡要求	m²	按镶贴表面积计算	1. 基层清理 2. 砂浆制作、运输 3. 粘结层铺贴 4. 面层安装 5. 嵌缝 6. 刷防护材料 7. 磨光、酸洗、打蜡
011204003	块料墙面				
011204004	干挂石材钢骨架	1. 骨架种类、规格 2. 防锈漆品种遍数	t	按设计图示以质量计算	1. 骨架制作、运输、安装 2. 刷漆

2.2.5　柱（梁）面镶贴块料

柱（梁）面镶贴块料清单项目的设置、项目特征描述的内容、计量单位及工程量计算规则应按《房屋建筑与装饰工程计量规范》GB 50854—2013 附录 M.5 的规定执行。常见的柱（梁）面镶贴块料清单项目的相关内容见表 2-25。

M.5 柱（梁）面镶贴块料（编码：011205）　　　　　　　　表 2-25

项目编码	项目名称	项目特征	计量单位	工程量计算规则	工作内容
011205001	石材柱面	1. 柱截面类型、尺寸 2. 安装方式 3. 面层材料品种、规格、颜色 4. 缝宽、嵌缝材料种类 5. 防护材料种类 6. 磨光、酸洗、打蜡要求	m²	按镶贴表面积计算	1. 基层清理 2. 砂浆制作、运输 3. 粘结层铺贴 4. 面层安装 5. 嵌缝 6. 刷防护材料 7. 磨光、酸洗、打蜡
011205002	块料柱面				

2.2.6　镶贴零星块料

镶贴零星块料清单项目的设置、项目特征描述的内容、计量单位及工程量计算规则应按《房屋建筑与装饰工程计量规范》GB 50854—2013 附录 M.6 的规定执行。常见的镶贴零星块料清单项目的相关内容见表 2-26。

M.6 镶贴零星块料（编码：011206）　　　　　　　　表 2-26

项目编码	项目名称	项目特征	计量单位	工程量计算规则	工作内容
011206001	石材零星项目	1. 基层类型、部位 2. 安装方式 3. 面层材料品种、规格、颜色 4. 缝宽、嵌缝材料种类 5. 防护材料种类 6. 磨光、酸洗、打蜡要求	m²	按镶贴表面积计算	1. 基层清理 2. 砂浆制作、运输 3. 面层安装 4. 嵌缝 5. 刷防护材料 6. 磨光、酸洗、打蜡
011206002	块料零星项目				

2.2.7　墙饰面

墙饰面清单项目的设置、项目特征描述的内容、计量单位及工程量计算规则应按《房屋建筑与装饰工程计量规范》GB 50854—2013 附录 M.7 的规定执行。常见的墙饰面清单项目的相关内容见表 2-27。

M.7 其他材料面层（编码：011207）　　　　　　　　表 2-27

项目编码	项目名称	项目特征	计量单位	工程量计算规则	工作内容
011207001	墙面装饰板	1. 龙骨材料种类、规格、中距 2. 隔离层材料种类、规格 3. 基层材料种类、规格 4. 面层材料品种、规格、颜色 5. 压条材料种类、规格	m²	按设计图示墙净长乘以净高以面积计算。扣除门窗洞口及单个 > 0.3m² 的孔洞所占面积	1. 基层清理 2. 龙骨制作、运输、安装 3. 钉隔离层 4. 基层铺钉 5. 面层铺贴

2.2.8　柱（梁）饰面

柱（梁）饰面清单项目的设置、项目特征描述的内容、计量单位及工程量计算规则应按《房屋建筑与装饰工程计量规范》GB 50854—2013 附录 M.8 的规定执行。常见的柱（梁）饰面清单项目的相关内容见表 2-28。

M.8 柱（梁）饰面（编码：011208）　　　　表 2-28

项目编码	项目名称	项目特征	计量单位	工程量计算规则	工作内容
011208001	柱（梁）面装饰	1. 龙骨材料种类、规格、中距 2. 隔离层材料种类 3. 基层材料种类、规格 4. 面层材料品种、规格、颜色 5. 压条材料种类、规格	m²	按设计图示饰面外围尺寸以面积计算。柱帽、柱墩并入相应柱饰面工程量内	1. 清理基层 2. 龙骨制作、运输、安装 3. 钉隔离层 4. 基层铺钉 5. 面层铺贴

2.2.9　隔断

隔断清单项目的设置、项目特征描述的内容、计量单位及工程量计算规则应按《房屋建筑与装饰工程计量规范》GB 50854—2013 附录 M.10 的规定执行。常见的隔断清单项目的相关内容见表 2-29。

M.10 隔断（编码：011210）　　　　表 2-29

项目编码	项目名称	项目特征	计量单位	工程量计算规则	工作内容
011210001	木隔断	1. 骨架、边框材料种类、规格 2. 隔板材料品种、规格、颜色 3. 嵌缝、塞口材料品种 4. 压条材料种类	m²	按设计图示框外围尺寸以面积计算。不扣除单个 ≤ 0.3m² 的孔洞所占面积；浴厕门的材质与隔断相同时，门的面积并入隔断面积内	1. 骨架及边框制作、运输、安装 2. 隔板制作、运输、安装 3. 嵌缝、塞口 4. 装钉压条
011210002	金属隔断	1. 骨架、边框材料种类、规格 2. 隔板材料品种、规格、颜色 3. 嵌缝、塞口材料品种			1. 骨架及边框制作、运输、安装 2. 隔板制作、运输、安装 3. 嵌缝、塞口
011210005	成品隔断	1. 隔断材料品种、规格、颜色 2. 配件品种、规格	1. m² 2. 间	1. 以平方米计量，按设计图示框外围尺寸以面积计算 2. 以间计量，按设计间的数量计算	1. 隔断运输、安装 2. 嵌缝、塞口

【知识拓展】

2.2.10　工程量清单编制的相关知识

（1）墙面一般抹灰指墙面抹石灰砂浆、水泥砂浆、混合砂浆、麻刀石灰浆、石膏灰浆等；墙面装饰抹灰指水刷石、干粘石、假面砖等。

（2）墙面装饰板是指墙面装修以饰面板为装修面层。

2.2.11　工程量清单编制应注意的事项

（1）表 2-22 柱（梁）面抹灰（编码：011202）中的清单项目适用于独立的柱（梁）面抹灰。依附于墙中的柱、梁面抹灰应并入墙面抹灰，执行墙面抹灰相应的清单项目；天棚中的梁面抹灰应并入天棚面抹灰，执行天棚面抹灰相应的清单项目。

（2）墙、柱（梁）面 ≤ 0.5m² 的少量分散的抹灰按零星抹灰项目编码列项。

（3）墙面块料面层在描述安装方式时，可描述为砂浆或粘接剂粘结、挂贴、干挂等。

（4）墙面装饰板清单项目包含龙骨、隔离层、基层、面层内容，在确定清单综合单价时应根据地区定额项目的设置来进行组价。

（5）柱（梁）面装饰清单项目包含龙骨、隔离层、基层、面层内容，在确定清单综合单价时应根据地区定额项目的设置来进行组价。

（6）有吊顶天棚的内墙面抹灰，抹至吊顶以上部分在综合单价中考虑。

（7）木隔断、金属隔断清单项目包含骨架、隔板等内容，在确定清单综合单价时应根据地区定额项目的设置来进行组价。

课堂活动

活动 1　识读图纸

墙柱面装饰工程计量与计价时，首先是要熟悉图纸的设计内容，然后才能根据图纸的设计要求来进行清单列项、工程量计算等。墙柱面装饰工程图纸识读时，必须识读设计说明、施工说明、平面布置与立面索引图、大样图等。重点是设计图纸中的墙体装饰的长和高、柱的数量及水平截面尺寸，还必须看清楚墙、柱面装饰所用材料及构造作法等内容。一般而言，看平面图主要弄清墙体长度和柱的数量，看立面图弄清墙、柱的高度，看大样图及设计文字说明中弄清墙、柱的饰面构造作法或引用标准图集号等。下面以教材中附图即某公寓复式样板房装修工程为例，介绍如何识读墙柱面装饰工程图纸。

某公寓复式样板房装修工程设计内容有施工说明、平面布置与立面索引图、各房间立面装饰大样图、家具索引图、天花布置图等。从某公寓复式样板房装修工程的施工说明、平面布置与立面索引图、各房间立面装饰大样图（见图 2-13 ~ 图 2-17）等可以看出该公寓墙柱面装饰做法主要有：

次卧的 1 ~ 4 立面，客厅餐厅 1 立面及 2、4、5 立面局部，楼梯间（上层）1 ~ 4 立面，玄关 1、2 立面局部，衣帽间 / 工作间 2、3 立面，主卧 1、2 立面及 3、4 立面局部装饰做法为墙纸（WP-01）；

主卧 4 立面局部装饰做法为软包（CU-02）；

客厅餐厅 2、4、5 立面（厨房）局部，开放式厨房 1、3 立面局部，玄关 2 立面局部装饰做法为石材（MA-01）；

客厅餐厅 3 ~ 5 立面局部，储藏室 1 ~ 3 立面局部，玄关 3 立面局部，衣帽间 / 工作间 1、3、4 立面局部，主卧 3 ~ 6 立面局部，次卧 3 立面及 4 立面局部，楼梯间 1、4 立面局部，卫生间 4 立面局部，主卫 1 立面局部装饰做法为木饰面（WD-01）；

卫生间（下层）1 ~ 5 立面，主卫（上层）1 ~ 5 立面装饰做法为瓷砖（CT-01）；

储藏室 1、3、4 立面，主卧 5、6 立面局部装饰做法为乳胶漆（PT-01）；

开放式厨房 1 ~ 3 立面装饰做法为白色钢琴漆（PT-03）；

楼梯间（上层）2 立面装饰做法为墙壁装饰品中纤板车花底机片透光（VV-01）；

卫生间（下层）1、5 立面，主卫（上层）2、3 立面装饰做法为清钢玻璃隔墙（GL-01）；

玄关 1、3 立面，主卧 4 立面装饰做法为银镜（MR-01）。

活动 2　墙柱面装饰工程清单工程量的计算

1. 墙柱面装饰工程清单项目

墙柱面装饰工程清单工程量计算时，首先应根据图纸设计内容及《房屋建筑与装饰工程工程量计算规范》GB 50854—2013 附录 M 中清单项目的设置先进行列项。

某公寓复式样板房墙柱面装饰工程的图纸设计内容见活动 1 和附图，《房屋建筑与装饰工程工程量计算规范》GB 50854—2013 附录 M 中清单项目的设置详见本任务中知识构成部分，该工程的清单项目有：

（1）墙面一般抹灰 011201001001，装饰部位是指刷乳胶漆、裱糊墙纸的墙面；

（2）墙面块料面层

◆　石材墙面 011204001001，装饰部位主要在开放式厨房墙面；

◆　块料墙面 011204003001，装饰部位主要在卫生间墙面。

（3）墙饰面

◆　墙面金属龙骨 011207001001，装饰部位是指客厅 / 餐厅 2 立面石材装饰线龙骨（龙骨见墙身 9 剖面图），石材装饰线按附录 Q 另计；

◆　墙面装饰软包 011207001002，包括海绵软包面层，杉木龙骨、夹板另计；

◆　墙面银镜 011207001003，装饰部位是指客厅 / 餐厅 2 立面，包括防潮层、斜倒角拼缝银镜饰面，杉木龙骨、夹板另计；

◆　墙面银镜 011207001004，装饰部位是指客厅 / 餐厅 3 立面及玄关 1、3 立面、主卧 4 立面银镜，包括防潮层、银镜饰面，主卧 4 立面夹板另计；

◆ 墙面装饰板 011207001005，指墙面木饰面，包括夹板、浅色斑马木木饰面；

◆ 墙面装饰板 011207001006，装饰部位指楼梯间中纤板车花墙面，包括龙骨、基层板、浅色斑马木木饰面，中纤板车花透光机片按附录 N 另计；

◆ 墙面装饰板 011207001007，装饰部位指衣帽间 / 工作间 / 主卧灯带处，包括基层板、玫瑰金面层，杉木龙骨另计；

◆ 墙面杉木龙骨 011207001008，装饰部位指主卧软卧墙面、客厅银镜墙面；

◆ 灯带杉木龙骨 011207001009，装饰部位指衣帽间 / 工作间、主卧 2 立面；

◆ 墙面夹板 011207001010，装饰部位指主卧软卧墙面、银镜墙面。

（4）轻钢龙骨间墙 011210002001，装饰部位指首层梯间杂物间；

（5）淋浴玻璃隔断 011210005001，装饰部位指卫生间。

2. 清单工程量的计算

根据某公寓样板房墙柱面装饰工程的图纸设计内容，结合清单项目的工程量计算规则，可以计算出清单工程量。下面对照部分附图局部内容，举例说明清单工程量的计算方法，其余计算过程见表 2-30。

例如：墙面一般抹灰 011201001001，装饰部位是指刷乳胶漆、裱糊墙纸的墙面。其中：

储藏间 1 立面（见图 2-13）：$2.02 \times 2 - 1.2 \times 0.8$（窗洞）$= 3.08 \text{m}^2$

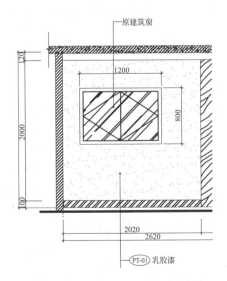
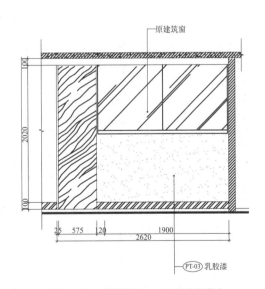

图 2-13 储藏间 1 立面图（局部）　　　图 2-14 储藏间 3 立面图（局部）

储藏间 3、4 立面（见图 2-14，图 2-15）：$(0.12+1.9+0.9) \times 2.02 - (0.12+1.9-0.02 \times 2) \times 1.01$（高）$= 3.8986 \text{m}^2$

衣帽间 / 工作间 4 立面（见图 2-16）：$(1.14+0.72+0.04) \times 0.4$（高）$= 0.76 \text{m}^2$

主卧 5、6 立面（见图 2-17，图 2-18）：$1.98 \times 2 \times 2 - 1.2 \times 0.8$（窗洞）$= 6.96 \mathrm{m}^2$

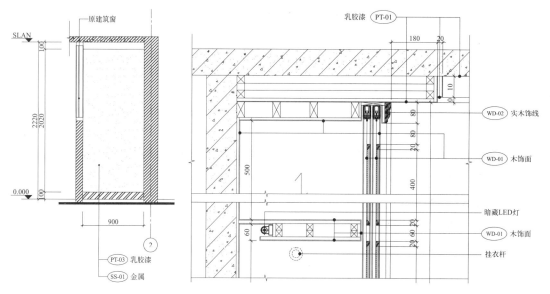

图 2-15　储藏间 4 立面图（局部）　　　　图 2-16　衣帽间 / 工作间 4 立面图（局部）

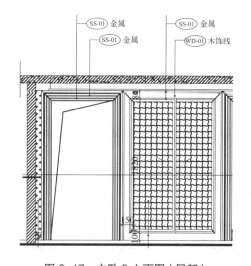

图 2-17　主卧 5 立面图（局部）

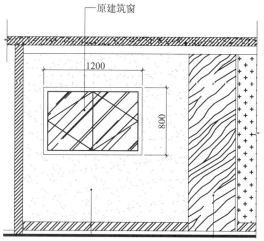

图 2-18　主卧 6 立面图（局部）

工程量计算表

表 2-30

工程名称：某公寓样板房装饰工程   标段：精装修

项目名称	工程量计算式	单位	计算结果
墙面一般抹灰	(1) 乳胶漆墙面部位 储藏间 1 立面：2.02×2－1.2×0.8（窗洞）=3.08m² 储藏间 3、4 立面：(0.12+1.9+0.9)×2.02－(0.12+1.9－0.02×2)×1.01（高）=3.8986m² 衣帽间/工作间 4 立面： (1.14+0.72+0.04)×0.4（高）=0.76m² 主卧 5、6 立面： 1.98×2×2－1.2×0.8（窗洞）=6.96m² 下层楼梯间按顺时针方向： (第一跑处两面，见客厅/餐厅 5 立面)1/2×3×0.15×0.8×2+（平台及第二跑处，见楼梯间 2、3 立面）3×0.15×(0.75+0.75)+(0.15×2+0.635)×0.25/2×2+(1.15－0.25)×(0.635+0.1)+0.75×(0.635+0.1)+(第三跑及平台等，见楼梯间 3 立面)[(0.5+2.05)×(0.475+0.63－0.15)+4×0.15×2.55－1/2×4×0.15×4×0.25+1/2×(0.25×2+1/2×0.25)×2×0.15]×2=0.36+2.12+3.76×2=10.00m² 小计：24.70m² (2) 裱糊墙纸墙面部位 客厅/餐厅 1 立面： (0.98+0.65)×3.9+3.73×0.4=7.849m² 客厅/餐厅 2 立面：(0.4+0.2 侧增+0.4)×(4.4－0.4－0.1)+(0.4×2+0.24×2+0.415×2+2.04)×0.4+(0.2+2.01－0.06)×(0.87+0.78+0.55－0.1)=10.075m² 客厅/餐厅 4 立面： 0.109×2.1+0.64×(1.101－0.75)+1.7×(4－0.1－0.2)=6.74m² 客厅/餐厅 5 立面： (4.4－0.1)×(1.389+0.131+0.35+0.25×2+0.75)－(梁，见衣帽间 1 立面、墙身 6 剖面图)0.4×0.4－(入户门)1.389×2.1－(楼梯踏步处)(0.1+0.25×2+0.75)×4×0.15+0.25×(3×0.15+2×0.15+0.75×1/2)=9.81m² 次卧 1 立面：(0.5+0.299+0.901)×2=3.40m² 次卧 2 立面：(2.381+0.15)×2=5.06m² 次卧 4 立面：(3.029+0.401+0.1)×2=7.06m² 玄关 1、2 立面： (0.13+1.269+0.14)×2.1=3.234m² 楼梯间 2 立面： 1.9×(3.465+0.2)－(1.9－0.4)×(0.15+2.76)－1.15×0.15－(1.15－0.75×1/2)×0.15=2.31m² 楼梯间 3 立面： (1.9+0.56+0.535)×(0.75－0.1×2－0.1)+(3×0.25+0.1)×(1.9+0.56－0.1)+(3×0.25+2×0.25+0.25)×0.15=3.579m² 楼梯间 4 立面： (0.5+2.1－0.05)×(1.05+0.2 估算－0.1)+(2.1－0.05+0.25)×0.15+(2.1－0.05)×0.15+(2.1－0.05－0.25)×0.15+0.25×0.15×3=3.968m² 衣帽间/工作间 1 立面： 0.32×(0.65+0.04+1.01+0.185×3－0.1)+0.15×2=0.990m² 衣帽间/工作间 2 立面： (3.44+0.725)×1.9=7.9135m² 衣帽间/工作间 3 立面：(0.535+0.8)×2=2.67m²	m²	113.38

续表

项目名称	工程量计算式	单位	计算结果
墙面一般抹灰	主卧 1 立面： （0.19 侧增 +0.8+0.9）×1.9=3.591m² 主卧 2 立面： （2.65+0.08+0.66）×1.9+1.32（踏步上部，同主卧 4 立面）=7.761m² 主卧 3 立面：0.08×（1.78+0.14）=0.1536m² 主卧 4 立面：（踏步上部）2×（0.25×2+0.11）+0.185×（0.5-0.1）+0.185×（0.25-0.1）+0.6×2=1.32+0.6×2=2.52m² 小计：88.684m² 合计：（1）+（2）=113.38m²	m²	113.38
石材墙面	客厅 / 餐厅 2 立面： $S1$=（0.059+0.45+0.941+0.53+0.58）×（0.87+0.78+0.55）-（0.94+0.35）×0.55-（0.45+0.941+0.58）×0.87=3.21m² 客厅 / 餐厅 4 立面： $S2$=（0.56+0.354+1.137）×2.2-（0.56+0.354）×0.87-0.35×0.55=3.52m² 客厅 / 餐厅 5 立面： $S3$=（1.576+0.793+0.601）×（0.78+0.55）-（0.35+2.44）×0.55=2.42m² S=$S1$+$S2$+$S3$=3.21+3.52+2.42=9.15m²	m²	9.15
块料墙面	300mm×600mm 瓷砖： 卫生间 1、2 立面： $S1$=（0.555+2.47）×2.1+（洞口侧顶底长）（0.3×4+0.6×2）×（洞口深）（1.2+0.03-1.13）=（0.555+2.47）×2.1+（洞口侧顶底长）（0.3×4+0.6×2）×（洞口深）0.1=6.59m² 卫生间 3、4 立面： $S2$=（2.32+0.39+0.05+1.19）×2.1=8.3m² 卫生间 5 立面： $S3$=1.765×2.1=3.71m² 主卫生间 1 立面： $S4$=（0.05-0.01+1.31+0.05+1.12）×2.12=5.34m² 主卫生间 3、4 立面： $S5$=（3.22+2.49）×2.12+（洞口侧顶底）（0.28×2+0.6×2）×0.1=12.28m² 主卫生间淋浴间 5 立面： $S6$=2.05×2.12=4.35m² S=$S1$+$S2$+$S3$+$S4$+$S5$+$S6$=40.57m²	m²	40.57
墙面金属龙骨	宽 200mm： 客厅 / 餐厅 2 立面： S= 中心线长 × 宽 =[（4.4-0.4-0.1）×2+0.24×2+0.415×2+2.04-0.1×2]×0.2=[3.9×2+3.15]×0.2=2.19m²	m²	2.19
墙面装饰软包	主卧 4 立面：S=0.6×3×（2.1-0.1×3）=3.24m²	m²	3.24
墙面银镜	客厅 / 餐厅 2 立面，斜倒角拼缝： S=（0.415+2.04+0.415）×（0.1+0.355+2.92+0.385）=10.79m²	m²	10.79
墙面银镜	客厅 / 餐厅 3 立面：$S1$=0.57×2.2=1.25m² 玄关 1 立面：$S2$=（0.3-0.02）×1.1=0.31m² 玄关 3 立面： $S3$=0.77（见墙身 15 剖面图）×1.1=0.85m² 主卧 4 立面：$S4$=（0.71+0.04×2）×2=1.58m² 小计：S=$S1$+$S2$+$S3$+$S4$=3.99m²	m²	3.99

项目名称	工程量计算式	单位	计算结果
墙面装饰板	墙面木饰面部位： 客厅/餐厅 4 立面：0.8×（2+0.2）+（0.4+0.58+0.052+0.867+0.15）×4+ （0.4+0.58+0.2+1.701+0.2+0.052+0.867+0.15）×0.4−0.66（见墙身 12 剖 面图）×2（门洞）−0.867×2.2（门洞）=0.8×2.2+（0.98+1.069）×4+ 4.15×0.4−0.66×2−0.867×2.2=8.389m² 客厅/餐厅 5 立面：0.28×2.2=0.616m² 次卧 3 立面：0.08×2.1=0.168m² 储藏间 1 立面：0.575×2.1=1.2075m² 玄关 3 立面：0.08×2.1=0.168m² 卫生间 4 立面：（2.1×2+0.72）×0.06=0.2952m² 衣帽间/工作间 1 立面：0.31×0.185×3+0.25×0.185×2+0.25×0.185 =0.21m² 衣帽间/工作间 3 立面：0.25×0.185=0.04625m² 主卧 6 立面：0.49×2.1=1.029m² 小计：12.13m²	m²	12.13
墙面装饰板	中纤板车花墙面： 楼梯间 2 立面：S=（1.9−0.2×2）×（2.76+0.15）=4.37m²	m²	4.37
墙面装饰板	灯带处，玫瑰金面层： 衣帽间/工作间 2 立面：$S1=3.44×$（0.1+0.15 见天花 8 剖面图）=0.86m² 主卧 2 立面： $S2=$（2.65+0.04+1.52+0.1+0.04）×（0.15+0.08+0.1）=1.44m² $S=S1+S2=0.86+1.44=2.30$m²	m²	2.30
墙面杉木龙骨	主卧 4 立面：3.24（见序 5）+（2×2+1.8）×0.1（木饰线）=3.82m² 客厅/餐厅 2 立面： 10.79（见序 6）+0.4×4.3=12.51m² 小计：16.33m²	m²	16.33
灯带杉木龙骨	衣帽间/工作室 2 立面： 3.44×0.15（见天花 8 剖面图）=0.516m² 主卧 2 立面图： （2.65+0.04+1.52+0.1+0.04）×0.15（见墙身 21 剖面图）=4.35×0.15= 0.6525m² 小计：1.17m²	m²	1.17
墙面夹板	主卧 4 立面： 3.82（见序 11）+1.58（银镜，见序 7）=5.40m² 客厅/餐厅 2 立面： 10.79（见序 6）+（0.4+0.2）×4.3=13.37m² 小计：18.77m²	m²	18.77
轻钢龙骨间墙	首层梯间杂物间估算：[（第二个平台处）(0.635+0.1)×0.75+3.76 （见梯间 3 立面刷乳胶漆墙面部位）+（门入口处，梯间 3 立面） （4.195−1.9−0.15）×0.807]×2−（门洞，墙身 12 剖面图）0.66×2=[0.55+ 3.76+1.73]×2−1.32=10.76m²	m²	10.76
淋浴玻璃隔断 （含门）	卫生间 1 立面： $S1=$（0.027+0.441+0.831+0.431+0.035）×（2.2−0.1）=3.72m² 主卫 2 立面：$S2=2.49×2.12=5.28$m² 主卫 3 立面： $S3=$（0.84+0.64+0.08）×2.12−0.64×0.2=3.18m² $S=S1+S2+S3=3.72+5.28+3.18=12.18$m²	m²	12.18

活动3 墙柱面装饰工程工程量清单的编制

根据《房屋建筑与装饰工程工程量计算规范》GB 50854—2013 附录 M 中清单项目的要求、图纸设计内容及活动 2 中清单项目的工程量，编制工程量清单见表 2-31。

分部分项工程量清单   表 2-31

工程名称：某公寓样板房装饰工程   标段：精装修

项目编码	项目名称	项目特征	工作内容	计量单位	工程量
011201001001	墙面一般抹灰	1. 底层厚度、砂浆配合比：15mm 厚 1：1：6 石灰水泥砂浆 2. 面层厚度、砂浆配合比：5mm 厚 1：2.5 水泥砂浆面	1. 基层清理 2. 砂浆制作、运输 3. 底层抹灰 4. 抹面层	m²	113.38
011204001001	石材墙面	1. 安装方式：采用铜线固定，大理石石材挂贴 2. 面层材料品种、规格、颜色：20mm 厚意大利木纹大理石 3. 缝宽、嵌缝材料种类：拼密缝，白水泥擦缝	1. 基层清理 2. 面层安装 3. 嵌缝	m²	9.15
011204003001	块料墙面	1. 安装方式：砂浆铺贴 2. 面层材料品种、规格、颜色：仿意大利木纹石抛光瓷砖 300mm×600mm 3. 缝宽、嵌缝材料种类：拼密缝，白水泥擦缝 4. 防护材料种类：二度防霉涂料 5. 其他：30mm 厚 1：2.5 水泥砂浆找平层	1. 基层清理 2. 砂浆制作、运输 3. 粘结层铺贴 4. 面层安装 5. 嵌缝 6. 刷防护材料	m²	40.56
011207001001	墙面金属龙骨	1. 龙骨材料种类、规格、中距：镀锌角钢 2. 部位：首层客厅石材饰线骨架 3. 详图号：1E-02,CD-02/9	1. 基层清理 2. 龙骨制作运输、安装	m²	2.19
011207001002	墙面装饰软包	面层材料品种、规格、颜色：海绵软包，织物面	面层铺贴	m²	3.24
011207001003	墙面银镜	1. 隔离层材料种类、规格：夹板基层面扫沥青油二度，扫防霉漆 2. 面层材料品种、规格、颜色：夹板面贴 6mm 银镜斜倒角拼缝，车直边，镜背贴玻璃防潮纸，镜周边喷防锈剂保护膜贴	1. 钉隔离层 2. 面层铺贴	m²	10.79

续表

项目编码	项目名称	项目特征	工作内容	计量单位	工程量
011207001004	墙面银镜	1. 隔离层材料种类、规格：夹板基层面扫沥青油二度，扫防霉漆 2. 面层材料品种、规格、颜色：夹板面贴 6mm 银镜，车直边，镜背贴玻璃防潮纸，镜周边喷防锈剂保护膜贴	1. 钉隔离层 2. 面层铺贴	m²	3.99
011207001005	墙面装饰板	1. 基层材料种类、规格：防火夹板 12mm 厚 2. 面层材料品种、规格：3mm 厚浅色斑马木木饰面	1. 基层清理 2. 基层铺钉 3. 面层铺贴	m²	12.13
011207001006	墙面装饰板	1. 龙骨材料种类、规格、中距：热镀锌轻钢龙骨标准骨架 2. 基层材料种类、规格：12mm 厚防火胶合板，12mm 厚硅酸钙板 3. 面层材料品种、规格、颜色：3mm 浅色斑马木木饰面	1. 基层清理 2. 龙骨制作、运输、安装 3. 基层铺钉 4. 面层铺贴	m²	4.37
011207001007	墙面装饰板	1. 基层材料种类、规格：12mm 厚防火胶合板 2. 面层材料品种、规格、颜色：1.0mm 厚玫瑰金	1. 基层铺钉 2. 面层铺贴	m²	2.30
011207001008	墙面杉木龙骨	龙骨材料种类、规格、中距：杉木龙骨	1. 基层清理 2. 龙骨制作、运输、安装	m²	16.33
011207001009	灯带杉木龙骨	龙骨材料种类、规格、中距：杉木龙骨	1. 基层清理 2. 龙骨制作、运输、安装	m²	1.17
011207001010	墙面夹板	基层材料种类、规格：12mm 厚防火胶合板	基层铺钉	m²	18.77
011210002001	轻钢龙骨间墙	1. 骨架、边框材料种类、规格：轻钢龙骨 2. 隔板材料品种、规格、颜色：防火胶合板（包龙骨）双面	1. 骨架及边框制作、运输、安装 2. 隔板制作、运输、安装	m²	10.76
011210005001	淋浴玻璃隔断	1. 隔断材料品种、规格、颜色：12mm 厚清钢玻璃 2. 配件品种、规格：1.0mm 玫瑰金不锈钢封边	1. 隔断运输、安装 2. 嵌缝、塞口	m²	12.18

活动 4 墙柱面装饰工程清单项目组价对应定额子目的列出

活动 3 中已经列出了清单项目，且计算出了清单项目的工程量，接下来需要确定清单项目的综合单价，一般我们将清单综合单价的形成过程称为组价。清单项目组价的依据之一是定额，一般可以参照企业定额或当地计价依据的消耗量及当地的价格水平综合计算确定。

参考 2013 年《广东省建筑与装饰工程工程量清单指引》，根据表 2-31 中清单项目的特征及工作内容，列出图纸所涉及的墙柱面装饰工程清单项目组价对应的定额子目，见表 2-32。

墙柱面装饰工程清单项目组价对应的定额子目　　　　　表 2-32

工程名称：某公寓样板房装饰工程　　　　　　　　　　　　　　标段：精装修

项目编码	项目名称	工作内容	特征	对应的综合定额子目
011201001001	墙面一般抹灰	面层	15mm 厚 1：1：6 石灰水泥砂浆底 5mm 厚 1：2.5 水泥砂浆面	A10-7
011204001001	石材墙面	面层安装	采用铜线固定，20mm 厚意大利木纹大理石挂贴，拼密缝，白水泥擦缝	A10-93
011204003001	块料墙面	面层安装	仿意大利木纹石抛光瓷砖 300mm×600mm，拼密缝，白水泥擦缝	A10-147
		底层抹灰	30mm 厚 1：2.5 水泥砂浆找平层	A10-1+ A10-44×15
		其他	二度防霉涂料	A16-239×2
011207001001	墙面金属龙骨	龙骨制作、运输、安装	镀锌角钢	A10-189 换
011207001002	墙面装饰软包	面层安装	海绵软包，织物面	A10-203 换
011207001003	墙面银镜	面层安装	夹板面贴 6mm 银镜斜倒角拼缝，车直边，镜背贴玻璃镜周边喷防锈剂保护膜贴	A10-227
		防潮层	防潮纸	A9-141
		防潮层	沥青	A9-140
		其他	防霉涂料	A16-239
011207001004	墙面银镜	面层安装	夹板面贴 6mm 银镜，车直边，镜背贴玻璃镜周边喷防锈剂保护膜贴	A10-227
		防潮层	防潮纸	A9-141
		防潮层	沥青	A9-140
		其他	防霉涂料	A16-239
011207001005	墙面装饰板	基层铺钉	防火夹板 12mm 厚	A10-198 换
		面层安装	3mm 厚浅色斑马木木饰面	A10-199

续表

项目编码	项目名称	工作内容	特征	对应的综合定额子目
011207001006	墙面装饰板	龙骨制作、运输、安装	热镀锌轻钢龙骨标准骨架	A10-190
		基层铺钉	12mm 厚硅酸钙板	A10-195 换
		基层铺钉	12mm 厚防火胶合板	A10-198 换
		面层安装	3mm 浅色斑马木木饰面	A10-199
011207001007	墙面装饰板	面层安装	1.0mm 厚玫瑰金踢脚线	A10-224
		基层铺钉	12mm 厚防火胶合板	A10-198 换
011207001008	墙面杉木龙骨	龙骨制作、运输、安装	杉木龙骨	A10-175 换
011207001009	灯带杉木龙骨	龙骨制作、运输、安装	杉木龙骨	A10-175 换
011207001010	墙面夹板	基层铺钉	12mm 厚防火胶合板	A10-196 换
011210002001	轻钢龙骨间墙	轻钢龙骨胶合板隔墙	轻钢龙骨，12mm 厚防火胶合板（包龙骨）双面	A10-275 换
011210005001	淋浴玻璃隔断	隔断运输、安装	12mm 厚清钢玻璃，1.0mm 玫瑰金不锈钢封边	A10-260 换

活动 5　计价工程量的计算

计价工程量也就是我们常说的定额工程量，是依据施工图纸和施工方案，按照所采用的当地定额的计算规则来计算的，主要用于清单项目组价。本任务的某公寓样板房装饰工程位于广州市，故采用广东省计价依据。参照 2010 年《广东省建筑与装饰工程定额》，将表 2-32 中出现的定额子目相关的计算规则汇总见表 2-33。

墙柱面装饰工程清单项目组价对应定额子目工程量计算规则　　　　　表 2-33

工程名称：某公寓样板房装饰工程　　　　　　　　　　　　　　　　标段：精装修

定额项目	计量单位	计算规则
墙面抹灰	m²	按设计图示尺寸以面积计算。扣除墙裙、门窗洞口及单个 > 0.3m² 的孔洞面积，门窗洞口和孔洞的侧壁及顶面不增加面积。附墙柱、梁、垛、烟囱侧壁并入相应的墙面面积内
墙面块料面层	m²	按镶贴表面积计算
墙面龙骨	m²	按设计图示尺寸以面积计算。扣除门窗洞口及 > 0.3m² 的孔洞所占面积
墙面基层板	m²	按设计图示尺寸以面积计算。扣除门窗洞口及 > 0.3m² 的孔洞所占面积
墙饰面	m²	按设计图示墙净长乘以净高以面积计算。扣除门窗洞口及单个 > 0.3m² 的孔洞所占面积
隔墙	m²	按设计图示墙净长乘以净高以面积计算。扣除门窗洞口及单个 > 0.3m² 的孔洞所占面积
隔断	m²	按设计图示框外围尺寸以面积计算。扣除单个 > 0.3m² 的孔洞所占面积；浴厕门的材质与隔断相同时，门的面积并入隔断面积内
防潮层	m²	按设计图示尺寸以面积计算
涂料	m²	按设计图示尺寸以面积计算

对比清单项目和定额项目的计算规则，定额项目的工程量可以利用清单项目的相应工程量，所以定额项目的工程量不需要另外计算。

活动6 墙柱面装饰工程工程量清单综合单价的计算

1. 分部分项工程量清单综合单价计算的相关说明

分部分项工程量清单综合单价是指完成一个规定计量单位的分部分项清单项目所需要的人工费、材料费、机械费、管理费、利润以及一定范围内的风险费用的合计。本活动主要以某公寓样板房装饰工程中块料墙面项目为例，详细介绍清单项目综合单价的确定过程及综合单价分析表、分部分项工程和单价措施项目清单与计价表的填写方法，在计算过程中：

（1）消耗量按照2010年《广东省建筑与装饰工程综合定额》计取；

（2）人工单价为102元/工日；部分材料单价见表2-34；

（3）利润按人工费的18%计算；

（4）定额中所注明的砂浆种类、配合比、抹灰厚度、饰面材料的型号规格与设计不同时，可按规定换算，但人工消耗量不变。

材料价格表

表2-34

工程名称：某公寓样板房装饰工程

标段：精装修

材料名称	计量单位	单价（元）
白绵纱	kg	12.29
防霉涂料	kg	30.15
300mm×600mm仿意大利木纹石抛光瓷砖	m^2	80
预拌砂浆（湿拌）1∶2.5水泥砂浆（抹灰）	m^3	365
复合普通硅酸盐水泥 P·C 42.5	t	428.4
水	m^3	4.72
白色硅酸盐水泥42.5	t	721.14

2. 块料墙面（300mm×600mm）清单项目综合单价计算过程

（1）墙面镶贴陶瓷面砖（周长2100以内）

人工费：$34.758×102=3545.32$ 元/100m^2

材料费：$104.0×80+0.01×721.14+1.0×12.29+0.220×4.72+4.29=8344.83$ 元/100m^2

机械费：0 元/100m^2

管理费：314.29 元/100m^2

利润：$3545.32×18\%=638.16$ 元/100m^2

预拌砂浆（湿拌）1∶2.5水泥砂浆（抹灰）：$0.540×365=197.10$ 元/100m^2

小计：13039.70 元 /100m²

（2）底层抹灰 30mm 厚 1：2.5 水泥砂浆

人工费：（11.410+0.320×15）×102=1653.42 元 /100m²

材料费：0.060×428.4+（1.02+0.01×15）×4.72+13.29+0.95×15=58.81 元 /100m²

机械费：0 元 /100m²

管理费：103.17+2.89×15=146.52 元 /100m²

利润：1653.42×18%=297.62 元 /100m²

预拌砂浆（湿拌）1：2.5 水泥砂浆（抹灰）：（1.67+0.12×15）×365=1266.55 元 /100m²

小计：3422.92 元 /100m²

（3）防霉涂料

人工费：1.053×2×102=214.82 元 /100m²

材料费：45×2×30.15+26.0×2=2765.50 元 /100m²

机械费：0 元 /100m²

管理费：8.09×2=16.18 元 /100m²

利润：214.82×18%=38.67 元 /100m²

小计：3035.17 元 /100m²

合计：（13039.70×40.56+3422.92×40.56+3035.17×40.56）/100=7908.30 元

故其综合单价为：7908.30/40.56=194.99 元 /m²

3. 综合单价分析表的填写

按以上计算过程填写综合单价分析表（详见表 2-35）。

综合单价分析表　　　　　　　　表 2-35

工程名称：某公寓样板房装饰工程　　　　标段：精装修　　　第 1 页　共 1 页

项目编码	011204003001	项目名称	块料楼墙面	计量单位	m²	工程量	40.56

清单综合单价组成明细

定额编号	定额项目名称	定额单位	数量	单价				合价			
				人工费	材料费	机械费	管理费和利润	人工费	材料费	机械费	管理费和利润
A10-147	墙面镶贴陶瓷面砖	100m²	0.01	3545.32	8344.83	0	952.45	35.45	83.45	0	9.52
A10-1（换）	墙面底层抹灰	100m²	0.01	1653.42	58.81	0	444.14	16.53	0.59	0	4.44
A16-239×2	刷防霉涂料	100m²	0.01	214.82	2765.50	0	54.85	2.15	27.66	0	0.55

续表

项目编码	011204003001	项目名称	块料楼墙面	计量单位	m²	工程量		40.56	
人工单价		小计			54.13	111.70	0	14.51	
102 元 / 工日		未计材料费				14.64			
		清单项目综合单价				194.99			
材料费明细	主要材料名称、规格、型号	单位	数量	单价（元）	合价（元）	暂估单价（元）	暂估合价（元）		
	白棉纱	kg	0.01	12.29	0.12				
	白色硅酸盐水泥 42.5	t	0.0001	721.14	0.07				
	水	m³	0.0139	4.72	0.07				
	复合普通硅酸盐水泥 P·C 42.5	t	0.0006	428.4	0.26				
	防霉涂料	kg	0.9	30.15	27.14				
	仿意大利木纹石抛光瓷砖 300×600	m²	1.04	80	83.20				
	预拌砂浆（湿拌）1：2.5 水泥砂浆（抹灰）	m³	0.0401	365	14.64				
	其他材料费			–	0.84	–			
	材料费小计			–	126.34	–			

4. 分部分项工程和单价措施项目清单与计价表的填写

各分部分项工程量综合单价计算完成后，填写分部分项工程和单价措施项目清单与计价表（详见表 2-36）。

分部分项工程和单价措施项目清单与计价表 表 2-36

工程名称：某公寓样板房装饰工程　　　　　　　　　　　　标段：精装修　第 1 页　共 1 页

序号	项目编码	项目名称	项目特征描述	计量单位	工程量	金额（元）		
						综合单价	合价	其中 暂估价
1	011201001001	墙面一般抹灰	1. 底层厚度、砂浆配合比：15mm 厚 1：1：6 石灰水泥砂浆 2. 面层厚度、砂浆配合比：5mm 厚 1：2.5 水泥砂浆面	m²	113.30	28.95	3280.04	

续表

序号	项目编码	项目名称	项目特征描述	计量单位	工程量	金额（元）		其中
						综合单价	合价	暂估价
2	011204001001	石材墙面	1. 安装方式：采用铜线固定，大理石石材挂贴 2. 面层材料品种、规格、颜色：20mm 厚意大利木纹大理石 3. 缝宽、嵌缝材料种类：拼密缝，白水泥擦缝	m²	9.15	504.82	4619.10	
3	011204003001	块料墙面	1. 安装方式：砂浆铺贴 2. 面层材料品种、规格、颜色：仿意大利木纹石抛光瓷砖 300mm×600mm 3. 缝宽、嵌缝材料种类：拼密缝，白水泥擦缝 4. 防护材料种类：二度防霉涂料 5. 其他：30mm 厚 1∶2.5 水泥砂浆找平层	m²	40.56	194.99	7908.79	
4	011207001001	墙面金属龙骨	1. 龙骨材料种类、规格、中距：镀锌角钢 2. 部位：首层客厅石材饰线骨架 3. 详图号：1E-02,CD-02/9	m²	2.19	37.36	81.82	
5	011207001002	墙面装饰软包	面层材料品种、规格、颜色：海绵软包，织物面	m²	3.24	136.29	441.58	
6	011207001003	墙面银镜	1. 隔离层材料种类、规格：夹板基层面扫沥青油二度，扫防霉漆 2. 面层材料品种、规格、颜色：夹板面贴 6mm 银镜斜倒角拼缝，车直边，镜背贴玻璃防潮纸，镜周边喷防锈剂保护膜贴	m²	10.79	168.13	1814.12	
7	011207001004	墙面银镜	1. 隔离层材料种类、规格：夹板基层面扫沥青油二度，扫防霉漆 2. 面层材料品种、规格、颜色：夹板面贴 6mm 银镜，车直边，镜背贴玻璃防潮纸，镜周边喷防锈剂保护膜贴	m²	3.99	160.42	640.08	

续表

序号	项目编码	项目名称	项目特征描述	计量单位	工程量	金额（元）		
						综合单价	合价	其中 暂估价
8	011207001005	墙面装饰板	1.基层材料种类、规格：防火夹板12mm厚 2.面层材料品种、规格：3mm厚浅色斑马木木饰面	m²	12.13	106.04	1286.27	
9	011207001006	墙面装饰板	1.龙骨材料种类、规格、中距：热镀锌轻钢龙骨标准骨架 2.基层材料种类、规格：12mm厚防火胶合板，12mm厚硅酸钙板 3.面层材料品种、规格、颜色：3mm浅色斑马木木饰面	m²	4.37	301.34	1316.86	
10	011207001007	墙面装饰板	1.基层材料种类、规格：12mm厚防火胶合板 2.面层材料品种、规格、颜色：1.0mm厚玫瑰金	m²	2.30	347.06	798.24	
11	011207001008	墙面杉木龙骨	龙骨材料种类、规格、中距：杉木龙骨	m²	16.33	61.56	1005.27	
12	011207001009	灯带杉木龙骨	龙骨材料种类、规格、中距：杉木龙骨	m²	1.17	61.60	72.07	
13	011207001010	墙面夹板	基层材料种类、规格：12mm厚防火胶合板	m²	18.77	54.30	1019.21	
14	011210002001	轻钢龙骨间墙	1.骨架、边框材料种类、规格：轻钢龙骨 2.隔板材料品种、规格、颜色：防火胶合板（包龙骨）双面	m²	10.76	156.62	1685.23	
15	011210005001	淋浴玻璃隔断	1.隔断材料品种、规格、颜色：12mm厚清钢玻璃 2.配件品种、规格：1.0mm玫瑰金不锈钢封边	m²	12.18	584.24	7116.04	
		合计					33084.72	

【能力拓展】

某工程见图2-19（a）、2-19（b）所示，墙厚240mm，设计室内外地坪标高分别为0.000、−0.300m，门窗框宽80mm、居中安装。设计外墙面抹水泥砂浆，1∶3水泥砂浆打底14厚，1∶2水泥砂浆面6厚；外墙裙高1200mm，贴白色面砖：15mm厚

1：3水泥砂浆底，刷素水泥浆，4mm厚1：1水泥砂浆加水重20%建筑胶镶贴60mm×240mm×8mm的白色外墙砖，灰缝宽6mm，用白水泥勾缝；挑檐贴红色面砖，密贴，其余同外墙裙做法。试计算外墙抹灰、外墙裙及挑檐块料面层的清单工程量，并编制工程量清单（M：1000mm×2500mm；C：1200mm×1500mm）。

计算提示：

①外墙抹灰是否增加门窗洞口侧、顶、底？

②墙面块料面层工程量按镶贴表面积计算，如何理解呢？

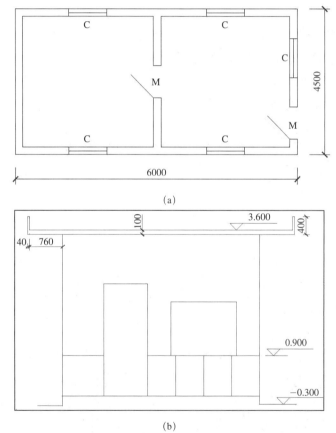

(a)

(b)

图2-19 某工程平面图、剖面图

(a) 平面图；(b) 剖面图

【项目训练】

某工程平面及剖面如图2-20（a）、2-20（b）所示，墙厚240mm，室内外地坪标高分别为0.00、−0.15m，轴线居中。室内墙面混合砂浆普通抹灰：基层上刷素水泥浆一遍，底层12mm厚1：1：6水泥石灰砂浆，面层5mm厚1：0.5：3水泥石灰砂浆罩面压光，满刮成品腻子膏两遍，刷内墙立邦乳胶漆三遍（底漆一遍，面漆两遍）；室内墙裙高 1200mm，采用木墙裙（木龙骨、无夹板基层、装饰三合板面层）；外墙面保温（–0.15m 标高至屋面板底，洞口侧、顶、底不做）；砌体墙表面做外保温（浆料），外墙面胶粉聚苯颗粒 30mm 厚；外墙面贴块料（–0.15m 标高至屋面板底）：8mm 厚 1 : 2 水泥砂浆粘贴 100mm × 100mm × 5mm 的白色外墙砖，灰缝宽度为 6mm，用白水泥勾缝，无酸洗打蜡要求；门窗框宽 80mm，居中安装。试根据清单规范要求，列出墙柱面装饰工程清单项目名称、计算清单项目工程量、编制工程量清单，并结合当地的计价依据及当地的价格进行组价，确定清单项目综合单价。（M：1000mm×2700mm；C：1500mm×1800mm）

计算提示：

（1）外墙面贴块料时，墙长度计算应注意哪些？

（2）外墙面贴块料时，应扣除门窗面积，是直接按洞口尺寸扣、还是要考虑洞口侧壁贴块料后的尺寸来扣除呢？

（3）内墙面抹灰工程量是否增加洞口侧、顶？

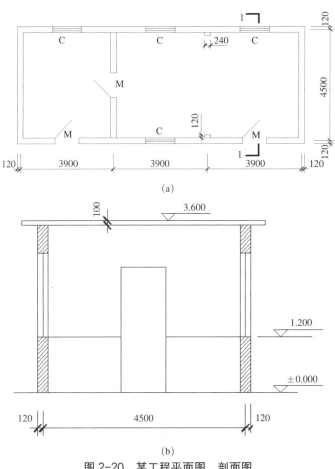

图 2-20 某工程平面图、剖面图

（a）平面图；（b）1-1 剖面图

任务 2.3　天棚工程计量与计价

【任务描述】

> 使学生能够识读某公寓样板房中天棚工程施工图；了解该样板房装饰工程中所用天棚抹灰和天棚吊顶的施工工艺；掌握天棚工程工程量计算规范，能够根据装饰工程施工图，计算天棚工程清单工程量，最终编制出天棚工程的工程量清单；掌握当地装饰工程计价定额中天棚工程定额项目划分及工程量计算规则；根据编制的天棚工程量清单，填写综合单价分析表，从而最终确定清单项目的综合单价。

【知识构成】

天棚工程按照施工工艺不同由天棚抹灰、天棚吊顶、采光天棚和天棚其他装饰共 4 节 10 个清单项目组成。各清单项目的项目编码、项目名称、项目特征、计量单位、工程量计算规则以及包含的工作内容详见《房屋建筑与装饰工程计量规范》GB 50854—2013 附录 N 中的表 N.1 ～ 表 N.4。现将常用天棚工程清单项目摘录如下：

2.3.1　天棚抹灰

天棚抹灰工程量清单项目的设置、项目特征描述的内容、计量单位及工程量计算规则应按《房屋建筑与装饰工程计量规范》GB 50854–2013 附录 N.1 的规定执行。常见的天棚抹灰清单项目的相关内容见表 2-37。

N.1 天棚抹灰（编码：011301）　　　　　表 2-37

项目编码	项目名称	项目特征	计量单位	工程量计算规则	工作内容
011301001	天棚抹灰	1. 基层类型 2. 抹灰厚度、材料种类 3. 砂浆配合比	m^2	按设计图示尺寸以水平投影面积计算。不扣除间壁墙、垛、柱、附墙烟囱、检查口和管道所占的面积，带梁天棚的梁两侧抹灰面积并入天棚面积内，板式楼梯底面抹灰按斜面积计算，锯齿形楼梯底板抹灰按展开面积计算	1. 基层清理 2. 底层抹灰 3. 抹面层

2.3.2 天棚吊顶

天棚吊顶工程量清单项目的设置、项目特征描述的内容、计量单位及工程量计算规则应按《房屋建筑与装饰工程计量规范》GB 50854—2013 附录 N.2 的规定执行。常见的天棚吊顶清单项目的相关内容见表 2-38。

N.2 天棚吊顶（编码：011302） 表 2-38

项目编码	项目名称	项目特征	计量单位	工程量计算规则	工作内容
011302001	吊顶天棚	1. 吊顶型式、吊杆规格、高度 2. 龙骨材料种类、规格、中距 3. 基层材料种类、规格 4. 面层材料品种、规格 5. 压条材料种类、规格 6. 嵌缝材料种类 7. 防护材料种类	m²	按设计图示尺寸以水平投影面积计算。天棚面中的灯槽及跌级、锯齿形、吊挂式、藻井式天棚面积不展开计算。不扣除间壁墙、检查口、附墙烟囱、柱垛和管道所占面积，扣除单个＞0.3m²的孔洞、独立柱及与天棚相连的窗帘盒所占的面积	1. 基层清理 2. 龙骨安装 3. 基层板铺贴 4. 面层铺贴 5. 嵌缝 6. 刷防护材料

2.3.3 天棚其他装饰

天棚其他装饰工程量清单项目的设置、项目特征描述的内容、计量单位及工程量计算规则应按《房屋建筑与装饰工程计量规范》GB 50854—2013 附录 N.4 的规定执行。常见的天棚其他装饰清单项目的相关内容见表 2-39。

N.4 天棚其他装饰（编码：011304） 表 2-39

项目编码	项目名称	项目特征	计量单位	工程量计算规则	工作内容
011304001	灯带（槽）	1. 灯带型式、尺寸 2. 格栅片材料品种、规格 3. 安装固定方式	m²	按设计图示尺寸以框外围面积计算	安装、固定
011304002	送风口、回风口	1. 风口材料品种、规格 2. 安装固定方式 3. 防护材料种类	个	按设计图示数量计算	1. 安装、固定 2. 刷防护材料

【知识拓展】

2.3.4 天棚工程工程量清单编制的相关知识

介绍几种常见的天棚吊顶：

（1）格栅吊顶又称敞开式吊顶，表面开口，既有遮又有透的感觉，减少了吊顶的压抑感，格栅式顶棚与照明布置较为密切，常将单体构件与照明灯具的布置结合起来，增加了吊顶构件和灯具的艺术感。

（2）藤条造型悬挂吊顶是天棚顶面呈条形的吊顶。其多用于体育馆、博物馆、机场等大型公共场所。藤条造型悬挂吊顶美观大方、色彩多样，具有良好的吸声和隔声效果，还具备维修方便、耐候性强，安装容易等特点。

（3）装饰网架吊顶是指采用不锈钢管、铝合金管制成网架悬挂于板下，见图 2-21。

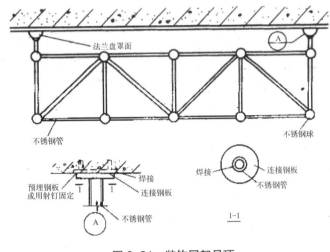

图 2-21　装饰网架吊顶

2.3.5　对天棚工程中经常出现的部分专业术语进行解释

（1）吊顶平面天棚：天棚面层在同一标高者为平面天棚。

（2）吊顶跌级天棚：天棚面层不在同一标高者为跌级天棚。

（3）吊顶普通天棚：是指一般的平面天棚和跌级天棚，其特征是直线型天棚。

（4）艺术造型天棚：通过各种弧形、拱形的艺术造型来表现一定视觉效果的装饰天棚。

课堂活动

活动 1　识读图纸

从某公寓样板房复式上层天花布置图和复式下层天花布置图（见图 2-22～图 2-25）可以看出该公寓样板房天棚工程分别为：玄关处、卫生间、厨房、餐厅及楼梯间的杂物间的天花做 10mm 厚 1：1：6 石灰水泥砂浆打底、5mm 厚 1：2.5 水泥砂浆抹面后刮腻子两遍打磨后油乳胶漆；客厅天花采用热镀锌轻钢龙骨、12 厚防火胶合板基层和 12 厚硅酸钙板面层的吊挂式吊顶天棚；主次卧室、一层储藏间、工作间的天花采用方木龙骨、12 厚防火胶合板基层和 12 厚硅酸钙板面层的平面吊顶天棚；阳台天花采用热镀锌轻钢龙骨、木纹理铝板面层的平面吊顶天棚；楼梯间天花采用热镀锌轻钢龙骨、12 厚防火胶合板基层、12 厚硅酸钙板基层和 3mm 浅色斑马木饰面层的吊挂式吊顶天棚；楼梯间天花中间和楼梯口所对墙面做中纤板车花和透光机片。注意：该公寓样板房的天花只要不做吊顶天棚的部分，就采用天棚抹灰。

活动 2 天棚工程清单工程量的计算

1. 天棚工程清单项目

天棚工程清单工程量计算时，首先应根据图纸设计内容及《房屋建筑与装饰工程工程量计算规范》GB 50854—2013 附录 N 中清单项目的设置先进行列项。

某公寓复式样板房墙柱面装饰工程的图纸设计内容见活动 1 和教材附图，《房屋建筑与装饰工程工程量计算规范》GB 50854—2013 附录 N 中清单项目的设置详见本任务中知识构成部分，该工程的清单项目有：

（1）天棚抹灰 011301001001，不做吊顶的天花；

（2）吊顶天棚

◆ 吊顶天棚 011302001001，客厅天花，硅酸钙板吊挂式吊顶天棚，热镀锌轻钢龙骨标准骨架；

◆ 吊顶天棚 011302001002，主次卧天花等，硅酸钙板吊挂式吊顶天棚，方木天棚龙骨标准骨架；

◆ 吊顶天棚 011302001003，阳台天花，铝板平面吊顶天棚，热镀锌轻钢龙骨标准骨架；

◆ 吊顶天棚 011302001004，楼梯天花，硅酸钙板吊挂式吊顶天棚，热镀锌轻钢龙骨标准骨架。

（3）灯带（槽）011304001001，中纤板车花透光机片。

2. 清单工程量的计算

根据某公寓样板房复式上层天花开线图、复式下层天花开线图、复式上层墙体开线及墙身说明图、复式下层墙体开线及墙身说明图和系列天花剖面图等图纸，结合上表中的计算规则，计算出清单工程量。部分计算过程如下：

（1）吊顶天棚（客厅）

从复式下层天花开线图可以读出客厅净尺寸为 4.15m×3.73m，根据复式上层天花开线图以及天花 1 剖面图，计算出客厅中间和四周吊顶天棚的清单工程量：

中间部分 = $(4.15–0.2×2–0.3×2–0.21×2)×(3.73–0.3–0.35–0.3×2–0.21×2)$ = $2.73×2.06=5.62m^2$

四周部分 = $(4.15–0.2×2–0.15×2+3.73–0.3–0.35–0.15×2)×2×0.3=(3.45+2.78)$ $×2×0.3=3.74m^2$

合计：$9.36m^2$

注意：根据天棚吊顶清单工程量计算规则，不扣除间壁墙、检查口、附墙烟囱、柱垛和管道所占面积，所以其中突出墙的柱子部分面积不需要扣减。

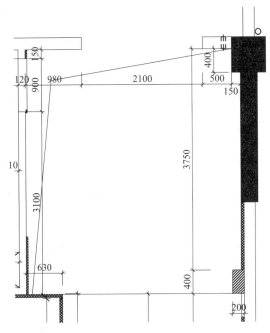

图 2-22　复式下层天花开线图（局部）

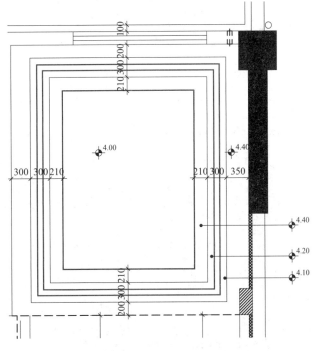

图 2-23　复式上层天花开线图（局部）

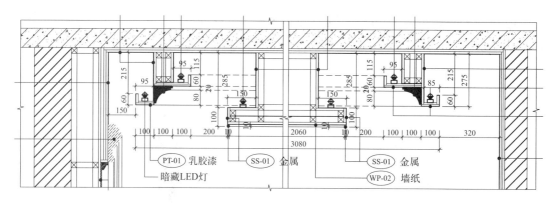

图2-24 天花1（复式上层客厅天棚吊顶）剖面图

（2）一层卫生间天棚抹灰

根据天棚抹灰清单工程量计算规则，附墙通风道和给排水管道所占面积不扣除。根据复式下层卫生间天花开线图（局部），可以计算出卫生间的天棚抹灰清单工程量：$2.4 \times 2.55=6.12 \text{m}^2$

同样，可以计算出其他部位天棚工程的清单工程量，详见表2-40。

工程量计算表

表2-40

工程名称：某公寓样板房装饰工程

标段：精装修

项目名称	工程量计算式	单位	计算结果
天棚抹灰	工作间：$(2.13+1.12+0.78) \times (0.8+2.015+0.52) -0.5 \times 0.7=13.84$ 主卧：$3.6 \times 0.88+3.5 \times (1.9+0.65-0.4) +3.2 \times 0.4-2.77$（吊顶）$=9.203$ 次卧同主卧：9.203 阳台：$7.9 \times 0.9+0.5 \times 5.4-7.71$（吊顶）$=1.92$ 主卧卫生间：$3.3 \times 2.53-0.4 \times 0.9=7.99$ 主卧至卫生间走道：$0.78 \times 2.74=2.14$ 楼梯间：$3.0 \times 1.9-3.15$（吊顶）$+ (0.4+0.2) \times 1.9$（梁两侧）$=1.41$ 客厅：$4.15 \times 3.58-9.36$（吊顶）$=5.5$ 一层卫生间：$2.4 \times 2.55=6.12$ 玄关和餐厅：$(1.5+0.8+2.015+0.535) \times (2.55-0.4) =10.43$ 厨房：$2.95 \times 2.65-0.535 \times 1.11-0.4 \times 0.5=7.02$ 楼梯间下面储藏间：$(2.55-0.75) \times 0.707=1.27$ 合计：76.05	m²	76.05
吊顶天棚（客厅）	中间部分：$(4.15-0.2 \times 2-0.3 \times 2-0.21 \times 2) \times (3.73-0.3-0.35-0.3 \times 2-0.21 \times 2) =2.73 \times 2.06=5.62$ 四周部分： $(4.15-0.2 \times 2-0.15 \times 2+3.73-0.3-0.35-0.15 \times 2) \times 2 \times 0.3= (3.45+2.78) \times 2 \times 0.3=3.74$ 合计：9.36	m²	9.36
吊顶天棚（阳台）	$(0.9-0.2) \times(7.7-0.2 \times 2)+0.5 \times 5.2=7.71$	m²	7.71
吊顶天棚（楼梯）	$1.5 \times 2.1=3.15$	m²	3.15
中纤板车花透光机片	$1.2 \times 1.86+2.755 \times 1.18=5.48$	m²	5.48

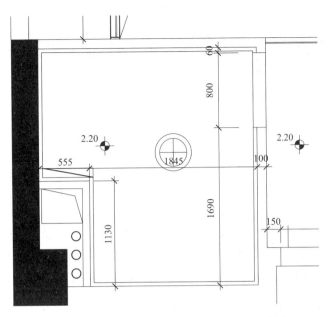

图 2-25 复式下层卫生间天花开线图（局部）

活动 3 天棚工程工程量清单的编制

根据图纸、表 2-37 ～ 表 2-40，编制天棚工程工程量清单见表 2-41。

分部分项工程量清单 表 2-41

工程名称：某公寓样板房装饰工程 标段：精装修

项目编码	项目名称	项目特征	工作内容	计量单位	工程量
011301001001	天棚抹灰	1. 抹灰厚度、材料种类：底 10mm 厚石灰水泥砂浆，面 5mm 厚水泥砂浆 2. 砂浆配合比：底 1∶1∶6 石灰水泥砂浆，面 1∶2.5 水泥砂浆面	1. 基层清理 2. 底层抹灰 3. 抹面层	m²	76.05
011302001001	吊顶天棚	1. 龙骨材料种类、规格、中距：热镀锌轻钢龙骨标准骨架 2. 基层材料种类、规格：12mm 厚防火胶合板 3. 面层材料品种、规格：12mm 厚硅酸钙板	1. 基层清理 2. 龙骨安装 3. 基层板铺贴 4. 面层铺贴	m²	9.36
011302001002	吊顶天棚	1. 龙骨材料种类、规格、中距：方木天棚龙骨标准骨架 2. 基层材料种类、规格：12mm 厚防火胶合板 3. 面层材料品种、规格：12mm 厚硅酸钙板	1. 基层清理 2. 龙骨安装 3. 基层板铺贴 4. 面层铺贴	m²	12.16
011302001003	吊顶天棚	1. 龙骨材料种类、规格、中距：热镀锌轻钢龙骨标准骨架 2. 面层材料品种、规格：木纹理铝板，包边高度 0.4m	1. 基层清理 2. 龙骨安装 3. 面层铺贴	m²	7.71

续表

项目编码	项目名称	项目特征	工作内容	计量单位	工程量
011302001004	吊顶天棚	1. 龙骨材料种类、规格、中距: 热镀锌轻钢龙骨标准骨架 2. 基层材料种类、规格: 12mm 厚防火胶合板 3. 面层材料品种、规格: 12mm 厚硅酸钙板、3mm 浅色斑马木饰面	1. 基层清理 2. 龙骨安装 3. 基层板铺贴 4. 面层铺贴	m²	3.15
011304001001	灯带(槽)	1. 格栅片材料品种、规格: 透光机片 2. 安装固定方式: 嵌入式固定	安装、固定	m²	5.48

活动 4　天棚工程清单项目组价对应定额子目的列出

前面计算出了天棚工程清单工程量，接下来需要确定每一清单项目的综合单价，一般我们将清单综合单价的形成过程称为组价。清单项目组价的依据之一是企业定额，如没有企业定额时，可以参照当地计价依据的消耗量、当地的人工、材料、机械单价水平、考虑企业管理费和利润以及一定范围内风险综合计算确定。

参考 2013 年《广东省建筑与装饰工程工程量清单指引》，根据清单项目的特征及工作内容，列出清单对应的定额子目，见表 2-42。

天棚工程清单项目组价对应的定额子目　　　　表 2-42

工程名称: 某公寓样板房装饰工程　　　　　　　　　　　　　　　标段: 精装修

项目编码	项目名称	工作内容	特征	对应的综合定额子目
011301001001	天棚抹灰	找平层	5mm 厚 1:2.5 水泥砂浆面、10mm 厚 1:1:6 石灰水泥砂浆底	A11-2
011302001001	吊顶天棚	龙骨	热镀锌轻钢龙骨	A11-160
		基层	吊挂式天棚，胶合板，矩形	A11-168 换
		面层	吊挂式天棚，矩形硅酸钙板	A11-186 换
011302001002	吊顶天棚	龙骨	方木天棚龙骨(吊在混凝土板下或梁下) 双层楞　面层规格 300mm×300mm	A11-28
		基层	12mm 厚防火胶合板	A11-85 换
		面层	12mm 厚硅酸钙板	A11-93 换
011302001003	吊顶天棚	龙骨	装配式 U 型轻钢天棚龙骨(不上人型) 面层规格 600mm×600mm 以上，平面	A11-38
		面层	铝板面层 600mm×600mm	A11-127
011302001004	吊顶天棚	龙骨	热镀锌轻钢龙骨	A11-160
		基层	吊挂式天棚，胶合板，矩形	A11-168 换
		基层	吊挂式天棚，矩形，硅酸钙板	A11-186 换
		面层	浅色斑马木饰面	A11-87

续表

项目编码	项目名称	工作内容	特征	对应的综合定额子目
011304001001	灯带（槽）	基层	天棚灯片（搁放型）塑料透光片	A11-150
		面层	中纤板	A10-236

活动5　计价工程量的计算

计价工程量是依据施工图纸和施工方案，按照所采用的当地定额的计算规则来计算的。本任务的某公寓样板房装饰工程位于广州市，故采用广东省计价依据。参照2010年《广东省建筑与装饰工程定额》，将表2-42中出现的定额子目相关的计算规则汇总见表2-43。

天棚工程清单项目组价对应定额子目工程量计算规则　　　　　　　表2-43

工程名称：某公寓样板房装饰工程　　　　　　　　　　　　　　　　　　标段：精装修

定额项目	计量单位	计算规则
天棚抹灰	m²	按设计图示尺寸以水平投影面积计算。不扣除间壁墙、垛、柱、附墙烟囱、检查口和管道所占的面积，带梁天棚的梁两侧抹灰面积并入天棚面积内，板式楼梯底面抹灰按斜面积计算，梁式楼梯底板抹灰按展开面积计算
天棚龙骨	m²	按设计图示尺寸以水平投影面积计算。不扣除间壁墙、检查口、附墙烟囱、柱垛和管道所占面积，扣除单个 > 0.3m² 的孔洞、独立柱及与天棚相连的窗帘盒所占的面积
天棚基层、面层	m²	除有注明外，均按设计图示尺寸以展开面积计算。不扣除间壁墙、检查口、附墙烟囱、柱垛和管道所占面积，但应扣除单个 > 0.3m² 的孔洞、独立柱及与天棚相连的窗帘盒所占的面积，灯光槽基层、面层工程量，按设计图示尺寸以展开面积计算

对比天棚工程清单工程量的计算规则和定额计算规则，由于天棚抹灰清单计算规则与定额计算规则相同，所以天棚抹灰定额项目工程量不需要另外计算；而天棚龙骨定额计算规则与天棚吊顶的清单计算规则相同，因此天棚龙骨定额项目工程量也不需要另外计算；而天棚基层、面层定额计算规则同天棚吊顶的清单计算规则不同，因此天棚基层、面层定额项目工程量需要另外计算，注意此处天棚基层、面层定额项目工程量相等。

天棚工程清单项目组价对应定额子目工程量计算表　　　　　　　表2-44

工程名称：某公寓样板房装饰工程　　　　　　　　　　　　　　　　　　标段：精装修

项目名称	工程量计算式	单位	计算结果
客厅的吊顶天棚基层、面层工程量	四周部分： 275mm 高侧面： (4.15−0.2×2−0.1×2+3.73−0.3−0.35−0.1×2)　×2×0.275=3.54 60mm 高侧面： (4.15−0.2×2−0.15+3.73−0.3−0.35−0.15)　×2×0.06=1.7 175−24=151mm 高侧面： (4.15−0.2×2−0.2×2+3.73−0.3−0.35−0.2×2)　×2×0.151=1.82	m²	20.92

项目名称	工程量计算式	单位	计算结果
客厅的吊顶天棚：基层、面层工程量	中间部分： 100mm 高侧面：(2.73+2.06)×2×0.1=0.96 150mm 高侧面：(2.73−0.15+2.06−0.15)×2×0.15=1.35 285mm 高侧面： (2.73−0.15×2+2.06−0.15×2)×2×0.285=2.39 小计：3.54+1.7+1.82+0.96+1.35+2.39=11.56 天棚底面工程量 = 客厅天棚吊顶清单工程量 =9.36 合计：20.92	m²	20.92
主次卧、工作间、储存间等吊顶天棚基层、面层工程量	主卧侧面 100mm 高： (0.88+1.5+0.12+0.9−0.1+1.48+1.9+0.65−0.6−0.2×2−0.15) ×2×0.1=1.24 次卧同主卧：1.24 工作间侧面：3.44×0.1+1.9×(0.08+0.2)=0.88 主卧入口处：150mm 高侧面：0.9×0.15=0.135 小计：1.24+1.24+0.88+0.135=3.50 天棚底面工程量 = 主次卧等天棚吊顶清单工程量 =12.16 合计：15.66	m²	15.66
阳台吊顶天棚：基层、面层工程量	400mm 高侧面：(1.2+7.3)×2×0.4=6.8 天棚底面工程量 = 阳台天棚吊顶清单工程量 =7.71 合计：14.51	m²	14.51
楼梯吊顶天棚：基层、面层工程量	80mm 高侧面：(2.1×2+1.5)×0.08=0.46 200−24=176mm 高侧面：(2.042+1.2)×0.176=0.93 天棚底面工程量 = 楼梯天棚吊顶清单工程量 =3.15 合计：4.54	m²	4.54
楼梯吊顶木饰面工程量	(1.86+0.15)×1.5=3.015	m²	3.015

将计算出工程量的定额项目套用当地计价定额，套用时要注意进行定额换算；具体定额项目的套用见表 2-45。

天棚工程清单项目组价对应的定额子目工程量表　　　　　表 2-45

项目编码	项目名称	定额项目	对应的综合定额子目	单位	定额工程量
011301001001	天棚抹灰	5mm 厚 1：2.5 水泥砂浆面、10mm 厚 1：1：6 石灰水泥砂浆底	A11-2	m²	76.05
011302001001	吊顶天棚	热镀锌轻钢龙骨	A11-160	m²	9.36
		吊挂式天棚，胶合板，矩形	A11-168 换	m²	20.92
		吊挂式天棚，矩形硅酸钙板	A11-186 换	m²	20.92
011302001002	吊顶天棚	方木天棚龙骨（吊在混凝土板下或梁下）双层楞，面层规格 300mm×300mm	A11-28	m²	12.16
		12mm 厚防火胶合板	A11-85 换	m²	15.66
		12mm 厚硅酸钙板	A11-93 换	m²	15.66

续表

项目编码	项目名称	定额项目	对应的综合定额子目	单位	定额工程量
011302001003	吊顶天棚	装配式U型轻钢天棚龙骨（不上人型）面层规格600mm×600mm以上，平面	A11-38	m²	7.71
		铝板面层600mm×600mm	A11-127	m²	14.51
011302001004	吊顶天棚	热镀锌轻钢龙骨	A11-160	m²	3.15
		吊挂式天棚，胶合板，矩形	A11-168换	m²	4.54
		吊挂式天棚，矩形硅酸钙板	A11-186换	m²	4.54
		浅色斑马木饰面	A11-87	m²	3.015
011304001001	灯带（槽）	天棚灯片（搁放型）塑料透光片	A11-150	m²	5.48
		中纤板	A10-236	m²	5.48

活动6 天棚工程工程量清单综合单价的计算

1. 分部分项工程量清单综合单价计算的相关说明

分部分项工程量清单综合单价是指完成一个规定计量单位的分部分项清单项目所需要的人工费、材料费、机械费、管理费、利润以及一定范围内的风险费用的合计。在计算过程中：

（1）消耗量按照2010年《广东省建筑与装饰工程综合定额》计取；

（2）人工单价为102元／工日；材料单价见表2-46；

（3）利润按人工费的18%计算；

（4）定额中所注明的砂浆、水泥石子浆等种类、配合比、饰面材料的型号规格与设计不同时，可按设计规定换算，但人工消耗量不变。

天棚工程主要材料价格表　　　　　　　　　　　　表2-46

工程名称：某公寓样板房装饰工程　　　　　　　　　　　标段：精装修

材料名称	计量单位	单价（元）
硅酸钙板12mm	m²	33
防火胶合板12mm	m²	46
轻钢中龙骨	m	5.53
浅色斑马木饰面3mm	m²	21
预拌砂浆（湿拌）1∶2.5水泥砂浆	m³	365
预拌砂浆（湿拌）1∶1∶6水泥石灰砂浆	m³	345
透光机片	m²	223

材料名称	计量单位	单价（元）
15 厚车花中纤板	m²	77
复合普通硅酸盐水泥 P·C 42.5	t	428.4
ϕ1.5 ～ 2.5 镀锌低碳钢丝	kg	6.38
ϕ10 以内圆钢	t	3611.41
水	m³	4.72
电（机械用）	kW·h	0.86

2. 计算过程

天棚工程综合单价计算

（1）天棚抹灰

人工费：15.797×102=1611.29 元 /100m²

材料费：0.06×428.4+0.83×4.72+14.72=44.34 元 /100m²

机械费：0 元 /100m²

管理费：121.41 元 /100m²

利润：1611.29×18%=290.03 元 /100m²

预拌砂浆（湿拌）1 : 2.5 水泥砂浆：0.72×365=262.8 元 /100m²

预拌砂浆（湿拌）1 : 1 : 6 水泥石灰砂浆：1.13×345=389.85 元 /100m²

小计：2719.72 元 /100m²

故其综合单价为：2719.72÷100=27.20 元 /m²

（2）客厅天棚吊顶

◆ 镀锌轻钢龙骨

人工费：17.82×102=1817.64 元 /100m²

材料费：587×5.53+450×0.64+197×7.08+760×0.25+60×0.5+200×0.83+150×18.54+20×3.13=8158.47 元 /100m²

机械费：0 元 /100m²

管理费：136.96 元 /100m²

利润：1817.64×18%=327.18 元 /100m²

小计：10440.25 元 /100m²

◆ 12mm 胶合板基层

人工费：12.15×102=1239.3 元 /100m²

材料费：115×46+1292.5×0.05=5354.63 元 /100m²

机械费：0 元 /100m²

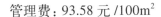

管理费：93.58 元 /100m^2

利润：1239.3×18%=223.07 元 /100m^2

小计：6910.58 元 /100m^2

◆　12mm 硅酸钙板面层

人工费：16.2×102=1652.4 元 /100m^2

材料费：115×33+310×0.13+30.94=3866.2 元 /100m^2

机械费：0 元 /100m^2

管理费：124.51 元 /100m^2

利润：1652.4×18%=297.43 元 /100m^2

小计：5909.64 元 /100m^2

合计：（10440.23×9.36+6910.58×20.92+5909.64×20.92）/100=3659.20 元

故其综合单价为：3659.20÷9.36=390.94 元 /m^2

3. 综合单价分析表的填写

将以上计算过程填写综合单价分析表（详见表 2-47~ 表 2-49）。

综合单价分析表　　　　　　　　　　　　表 2-47

工程名称：某公寓样板房装饰工程　　　　　　标段：精装修　　　　第 1 页　共 3 页

| 项目编码 | 011301001001 | 项目名称 | 天棚抹灰 | 计量单位 | m^2 | 工程量 | 76.05 |

清单综合单价组成明细

定额编号	定额项目名称	定额单位	数量	单价				合价			
				人工费	材料费	机械费	管理费和利润	人工费	材料费	机械费	管理费和利润
A11-2	水泥石灰砂浆底水泥砂浆面10+5mm	100m^2	0.01	1611.29	44.34	0	411.44	16.11	0.44	0	4.11
人工单价		小计						16.11	0.44	0	4.11
102 元 / 工日		未计材料费						6.53			
		清单项目综合单价						27.19			

材料费明细	主要材料名称、规格、型号	单位	数量	单价（元）	合价（元）	暂估单价（元）	暂估合价（元）
	水	m^3	0.0083	4.72	0.04		
	复合普通硅酸盐水泥 P·C 42.5	t	0.0006	428.4	0.26		
	其他材料费	元	0.1472	1	0.15		

续表

项目编码	011301001001	项目名称	天棚抹灰	计量单位	m²	工程量		76.05
材料费明细	预拌砂浆（湿拌）1∶2.5 水泥砂浆（抹灰）	m³	0.0072	365		2.63		
	预拌砂浆（湿拌）1∶1∶6 水泥石灰砂浆	m³	0.0113	345		3.9		
	材料费小计			—		6.97	—	

综合单价分析表

表 2-48

工程名称：某公寓样板房装饰工程   标段：精装修   第 2 页 共 3 页

项目编码	011302003001	项目名称	天棚吊顶	计量单位	m²	工程量	9.36

清单综合单价组成明细

定额编号	定额项目名称	定额单位	数量	单价				合价			
				人工费	材料费	机械费	管理费和利润	人工费	材料费	机械费	管理费和利润
A11-160	吊挂式天棚矩形（镀锌轻钢龙骨）	100m²	0.01	1817.6	8158.5	0	464.14	18.18	81.59	0	4.64
A11-168 换	吊挂式天棚胶合板矩形	100m²	0.02235	1239.3	5354.6	0	316.45	27.70	119.68	0	7.07
A11-186 换	吊挂式天棚矩形硅酸钙板	100m²	0.02235	1652.4	3835.3	0	421.94	36.93	85.72	0	9.43
人工单价		小计						82.81	286.99	0	21.14
102 元 / 工日		未计材料费						0			
	清单项目综合单价							390.94			

材料费明细	主要材料名称、规格、型号	单位	数量	单价（元）	合价（元）	暂估单价（元）	暂估合价（元）
	射钉	10 个	28.89	0.05	1.45		
	轻钢中龙骨	m	5.87	5.53	32.46		
	自攻螺钉 M4×15	10 个	6.93	0.13	0.90		
	硅酸钙板 12mm	m²	2.57	33	84.81		
	防火胶合板 集安 12	m²	2.57	46	118.22		

续表

项目编码	011302003001	项目名称	天棚吊顶	计量单位	m²	工程量		9.36
材料费明细	镀锌轻钢大龙骨 38 系列	m	1.97	7.08	13.95			
	吊顶轻钢龙骨 UC38 吊件	件	4.5	0.64	2.88			
	其他材料费			–	32.32	–		
	材料费小计			–	286.99	–		

综合单价分析表　　　　　　　　　表 2-49

工程名称：某公寓样板房装饰工程　　　　　　　标段：精装修　　　　　第 3 页　共 3 页

项目编码	011304001001	项目名称	中纤板车花透光机片	计量单位	m²	工程量	5.48

清单综合单价组成明细

定额编号	定额项目名称	定额单位	数量	单价				合价			
				人工费	材料费	机械费	管理费和利润	人工费	材料费	机械费	管理费和利润
A11-150	天栅灯片（搁放型）塑料透光片	100m²	0.01	1321.9	12639	0	337.56	13.22	126.39	0	3.38
A10-236	饰面层纤维层	100m²	0.01	361.69	8167.2	0	97.16	3.62	81.67	0	0.97
人工单价		小计						16.84	208.07	0	4.35
102 元 / 工日		未计材料费						0			
	清单项目综合单价							229.26			

材料费明细	主要材料名称、规格、型号	单位	数量	单价（元）	合价（元）	暂估单价（元）	暂估合价（元）
	圆钉 50 ~ 75	kg	0.051	4.36	0.22		
	其他材料费	元	0.3931	1	0.39		
	松木板	m³	0.0005	1199.7	0.6		
	透光机片	m²	1.05	120	126		
	其他材料费		–		80.85	–	
	材料费小计		–		208.07	–	0

4.分部分项工程和单价措施项目清单与计价表的填写

各分部分项工程量综合单价计算完成后，填写分部分项工程和单价措施项目清单与计价表（见表2-50）。

分部分项工程和单价措施项目清单与计价表　　　　　　　　　表2-50

工程名称：某公寓样板房装饰工程　　　　　　　　标段：精装修　　　　　　第1页　共1页

序号	项目编码	项目名称	项目特征描述	计量单位	工程量	金额（元）		
						综合单价	合价	其中
								暂估价
1	011301001001	天棚抹灰	1.抹灰厚度、材料种类：底10mm厚石灰水泥砂浆，面5mm厚水泥砂浆 2.砂浆配合比：底1:1:6石灰水泥砂浆，面1:2.5水泥砂浆面	m²	76.05	27.20	2068.56	
2	011302001001	吊顶天棚	1.龙骨材料种类、规格、中距：热镀锌轻钢龙骨标准骨架 2.基层材料种类、规格：12mm厚防火胶合板 3.面层材料品种、规格：12mm厚硅酸钙板	m²	9.36	361.94	3665.75	
3	011302001002	吊顶天棚	1.龙骨材料种类、规格、中距：方木天棚龙骨标准骨架 2.基层材料种类、规格：12mm厚防火胶合板 3.面层材料品种、规格：12mm厚硅酸钙板	m²	12.16	203.31	2472.25	
4	011302001003	吊顶天棚	1.龙骨材料种类、规格、中距：热镀锌轻钢龙骨标准骨架 2.面层材料品种、规格：木纹理铝板，包边高度0.4m	m²	7.71	251.98	1942.77	
5	011302001004	吊顶天棚	1.龙骨材料种类、规格、中距：热镀锌轻钢龙骨标准骨架 2.基层材料种类、规格：12mm厚防火胶合板 3.面层材料品种、规格：12mm厚硅酸钙板、3mm浅色斑马木饰面	m²	3.15	321.05	1011.31	

续表

序号	项目编码	项目名称	项目特征描述	计量单位	工程量	金额（元）		其中
						综合单价	合价	暂估价
6	011304001001	中纤板车花透光机片	1.格栅片材料品种、规格：透光机片 2.安装固定方式：嵌入式固定	m²	5.48	229.25	1256.29	
合计							12416.93	

【能力拓展】

图 2-26 为某工程吊顶平面布置图，根据工程量清单计算规则，试计算该分部分项工程清单工程量，并编制工程量清单。结合当地的计价依据及当地的价格进行组价，并计算出综合单价。

计算提示：计算铝塑板面层工程量时，要不要扣除格栅灯部位？

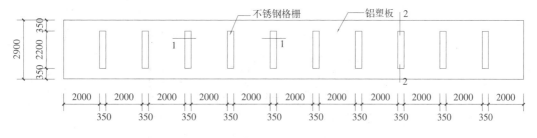

图 2-26　某工程吊顶平面布置图

【项目训练】

某工程首层平面图见图 2-27，柱截面为 240mm×240mm，墙体厚度为 240mm，天棚用料做法：①客厅为不上人轻型钢龙骨石膏板吊顶，龙骨间距为 450mm×450mm；②厨房及卫生间为不上人轻钢龙骨 300mm×300mm 铝扣板吊顶，龙骨间距为 300mm×300mm；③其余天棚抹 10mm 厚 1:1:6 水泥石灰砂浆底，5mm 厚 1:2.5 石灰砂浆面，面扫乳胶漆两遍。请计算天棚工程的清单工程量；编制工程量清单；结合本地的计价依据，进行组价；并计算综合单价。

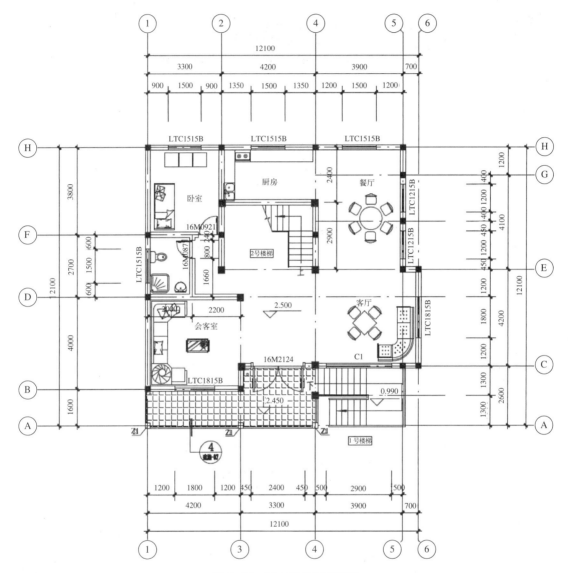

图 2-27　某工程首层平面图

任务 2.4　门窗工程计量与计价

【任务描述】

　　本任务是通过某公寓样板房装饰工程施工图中的木门、门窗套及窗台板等分部分项工程的学习，使学生能够识读某公寓样板房中门窗工程装饰施工图；了解该样板房装饰工程中所用门窗工程的施工工艺；掌握门窗工程工程量计算规范；能够根据门窗工程施工图，计算门窗工程清单工程量，最终编制出门窗工程的工程量清单；掌握当地装饰工程计价定额中门窗工程定额项目划分及工程量计算规则；根据编制的门窗工程量清单，填写综合单价分析表，从而最终确定清单项目的综合单价。

【知识构成】

2.4.1　门窗工程量清单设置

　　门窗工程清单项目按照门窗材料和使用部位的不同等分为木门、金属门、金属卷帘（闸）门、厂房大门、特种门、其他门、木窗、金属窗、门窗套、窗台板、窗帘、窗帘盒、轨共 10 节 55 个项目。各项目的项目编码、项目名称、项目特征、计量单位、工程量计算规则以及包含的工作内容详见《房屋建筑与装饰工程工程量计算规范》GB 50854—2013 附录 H 中的表 H.1～表 H.8。下面仅将常见的门窗工程清单项目摘录见表 2-51。

1. 木门

　　木门工程量清单项目设置、项目特征描述、计量单位及工程量计算规则应按《房屋建筑与装饰工程工程量计算规范》GB 50854—2013 附录 H.1 的规定执行。常见的木门清单项目的相关内容见表 2-51。

H.1 木门（编码：010801）　　　　　　　　　　表 2-51

项目编码	项目名称	项目特征	计量单位	工程量计算规则	工程内容
010801001	木质门	1.门代号及洞口尺寸 2.镶嵌玻璃品种、厚度	1.樘 2.m²	1.以樘计量，按设计图示数量计算 2.以平方米计量，按设计图示洞口尺寸以面积计算	1.门安装 2.玻璃安装 3.五金安装
010801002	木质门带套				
010801004	木质防火门				

续表

项目编码	项目名称	项目特征	计量单位	工程量计算规则	工程内容
010801005	木门框	1.门代号及洞口尺寸 2.框截面尺寸 3.防护材料种类	1.樘 2.m	1.以樘计量，按设计图示数量计算 2.以米计量，按设计图示框的中心线以延长米计算	1.木门框制作、安装 2.运输 3.刷防护材料
010801006	门锁安装	1.锁品种 2.锁规格	个（套）	按设计图示数量计算	安装

2. 金属门

金属门工程量清单项目设置、项目特征描述、计量单位及工程量计算规则应按《房屋建筑与装饰工程工程量计算规范》GB 50854—2013 附录 H.2 的规定执行。常见的金属门清单项目相关内容见表 2-52。

H.2 金属门（编码：010802）　　　　表 2-52

项目编码	项目名称	项目特征	计量单位	工程量计算规则	工程内容
010802001	金属（塑钢）门	1.门代号及洞口尺寸 2.门框或扇外围尺寸 3.木框、扇材质 4.玻璃品种、厚度	1.樘 2.m²	1.以樘计量，按设计图示数量计算 2.以平方米计量，按设计图示洞口尺寸以面积计算	1.门安装 2.五金安装 3.玻璃安装
010802003	钢质防火门	1.门代号及洞口尺寸 2.门框或扇外围尺寸 3.木框、扇材质			1.门安装 2.五金安装
010802004	防盗门				

3. 金属卷帘（闸）门

金属卷帘（闸）门工程量清单项目设置、项目特征描述、计量单位及工程量计算规则应按《房屋建筑与装饰工程工程量计算规范》GB 50854—2013 附录 H.3 的规定执行。常见的金属卷帘（闸）门清单项目的相关内容见表 2-53。

H.3 金属卷帘（闸）（编码：010803）　　　　表 2-53

项目编码	项目名称	项目特征	计量单位	工程量计算规则	工程内容
010803001	金属卷帘（闸）门	1.门代号及洞口尺寸 2.门材质 3.启动装置品种、规格	1.樘 2.m²	1.以樘计量，按设计图示数量计算 2.以平方米计量，按设计图示洞口尺寸以面积计算	1.门运输、安装 2.启动装置、活动小门、五金安装
010803002	防火卷帘（闸）门				

4. 厂库房大门、特种门

厂库房大门、特种门工程量清单项目设置、项目特征描述、计量单位及工程量计算规则应按《房屋建筑与装饰工程工程量计算规范》GB 50854—2013 附录 H.4 的规定执行。常见的金属卷帘（闸）门清单项目的相关内容见表 2-54。

H.4 厂库房大门、特种门（编码：010804）   表 2-54

项目编码	项目名称	项目特征	计量单位	工程量计算规则	工作内容
010804002	钢木大门	1. 门代号及洞口尺寸 2. 门框或扇外围尺寸 3. 门框、扇材质 4. 五金种类、规格 5. 防护材料种类	1. 樘 2. m²	1. 以樘计量，按设计图示数量计算 2. 以平方米计量，按设计图示洞口尺寸以面积计算	1. 门（骨架）制作、运输 2. 门、五金配件安装 3. 刷防护材料
010804003	全钢板大门				

5. 金属窗

金属窗工程量清单项目设置、项目特征描述、计量单位及工程量计算规则应按《房屋建筑与装饰工程工程量计算规范》GB 50854—2013 附录 H.7 的规定执行。常见的金属窗清单项目的相关内容见表 2-55。

H.7 金属窗（编码：010807）   表 2-55

项目编码	项目名称	项目特征	计量单位	工程量计算规则	工作内容
010807001	金属（塑钢、断桥）窗	1. 窗代号及洞口尺寸 2. 框、扇材质 3. 玻璃品种、厚度	1. 樘 2. m²	1. 以樘计量，按设计图示数量计算 2. 以平方米计量，按设计图示洞口尺寸以面积计算	1. 窗安装 2. 五金、玻璃安装
010807003	金属百叶窗	1. 窗代号及洞口尺寸 2. 框、扇材质 3. 玻璃品种、厚度			1. 窗安装 2. 五金安装

6. 门窗套

门窗套工程量清单项目设置、项目特征描述、计量单位及工程量计算规则应按《房屋建筑与装饰工程工程量计算规范》GB 50854—2013 附录 H.8 的规定执行。常见的门窗套清单项目的相关内容见表 2-56。

H.8 门窗套（编码 010808）   表 2-56

项目编码	项目名称	项目特征	计量单位	工程量计算规则	工作内容
010808001	木门窗套	1. 窗代号及洞口尺寸 2. 门窗套展开宽度 3. 基层材料种类 4. 面层材料品种、规格 5. 线条品种、规格 6. 防护材料种类	1. 樘 2. m² 3. m	1. 以樘计量，按设计图示数量计算 2. 以平方米计量，按设计图示尺寸以展开面积计算 3. 以米计量，按设计图示中心以延长米计算	1. 清理基层 2. 运输 3. 刷防护材料
010808005	石材门窗套	1. 窗代号及洞口尺寸 2. 门窗套展开宽度 3. 粘结层厚度、砂浆配合比 4. 面层材料品种、规格 5. 线条品种、规格			1. 清理基层 2. 立筋制作、安装 3. 基层抹灰 4. 面层铺贴 5. 线条安装

续表

项目编码	项目名称	项目特征	计量单位	工程量计算规则	工作内容
010806006	门窗木贴脸	1. 门窗代号及洞口尺寸 2. 贴脸板宽度 3. 防护材料种类	1. 樘 2. m	1. 以樘计量，按设计图示数量计算 2. 以米计量，按设计图示中心以延长米计算	安装

7. 窗台板

窗台板工程量清单项目设置、项目特征描述、计量单位及工程量计算规则应按《房屋建筑与装饰工程工程量计算规范》GB 50854—2013 附录 H.9 的规定执行。常见的窗台板清单项目的相关内容见表 2-57。

H.9 窗台板（编码：010809）　　　　表 2-57

项目编码	项目名称	项目特征	计量单位	工程量计算规则	工作内容
010809004	石材窗台板	1. 粘结层厚度、砂浆配合比 2. 窗台板材质、规格、颜色	m^2	按设计图示尺寸以展开面积计算	1. 基层清理 2. 抹找平层 3. 窗台板制作、安装

8. 窗帘、窗帘盒、轨

窗帘、窗帘盒、轨工程量清单项目设置、项目特征描述、计量单位及工程量计算规则应按《房屋建筑与装饰工程工程量计算规范》GB 50854—2013 附录 H.10 的规定执行。常见的窗帘、窗帘盒、轨清单项目的相关内容见表 2-58。

H.10 窗帘、窗帘盒、轨（编码：010810）　　　　表 2-58

项目编码	项目名称	项目特征	计量单位	计算规则	工程内容
010810001	窗帘	1. 窗帘材质 2. 窗帘高度、宽度 3. 窗帘层数 4. 带幔要求	1. m 2. m^2	1. 以米计量，按图示尺寸以成活后长度计算 2. 以平方米计量，按图示尺寸以成活后展开面积计算	1. 制作、运输 2. 安装
010810002	木窗帘盒	1. 窗帘盒材质、规格 2. 防护材料种类	m	按设计图示尺寸以长度计算	1. 制作、运输、安装 2. 刷防护材料
010810005	窗帘轨	1. 窗帘轨材质、规格 2. 轨的数量 3. 防护材料种类			

【知识拓展】

1. 门窗工程量清单编制的相关知识

要了解门窗工程工程量清单项目的设置，必须先了解门窗的分类，门窗通常按材料和开启方向分类。

（1）按使用材料分

◆ 门分为木门、钢门、铝合金门、塑钢门；

◆ 窗分为木窗、钢窗、铝合金窗、塑钢窗。

（2）按开启方向分

◆ 门分为平开门、推拉门、弹簧门、旋转门、卷闸门等；

◆ 窗分为固定窗、平开窗、悬窗、立转窗、推拉窗。

2.门窗工程工程量清单编制应注意的事项

（1）各类门窗的工程量清单项目的计量，当以平方米计量时，按图示洞口尺寸以面积计算，这里的洞口尺寸和门窗的实际尺寸是不同的。

（2）门窗工程的披水条、盖口条等以延长米计算，执行木装修项目。

（3）卷帘（闸）门清单项目在组价时，其安装尺寸，按设计图示尺寸以面积计算，如无设计规定，安装于门窗洞槽中、洞外或洞内的，按洞口实际宽度两边共加100mm计算；安装于门、窗洞口中则不增加，高度按洞口尺寸加500mm计算。

3.对门窗工程中经常出现的部分专业术语进行解释

（1）门窗套：在门窗洞口和周围一定宽度墙面粘贴的装饰材料起着保护墙体边线的功能，还可以连接室内装饰材料的收口。如图2-28所示，门窗套包括A面和B面。

（2）筒子板：垂直门窗的，在洞口侧面的装饰，叫筒子板。如图所示，筒子板是指A面。

（3）贴脸：当门窗框与内墙面平齐时，总有一条与墙面的明显的缝口，在门窗使用筒子板时也存在这个缝口，为了遮盖此缝口而装订的木板盖缝条就叫贴脸。如图2-28所示，贴脸是指B面。

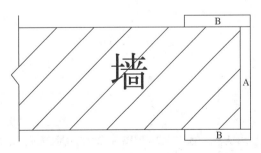

图2-28　门窗套、筒子板、贴脸示意图

课堂活动

活动1　识读图纸

门窗工程计量与计价时，首先是要熟悉图纸的设计内容，然后才能根据图纸的设计要求来进行清单列项、工程量计算等。门窗工程图纸识读时，首先识读门窗表、其次识读平面布置图，校核门窗表中的门窗数量，根据门窗表及门窗大样图进行清单工程量的计算。但是实际装饰施工图中常常没有门窗表，这就需要结合立面及剖面图来识读，下面以某公寓复式样板房装修工程为例，介绍如何识读门窗工程图纸。

从某公寓复式样板房客厅／餐厅1立面（详见图2-29）可以读出客厅出阳台是原建窗；从次卧1立面（详见图2-30）可以读出次卧出阳台是原建窗；从卫生间4立面（详见图2-31）可以读出玄关入卫生间门为现购家具；从储藏间1立面（详见图2-32）可知此处窗为原建窗；从主卧6立面（详见图2-33）可知此处窗为原建窗。本次工程量清单的编制不包含这些项目。

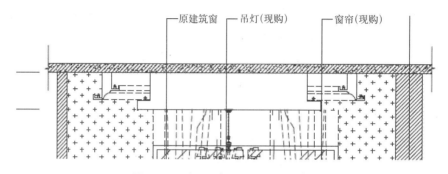

图 2-29　客厅／餐厅 1 立面（局部）

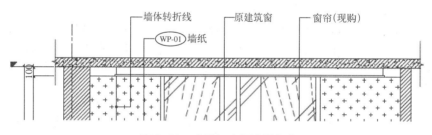

图 2-30　次卧 1 立面（局部）

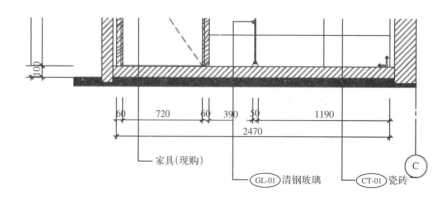

图 2-31　卫生间 4 立面（局部）

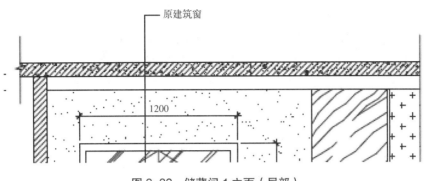

图 2-32 储藏间 1 立面（局部）

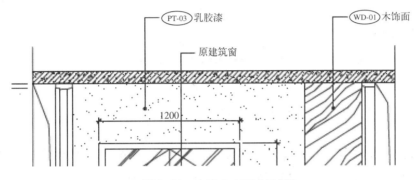

图 2-33 主卧 6 立面（局部）

从复式下层墙体开线及墙身说明图（见附图）可以读出：入户大门洞口宽度为 1350mm；客厅入次卧门洞口宽度为 900mm；次卧入储藏间门洞口宽度为 900mm；楼梯底门的洞口尺寸为 700mm。

从复式下层墙体开线及墙身说明图（见附图）可以读出：主卧上楼梯门洞的洞口宽度为 900mm；主卧通向卫生间门洞的洞口宽度没有标注；主卫门洞的洞口尺寸为 780mm。

从玄关 1 立面（见附图）可以读出入户大门的洞口高度 2200mm，外框尺寸 1250mm×2150mm，且此门为带套木门；从客厅/餐厅 4 立面（见附图）可以读出客厅入次卧门外框尺寸为 865mm×2200mm，楼梯底门外框尺寸 660mm×2000mm；从储藏间 4 立面（见附图）可以读出次卧入储藏间门外框尺寸为 800mm×2100mm；从主卫 1 立面（见附图）可以可以读出次主卫门洞处做门框，洞口尺寸为 780mm×2100mm；从主卧 3 立面和墙身 21 剖面可以读出次主卧上楼梯门洞及主卧通向卫生间门洞处做木贴脸，主卧上楼梯门洞洞口尺寸 900mm×1900mm，主卧通向卫生间门洞洞口尺寸 760mm×1910mm。

活动 2 门窗工程清单工程量的计算

1.门窗工程清单项目

门窗工程清单工程量计算时，首先应根据图纸设计内容及《房屋建筑与装饰工程工程量计算规范》GB 50854—2013 附录 H 中清单项目的设置先进行列项。

某公寓复式样板房门窗工程的图纸设计内容见活动 1 和附图，《房屋建筑与装饰工程工程量计算规范》GB 50854—2013 附录 H 中清单项目的设置详见本任务中知识构成部分，该工程的清单项目有：

（1）木质门

◆　木质门 010801001001，楼梯底门；

◆　木质门 010801001002，客厅入次卧门；

◆　木质门 010801001003，次卧入储藏间门。

（2）木质门带套 010801002001，入户大门；

（3）木门框 010801005001，主卫门洞；

（4）门窗木贴脸

◆　门窗木贴脸 010808006001，主卧通向卫生间门洞；

◆　门窗木贴脸 010808006002，主卧上楼梯门洞。

（5）石材窗台板 010809004001，原建窗位置。

2. 清单工程量的计算

从上面的计算规则可以看出以上清单有两个以上的计量单位，根据粤建造发 [2013 年] 4 号文规定：除另有规定外，2013 计算规范附录中有两个或两个以上计量单位的，应选择适用于我省现行计价依据的其中一个计量单位，并严格执行相对应的工程量计算规则。工程中甲方要求以樘为计量单位。编制工程量计算表见表 2-59。

工程量计算表　　　　　　　　　　　　表 2-59

工程名称：某公寓样板房装饰工程　　　　　　　　　　　　　　　　　标段：精装修

项目名称	工程量计算式	单位	计算结果
木质门	楼梯底：1	樘	1
木质门	客厅入次卧门：1	樘	1
木质门	次卧入储藏间门：1	樘	1
木质门带套	入口大门：1	樘	1
木门框	主卫生间：1	樘	1
门木贴脸	主卧通向卫生间：1	樘	1
门木贴脸	主卧上楼梯门洞：1	樘	1
石材窗台板	储藏间原建窗：$S1=1.2 \times 0.2=2.4m^2$ 主卧通道原建窗：$S2=1.2 \times 0.2=2.4m^2$ $S=S1+S2=4.8m^2$	m^2	4.8

活动 3　门窗工程工程量清单的编制

根据《房屋建筑与装饰工程工程量计算规范》GB 50854—2013 附录 H 中清单项目的要求、图纸设计内容及活动 2 中清单项目的工程量，编制工程量清单见表 2-60。对于木质门等清单项目特征描述是洞口尺寸，但是图纸没有门窗表，有些门不能读出洞口高度，必须按洞口宽度计算出门的预留安装尺寸，推算出洞口高度。如客厅入次卧门洞口宽度为 900mm，门宽度为 865mm，故门边的预留安装尺寸为 17.5mm，推算出洞口高度为 2218mm。

分部分项工程量清单　　　　　　　　　　表 2-60

工程名称：某公寓样板房装饰工程　　　　　　　　　　　　　　　　标段：精装修

项目编码	项目名称	项目特征	工作内容	计量单位	工程量
010801001001	木质门	门的代号及洞口尺寸：楼梯底门，洞口尺寸 700mm×2020mm	1. 门安装 2. 五金安装	樘	1
010801001002	木质门	门的代号及洞口尺寸：客厅入次卧门，外框尺寸 900mm×2218mm	1. 门安装 2. 五金安装	樘	1
010801001003	木质门	门的代号及洞口尺寸：次卧入储藏间门，洞口尺寸 900mm×2150mm	1. 门安装 2. 五金安装	樘	1
010801002001	木质门带套	门的代号及洞口尺寸：入口大门，洞口尺寸 1350mm×2200mm	1. 门安装 2. 五金安装	樘	1
010801005001	木门框	1. 门的代号及洞口尺寸：主卫门洞，洞口尺寸 780mm×2100mm 2. 防护材料种类：聚氨酯漆	1. 木门框制作 2. 安装	樘	1
010808006001	门窗木贴脸	1. 门的代号及洞口尺寸：主卧通向卫生间门洞，洞口尺寸 760mm×1910mm 2. 贴脸板宽度：140mm	门脸安装	樘	1
010808006002	门窗木贴脸	1. 门的代号及门洞尺寸：主卧上楼梯门洞，洞口尺寸 900mm×1900mm 2. 贴脸板宽度：140mm	门脸安装	樘	1
010809004001	石材窗台板	1. 粘结层厚度、砂浆配合比：预拌砂浆（湿拌）1：2.5 水泥砂浆 2. 窗台板、规格、颜色：20mm 厚意大利木纹大理石	1. 窗台板的制作 2. 安装	m²	4.8

活动 4　门窗工程清单项目组价对应定额子目的列出

参考 2013 年《广东省建筑与装饰工程工程量清单指引》，根据表 2-60 中的清单项目的特征及工作内容，列出图纸涉及的门窗工程清单对应的定额子目，见表 2-61。

门窗工程清单项目组价对应的定额子目　　　　表 2-61

工程名称：某公寓样板房装饰工程　　　　　　　　　　　　　　　　标段：精装修

项目编码	项目名称	工作内容	特征	对应的综合定额子目
010801001001	木质门	成品门	杉木胶合板门 单扇	MC-1
		安装	平开式装饰成品门	A12-154
010801001002	木质门	成品门	杉木胶合板门 单扇	MC-2
		面层	平开式装饰成品门	A12-154
010801001003	木质门	成品门	杉木胶合板门 单扇	MC-3
		面层	平开式装饰成品门	A12-154
010801002001	木质门带套	成品门	钢木复合豪华型防盗门（含门套）	MC-4
		安装	装饰成品门	A12-154
010801005001	木门框	木门框	木门框制作 单裁口	A12-79
		油漆	聚氨酯漆	A16-18
010808006001	门窗木贴脸	门窗贴脸	L 形贴脸	A12-171 换
		金属装饰线	玫瑰金装饰线	A14-34 换
		油漆	聚氨酯漆	A16-18
010808006002	门窗木贴脸	门窗贴脸	L 形贴脸	A12-171 换
		金属装饰线	玫瑰金装饰线	A14-34 换
		油漆	聚氨酯漆	A16-18
010809004001	石材窗台板	石材窗台板	20mm 厚意大利木纹大理石	A12-172 换

活动 5　计价工程量的计算

参照 2010 年《广东省建筑与装饰工程定额》，将表 2-61 中出现的定额子目相关的计算规则汇总见表 2-62。

门窗工程清单项目组价对应定额子目工程量计算规则　　　　表 2-62

工程名称：某公寓样板房装饰工程　　　　　　　　　　　　　　　　标段：精装修

定额项目	计量单位	计算规则
木质门	m²	按设计图示尺寸以门框外围面积计算
木门框	m	外框安装按框外边线长度，中横框门洞宽以长度计算
木贴脸	m	按设计图示尺寸以长度计算
窗台板	m²	按设计图示尺寸以展开面积计算

按照表 2-62 的计算规则，可以计算出图纸所涉及的门窗工程清单项目组价对应定额子目工程量（其中木饰面油漆按单面考虑）详见表 2-63。

门窗工程清单项目组价对应定额子目工程量计算表　　　　表 2-63

工程名称：某公寓样板房装饰工程　　　　　　　　　　　　　标段：精装修

项目编码	项目名称	工作内容	对应定额工程量
010801001001	木质门	成品门	$S=0.66 \times 2=1.32\text{m}^2$
		门安装	$S=0.66 \times 2=1.32\text{m}^2$
010801001002	木质门	成品门	$S=0.865 \times 2.2=1.9\text{m}^2$
		门安装	$S=0.865 \times 2.2=1.9\text{m}^2$
010801001003	木质门	成品门	$S=0.8 \times 2.1=1.68\text{m}^2$
		门安装	$S=0.8 \times 2.1=1.68\text{m}^2$
010801002001	木质门带套	成品门	$S=1.25 \times 2.15=2.69\text{m}^2$
		门安装	$S=1.25 \times 2.15=2.69\text{m}^2$
010801005001	木门框	木门框	$L=0.68+2.07+2.07=4.82\text{m}$
		油漆	$S=0.05 \times (2.12+2.12+0.68)=0.25\text{m}^2$
010808006001	门窗木贴脸	门窗贴脸	$L=0.7+2.02+2.02=4.74\text{m}$
		装饰线	$L=0.9+1.99+1.99+0.76+1.91+1.91=9.46\text{m}$
		油漆	$S=0.311 \times 4.74=1.47\text{m}^2$
010808006001	门窗木贴脸	门窗贴脸	$L=0.86+2.02+2.02=4.9\text{m}$
		装饰线	$L=1.06+1.99+1.99+0.92+1.91+1.91=9.73\text{m}$
		油漆	$S=0.311 \times 4.9=1.52\text{m}^2$
010809004001	石材窗台板	石材窗台板	$S=4.8\text{m}^2$

将计算出工程量的定额项目套用当地计价定额，套用时要注意进行定额换算；具体定额项目的套用见表 2-64。

门窗工程清单项目组价对应定额项目工程量表　　　　表 2-64

工程名称：某公寓样板房装饰工程　　　　　　　　　　　　　标段：精装修

项目编码	项目名称	定额项目	对应的综合定额子目	单位	定额工程量
010801001001	木质门	成品门	MC-1	m²	1.32
		门安装	A12-154	m²	1.32
010801001002	木质门	成品门	MC-2	m²	1.9
		门安装	A12-154	m²	1.9

续表

项目编码	项目名称	定额项目	对应的综合定额子目	单位	定额工程量
010801001003	木质门	成品门	MC-3	m²	1.68
		门安装	A12-154	m²	1.68
010801002001	木质门带套	成品门（带套）	MC-4	m²	2.69
		门安装	A12-154	m²	2.69
010801005001	木门框	木门框	A12-79	m²	4.82
		木门框油漆	A16-18	m²	0.25
010808006001	门窗木贴脸	门窗贴脸	A12-171	m²	4.74
		金属装饰线	A14-34	m²	9.46
		贴脸油漆	A16-18	m²	1.47
010808006002	门窗木贴脸	门窗贴脸	A12-171	m²	4.9
		金属装饰线	A14-34	m²	9.73
		贴脸油漆	A16-18	m²	1.52
010809004001	石材窗台板	石材窗台板	A12-172	m²	4.8

活动6　门窗工程工程量清单综合单价的计算

1. 分部分项工程量清单综合单价计算的相关说明

在综合单价的组价过程：

（1）消耗量按照 2010 年《广东省建筑与装饰工程综合定额》计取；

（2）人工单价为 102 元 / 工日；材料单价见表 2-65；

（3）利润按人工费的 18% 计算。

材料价格表　　　　　　　　　　　　　　　　表 2-65

工程名称：某公寓样板房装饰工程　　　　　　　　　　　　　标段：精装修

材料名称	计量单位	单价（元）
钢木复合豪华型防盗门（含门套）	m²	1865
高级木饰面门	m²	450
杉木门窗套料	m²	1615.75
木线（L 形，详见施工图）	m	15.2
10mm×10mm×1.0mm 玫瑰金不锈钢装饰直线	m	7.6
20mm 厚意大利木纹大理石	m²	400
预拌砂浆（湿拌）1:2.5 水泥砂浆	m³	365

2. 计算过程

以入口处防盗门为例计算综合单价计算。

（1）钢木复合豪华型防盗门（含门套）

人工费：0 元 / 樘

材料费：1865 元 /m²

机械费：0 元 /m²

管理费：0 元 /m²

利润：0 元 /m²

小计：1865 元 /100m²

（2）平开装饰成品门安装

人工费：16.96 × 102=1729.92 元 /100m²

材料费：464.26 元 /100m²

机械费：0 元 /100m²

管理费：126.80 元 /100m²

利润：1729.92 × 18%=311.39 元 /100m²

小计：2632.37 元 /100m²

合计：1865 × 2.69+2632.37 × 2.69/100=5087.66 元

故其综合单价为：5087.66/1=5087.66 元 / 樘

3. 综合单价分析表的填写

按以上计算过程填写综合单价分析表，以木门、门窗套、窗台板项目各一例填写综合分析表（详见表 2-66 ～表 2-68）。

综合单价分析表　　　　　　　　　　　　表 2-66

工程名称：某公寓样板房装饰工程　　　　　标段：精装修　　　　第 1 页　共 3 页

项目编码	010801002001	项目名称	木质门带套	计量单位	樘	工程量	1

清单综合单价组成明细

定额编号	定额项目名称	定额单位	数量	单价				合价			
				人工费	材料费	机械费	管理费和利润	人工费	材料费	机械费	管理费和利润
MC-1	钢木复合豪华型防盗门（含门套）	m²	2.69	0	1865	0	0	0	5016.85	0	0
A12-154	平开装饰成品门安装	100m²	0.0269	1729.92	464.26	0	438.19	46.53	12.49	0	11.79

续表

项目编码	010801002001	项目名称	木质门带套	计量单位	樘	工程量		1
人工单价		小计			46.53	5029.34	0	11.79
102 元 / 工日		未计材料费				0		
清单项目综合单价						5087.66		

材料费明细	主要材料名称、规格、型号	单位	数量	单价（元）	合价（元）	暂估单价（元）	暂估合价（元）
	钢木复合豪华型防	m²	2.69	1865	5016.85		
	其他材料费	–			12.49	–	
	材料费小计	–			5029.34	–	

综合单价分析表　　　　　　　　　　　　　　　表 2-67

项目编码	0010808006001	项目名称	门窗木贴脸	计量单位	樘	工程量	1

清单综合单价组成明细

定额编号	定额项目名称	定额单位	数量	单价				合价			
				人工费	材料费	机械费	管理费和利润	人工费	材料费	机械费	管理费和利润
A12-171	门窗贴脸	100m	0.0474	413.1	1657.96	0	104.64	19.58	78.59	0	104.64
A14-34	金属装饰线玻璃胶粘贴	100m	0.0946	255.2	791.33	0	66.19	22.14	74.86	0	6.26
A16-18	木材面油聚氨酯漆	100m²	0.0147	2118.74	959.01	0	541.02	31.15	14.10	0	7.95
人工单价		小计						74.87	167.54	0	19.17
102 元 / 工日		未计材料费						0			
清单项目综合单价								261.58			

材料费明细	主要材料名称、规格、型号	单位	数量	单价（元）	合价（元）	暂估单价（元）	暂估合价（元）
	圆钉 50 ~ 70	kg	0.474	4.36	2.07		
	大白粉	kg	0.1383	0.2	0.03		
	松节油	kg	0.0599	7	0.39		

续表

项目编码	0010808006001	项目名称	门窗木贴脸	计量单位	樘	工程量		1	
材料费明细		清油	kg	0.0263	12	0.32			
		玻璃胶	L	0.0142	36.46	0.52			
		石膏粉	kg	0.0392	1.1	0.04			
		聚氨酯漆稀释剂	kg	0.0575	13.8	0.79			
		聚氨酯漆	kg	0.4616	25	11.54			
		桐油	kg	0.051	9	0.46			
		其他材料费			–	151.39	–		
		材料费小计			–	167.55			

综合单价分析表　　　　　　　　　　　　表 2-68

工程名称：某公寓样板房装饰工程　　　　　　标段：精装修　　　　第 3 页　共 3 页

项目编码	010809004001	项目名称	石材窗台板	计量单位	m²	工程量	0.48

清单综合单价组成明细

定额编号	定额项目名称	定额单位	数量	单价				合价			
				人工费	材料费	机械费	管理费和利润	人工费	材料费	机械费	管理费和利润
A12-172 换	窗台板天然石材	100m²	0.01	4920.48	40810.96	219.34	1265.60	49.2	408.11	2.19	12.66
人工单价		小计						49.2	408.11	2.19	11.79
102 元 / 工日		未计材料费						7.68			
清单项目综合单价								479.82			

材料费明细	主要材料名称、规格、型号	单位	数量	单价（元）	合价（元）	暂估单价（元）	暂估合价（元）
	石材切割锯片	片	0.0035	31.3	0.11		
	意大利木纹大理石 20mm 厚	m²	1.02	400	408		
	预拌砂浆（湿拌）1∶2.5 水泥砂浆（地面找平）	m³	0.021	365	7.67		
	其他材料费			–	0		
	材料费小计			–	415.77	–	

4.分部分项工程和单价措施项目清单与计价表的填写

各分部分项工程量综合单价计算完成后，填写分部分项工程和单价措施项目清单与计价表（详见表2-69）。

分部分项工程和单价措施项目清单与计价表　　　　　表2-69

工程名称：某公寓样板房装饰工程　　　　　　　　　　　　　标段：精装修

序号	项目编码	项目名称	项目特征描述	计量单位	工程量	金额（元）		其中
						综合单价	合价	暂估价
1	010801001001	木质门	门的代号及外框尺寸：楼梯底门，外框尺寸660mm×2000mm	樘	1	628.74	628.74	
2	010801001002	木质门	门的代号及外框尺寸：客厅入次卧门，外框尺寸865mm×2200mm	樘	1	905.02	905.02	
3	010801001003	木质门	门的代号及外框尺寸：次卧入门储藏间门，外框尺寸800mm×2100mm	樘	1	800.22	800.22	
4	010801002001	木质门带套	门的代号及外框尺寸：入户大门，外框尺寸1250mm×2150mm	樘	1	5087.66	5087.66	
5	010801005001	木门框	1.门的代号及外框尺寸：主卫门洞，外框尺寸780mm×2070mm 2.防护材料种类：聚氨酯漆	樘	1	124.4	124.4	
6	0010808006001	门窗木贴脸	1.门的代号及洞口尺寸：主卧通向卫生间门洞，洞口尺寸760mm×1910mm 2.贴脸板宽度：140mm	樘	1	261.61	261.61	
7	0010808006002	门窗木贴脸	1.门的代号及洞口尺寸：主卧上楼梯门洞，洞口尺寸900mm×1900mm 2.贴脸板宽度：140mm	樘	1	269.88	269.88	
8	010809004001	石材窗台板	1.粘结层厚度、砂浆配合比：预拌砂浆（湿拌）1:2.5水泥砂浆 2.窗台板、规格、颜色：20mm厚意大利木纹大理石	m²	0.48	479.82	230.31	
			合计				8307.84	

【能力拓展】

1. 某经理室 B 立面如下（见图 2-34、图 2-35），其采用双轨硬木窗帘盒、百叶窗帘、窗台板做法大样详见附图，根据工程量清单计算规则，试计算窗帘盒、窗帘、窗台板工程清单工程量，并编制工程量清单。结合当地的计价依据及当地的价格进行组价，并计算出综合单价。

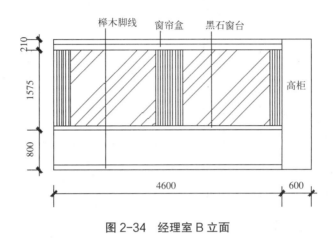

图 2-34 经理室 B 立面

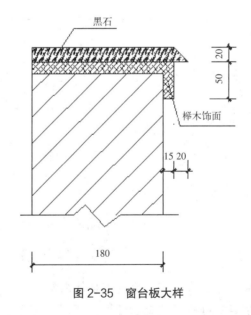

图 2-35 窗台板大样

计算提示：

（1）本案例中涉及本章节的清单有哪些？怎么列项、计算规则是什么？

（2）石材窗台板的组价时是否需要考虑磨边？

（3）窗帘的清单工程量以平方米计量时，该怎么计算？

2.某电梯间门立面如图 2-36 所示，其门套做法大样详见图 2-37，根据工程量清单计算规则，试计算门套工程清单工程量，并编制工程量清单。结合当地的计价依据及当地的价格进行组价，并计算出综合单价。

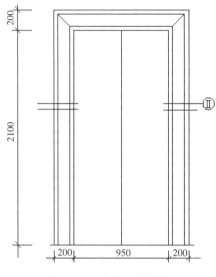

图 2-36　电梯门立面图

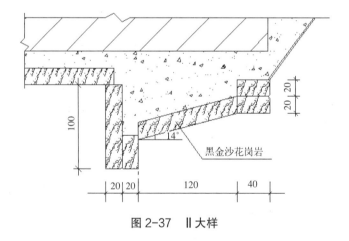

图 2-37　Ⅱ大样

计算提示：

（1）石材门窗套的清单怎么列项、计算规则是什么？

（2）按石材门窗套的计算规则，该怎么计算？

【项目训练】

某样板房门窗表见表 2-70，部分门窗大样如图 2-38～图 2-42 所示，请计算门窗工程的清单工程量；编制工程量清单；结合本地的计价依据，进行组价；并计算综合单价。

门窗表 表 2-70

代号	数量	尺寸	备注
M1	1	1200 × 2100	成品实木门
M2	1	800 × 2000	胡桃木饰面门扇
M3	2	800 × 2000	胡桃木水曲柳饰面门扇
M4	1	700 × 2000	胡桃木饰面门扇
TLM1	1	1370 × 2000	胡桃木饰面门扇
TLM2	1	3150 × 2000	胡桃木饰面门扇
TLM3	1	800 × 2000	胡桃木饰面门扇
TLM4	1	2670 × 2000	胡桃木饰面门扇
TLM5	1	3100 × 2000	胡桃木饰面门扇
C1	1	2030 × 1740	塑钢平开窗
C2	1	2850 × 1740	塑钢平开窗
C3	2	600 × 1400	塑钢平开窗
C4	1	860 × 1400	塑钢平开窗
C5	1	2760 × 1700	塑钢平开窗

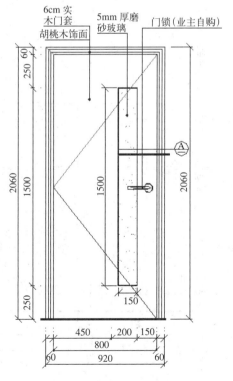

图 2-38 M2 门立面图

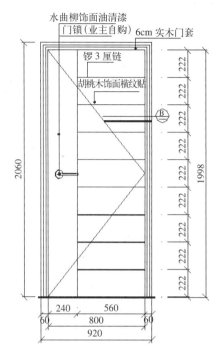

图 2-39　M3 门立面图

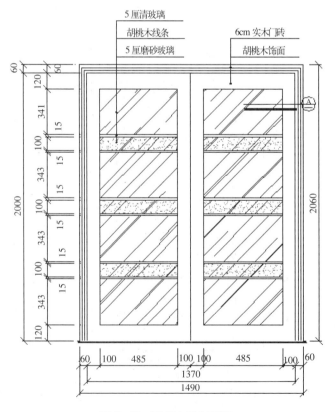

图 2-40　TLM1 门立面图

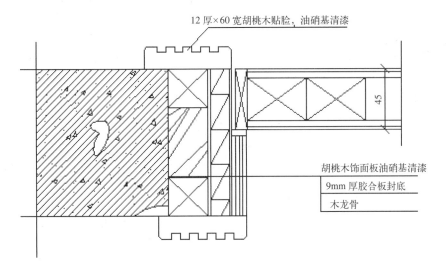

图 2-41 A 大样

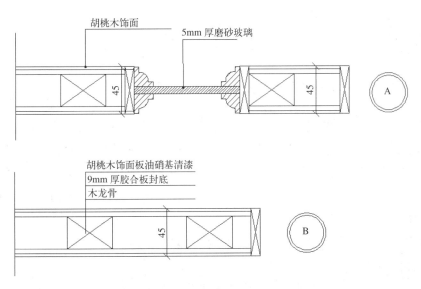

图 2-42 A、B 大样

任务 2.5　油漆、涂料、裱糊工程计量与计价

【任务描述】

　　本任务是通过某公寓样板房装饰工程施工图中的油漆、涂料、裱糊等分部分项工程的学习，使学生能够识读某公寓样板房中油漆、涂料、裱糊工程装饰施工图；了解该样板房装饰工程中所用油漆、涂料、裱糊工程的施工工艺；掌握油漆、涂料、裱糊工程工程量计算规范；能够根据油漆、涂料、裱糊工程施工图，计算油漆、涂料、裱糊工程清单工程量，最终编制出油漆、涂料、裱糊工程的工程量清单；掌握当地装饰工程计价定额中油漆、涂料、裱糊工程定额项目划分及工程量计算规则；根据编制的油漆、涂料、裱糊等工程量清单，填写综合单价分析表，从而最终确定清单项目的综合单价。

【知识构成】

2.5.1　油漆、涂料、裱糊工程量清单设置

　　油漆、涂料、裱糊工程清单项目按照施工做法的不同分为油漆、涂料、裱糊三部分。其中油漆按施工部位的不同分为门油漆、窗油漆、木扶手及其他板条、线条油漆、木材面油漆、金属面油漆、抹灰面油漆。该分部工程共 8 节 36 个项目。各项目的项目编码、项目名称、项目特征、计量单位、工程量计算规则以及包含的工作内容详见《房屋建筑与装饰工程工程量计算规范》GB 50854—2013 附录 L 中的 P.1 ~ P.8。下面仅将常见的油漆、涂料、裱糊工程量清单项目摘录见表 2-71。

1. 金属面油漆

　　金属面油漆清单项目设置、项目特征描述、计量单位及工程量计算规则应按《房屋建筑与装饰工程工程量计算规范》GB 50854—2013 附录 P.5 的规定执行。常见的金属面油漆清单项目的相关内容见表 2-71。

P.5 金属面油漆（编码：011405）　　　　　　表 2-71

项目编码	项目名称	项目特征	计量单位	工程量计算规则	工作内容
011405001	金属面油漆	1. 构件名称 2. 腻子种类 3. 刮腻子要求 4. 防护材料种类 5. 油漆品种、刷漆遍数	1. t 2. m²	1. 以吨计量，按设计图示尺寸以质量计算 2. 以平方米计量，按设计展开面积计算	1. 基层清理 2. 刮腻子 3. 刷防护材料、油漆

2. 抹灰面油漆

抹灰面油漆清单项目设置、项目特征描述、计量单位及工程量计算规则应按《房屋建筑与装饰工程工程量计算规范》GB 50854—2013 附录 P.6 的规定执行。常见的抹灰面油漆清单项目的相关内容见表 2-72。

P.6 抹灰面油漆（编码：011406）　　　　　　　表 2-72

项目编码	项目名称	项目特征	计量单位	工程量计算规则	工作内容
011406001	抹灰面油漆	1. 基层类型 2. 腻子种类 3. 刮腻子遍数 4. 防护材料种类 5. 油漆品种、刷漆遍数 6. 部位	m²	按设计图示尺寸以面积计算	1. 基层清理 2. 刮腻子 3. 刷防护材料、油漆

3. 裱糊

裱糊清单项目设置、项目特征描述、计量单位及工程量计算规则应按《房屋建筑与装饰工程工程量计算规范》GB 50854—2013 附录 P.8 的规定执行。常见的裱糊清单项目的相关内容见表 2-73。

P.8 裱糊（编码：011408）　　　　　　　表 2-73

项目编码	项目名称	项目特征	计量单位	工程量计算规则	工作内容
011408001	墙纸裱糊	1. 基层类型 2. 裱糊部位 3. 腻子种类 4. 刮腻子遍数 5. 粘接材料种类 6. 防护材料种类 7. 面层材料品种、规格、类型	m²	按设计图示尺寸以面积计算	1. 基层清理 2. 刮腻子 3. 面层铺贴 4. 刷防护材料

【知识拓展】

2.5.2　工程量清单编制的相关知识

建筑工程常用油漆种类有：调合漆，大量应用于室内外装饰；清漆，多用于室内装饰；厚漆（铅油），常用作底油；清油，常用作木门窗、木装饰的面漆或底漆；磁漆，多用于室内木制品、金属物件上；防锈漆，主要用于钢结构表面防锈打底用。

涂刷类饰面，是指将建筑涂料涂刷于构配件表面而形成牢固的膜层，从而起到保护、装饰墙面作用的一种装饰做法。根据状态的不同，建筑涂料可划分为溶剂型涂料、水溶性涂料、乳液型涂料和粉末涂料等几类。根据建筑物涂刷部位的不同，建筑涂料可划分为外墙涂料、内墙涂料、地面涂料、顶棚涂料和屋面涂料等几类。

裱糊类饰面是指用墙纸墙布、丝绒锦缎等材料，通过裱糊方式覆盖在外表面作为饰面层的墙面，裱糊类装饰一般只用于室内，可以是室内墙面、顶棚或其他构配件表面。

课堂活动

活动 1　识读图纸

某公寓复式样板房装修工程位于广东省广州市（见附图），从某公寓下层客厅／餐厅、次卧、储藏间、玄关以及上层主卧、衣帽间／工作间等各房间立面图可以看出该公寓墙面主要材料为金属墙纸及白色乳胶漆，从复式上层天花布置图和复式下层天花布置图可以看出该公寓客厅／餐厅、次卧、储藏间、主卧、衣帽间／工作间、楼梯间的天棚均涂刷了白色乳胶漆，厨房、卫生间、外阳台天棚油防水乳胶漆。

活动 2　油漆、涂料、裱糊工程清单工程量的计算

1. 油漆、涂料、裱糊装饰工程清单项目

某公寓复式样板房油漆、涂料、裱糊装饰工程的图纸设计内容见活动 1 和附图，《房屋建筑与装饰工程工程量计算规范》GB 50854—2013 附录 P 中清单项目的设置（详见本任务中知识构成部分），该工程的清单项目有：

（1）金属面油漆

金属面油漆 011405001001，装饰部位是首层客厅天棚。

（2）抹灰面油漆

011406001001，装饰部位是指首层及二层天棚；

011406001002，装饰部位是指首层及二层卫生间天棚；

011406001003，装饰部位是指首层及二层墙柱面。

（3）裱糊

011408001001，装饰部位是指首层及二层墙柱面；

011408001002，装饰部位是指首层及二层天棚。

2. 清单工程量的计算

根据某公寓样板房客厅／餐厅、次卧、储藏间、玄关、主卧、衣帽间／工作间等各房间立面图图纸（见附图）及复式上层天花布置图、复式下层天花布置图、天花剖面图、天花大样索引图（见附图）结合上表中的计算规则，可以计算出清单工程量。部分计算过程如下：

（1）墙纸裱糊（客厅／餐厅 1 立面）

从复式下层平面布置及立面索引图可以看到客厅／餐厅有 5 个立面图（详见图 2-43），对应的图号分别为 1E-01、1E-02、1E-03、1E04、1E05。

从图 2-44、图 2-45 中可以读出客厅／餐厅 1 墙纸铺贴高度为 4300mm，铺贴长度为 3730mm。天棚吊顶则为 $S=(0.98+0.65)×3.9+3.73×0.4=7.85m^2$。

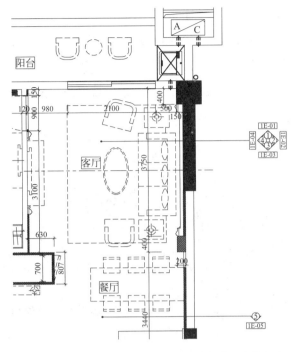

图 2-43 复式下层平面布置及立面索引图（局部）

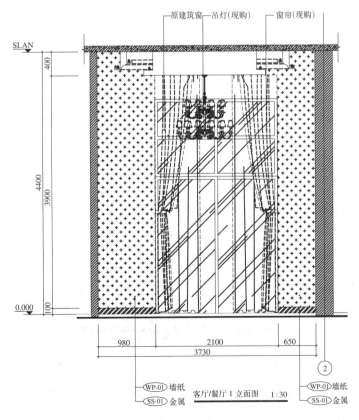

图 2-44 客厅/餐厅 1 立面图

（2）墙纸裱糊（客厅/餐厅 2 立面）

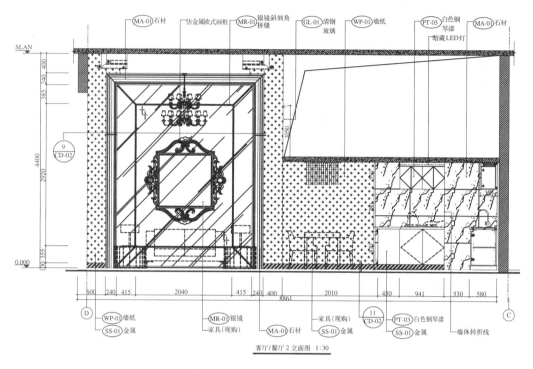

图 2-45　客厅/餐厅 2 立面图

$$S=（0.4+0.4）\times3.9+4.15\times0.4+（0.15+1.95）\times2.1=9.19m^2$$

上式中的 0.15 是客厅、餐厅之间墙面突出的部分（150mm），将该侧面面积并入客厅/餐厅 2 的面积中。该部分的尺寸是从墙身 9 剖面图中读出的（详见图 2-46、图 2-47）。

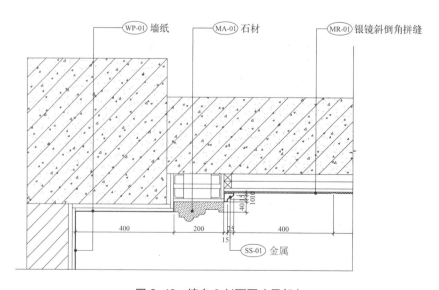

图 2-46　墙身 9 剖面图（局部）

（3）墙纸裱糊（客厅／餐厅 4 立面）

$S=1.7\times(4-0.1-0.2)$（客厅电视墙）$=6.29m^2$

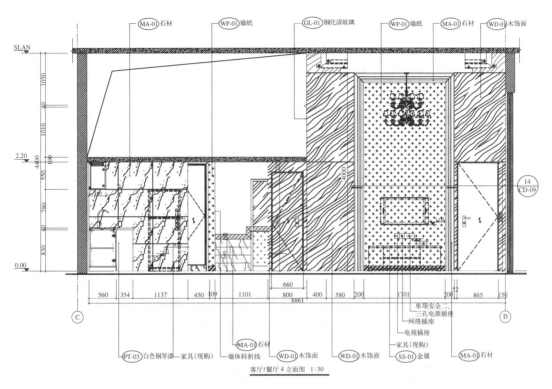

图 2-47　客厅／餐厅 4 立面图

同样，可以计算出其他项目的清单工程量，详见表 2-74。

工程量计算表 表 2-74

工程名称：某公寓样板房装饰工程　　　　　　　　　　　　　　　标段：精装修

项目名称	工程量计算式	单位	计算结果
天棚抹灰面油漆（抹灰面 PT-01）	次卧天花：$S=(4.03-0.6-0.35-0.2)\times(2.7+0.9-0.4-0.2)-0.2\times0.45+0.51\times0.3+0.15\times(0.9+2.7-0.4)=9.18m^2$ 玄关天花：$S=(1.82-0.3)\times2.25=3.42m^2$ 餐厅天花：$S=1.95\times(0.535+2.015+1.4-0.6)-0.25\times0.807=6.33m^2$ 主卧天花：$S=(4.03-0.6-0.35-0.2)\times(2.7+0.9-0.4-0.2)-0.2\times0.45+0.51\times0.3+0.15\times(0.9+2.7-0.4)+(2.14+0.6-0.12)\times0.78=11.22m^2$ 衣帽间／工作间天花：$S=(0.78+1.12)\times1.68\times2+(0.12+2.13)\times(1.4-0.6+2.015+0.535)-0.535\times(1.11-0.4)+(0.4\times2+0.2)\times(1.12+0.78)-3.44\times0.15=14.93m^2$ 楼梯间天花：$S=(2.52-0.12)\times(2.14-0.12\times2)-1.86\times1.2=2.33m^2$	m²	88.8

项目名称	工程量计算式	单位	计算结果
天棚抹灰面油漆（抹灰面 PT-01）	客厅天花：$S=(4.03+0.12)\times3.73-0.4\times0.15\times2-(4.03+0.12-0.2-0.2-0.1\times3+3.73-0.3-0.35-0.1\times3)\times2\times0.1-(2.06+0.01\times2-0.15\times2)\times(2.73+0.01\times2-0.15\times2)=9.75m^2$ 楼梯底部：$S=(1+0.4+0.75+1.2+1.1+0.9)\times0.75=4.01m^2$ 次卧天花：$S=(4.03-0.6)\times(2.7+0.9)-0.4\times0.4-0.1\times(4.03-0.6-0.81-0.4)-9.18$（次卧天花抹灰面面积） $+(0.9+2.7-0.4)\times0.1+(0.9+2.7-0.1-0.2)\times2\times0.1+(4.03-035-0.2)\times2\times0.1=4.46m^2$ 储藏间天花：$S=(2.02+0.6)\times0.9=2.36m^2$ 主卧天花：$S=(4.03-0.6)\times(2.7+0.9)-0.4\times0.4-0.1\times(4.03-0.6-0.81-0.4)-9.18$（主卧天花抹灰面面积） $+(0.9+2.7-0.4)\times0.1+(0.9+2.7-0.1-0.2)\times2\times0.1+(4.03-035-0.2)\times2\times0.1+(1.9+0.6)\times(0.2+0.1)+0.72\times0.9=5.86m^2$ 衣帽间/工作间天花：$S=(0.08+0.2\times2)\times(1.12+0.78)+3.44\times(0.1+0.15)=1.77m^2$ 楼梯间天花：$S=(0.2+0.08+0.15)\times[(1.86+0.075)\times2+(1.2+0.15)]=2.24m^2$ 客厅天花：$S=0.06\times(3.73-0.2-0.2+4.15-0.3-0.35)\times2+0.1\times(3.73-0.2-0.2-0.1+4.15-0.3-0.35-0.1)\times2+(0.215+0.06)\times(3.73-0.2-0.2-0.2+4.15-0.3-0.35-0.2)\times2+1/4\times3.14\times0.082\times(3.73-0.2-0.2-0.3+4.15-0.3-0.35-0.3)\times2+(0.115+0.06)\times(3.73-0.2-0.2-0.4+4.15-0.3-0.35-0.4)\times2+0.1\times(3.73-0.2-0.2-0.5+4.15-0.3-0.35-0.5)\times2+0.06\times(3.73-0.2-0.2-0.6+4.15-0.3-0.35-0.6)\times2+0.285\times(2.06+0.01\times2-0.15\times2+2.73+0.01\times2-0.15\times2)\times2=10.94m^2$	m^2	88.8
天棚抹灰面油漆（抹灰面 PT-02）	下层卫生间天花：$S=2.55\times(0.555+1.845)-0.555\times1.13=5.49m^2$ 厨房天花：$S=(2.95-0.35)\times(2.56-0.35)-0.94\times0.35-(1.11-0.4)\times0.535+(2.55-0.4-1.65)\times0.35=5.21m^2$ 主卧卫生间：$S=(0.78+2.52)\times(1.13+1.4)-0.4\times0.9-0.555\times1.13=7.36m^2$	m^2	18.06
墙面抹灰面油漆（抹灰面 PT-01）	楼梯底部储物间墙面：$S=5.08\times2+(1.1+2.1)\times0.7-0.7\times2=11m^2$ 衣帽间/工作室4立面：$S=(1.14+0.72+0.04)\times0.4=0.76m^2$ 主卧5、6立面：$S=1.98\times2\times2-1.2\times0.8=6.96m^2$ 储藏间（储藏间1、3、4立面）： $S=2.02\times2-1.2\times0.8$（窗户面积）$+(0.12+1.9+0.9)\times2.02-1.9\times1.01$（窗户面积）$=7.06m^2$	m^2	25.78
金属面油漆	玄关处（玄关1、2立面）： $S=(1.27+0.14+0.13)\times2.1=3.23m^2$ 次卧（次卧1、2、4立面）： $S=(0.8+0.9)\times2+(2.38+0.15)\times2+(3.43+0.1)\times2=15.52m^2$ 楼梯间1立面：$S=(0.1+1.01+0.04+1.01-0.19)\times(1.52+1.6-0.2)+0.3\times0.19+(0.2+0.15)\times0.19-0.2\times0.4+(2.1-0.64)\times1.6-0.2\times0.9+(0.74-0.1)\times0.25+(0.74-0.1-0.64/4)\times0.25+(0.735-0.1-0.64/4\times2)\times0.25+0.35\times0.64/4=8.37m^2$ 楼梯间2立面：$S=(0.19+2.76+0.15)\times0.2\times2+0.2\times0.1\times2+(0.75-0.1)\times(4.4-0.19-2.76-0.15-0.64-0.1)+(1.9-0.75-0.75)\times(4.4-0.19-2.76-0.15-0.64-0.1-0.16)+(4.4-0.19-2.76-0.15-0.64-0.1-0.16\times2)\times0.85=2.01m^2$ 楼梯间3立面：$S=(0.2+1.9+0.56+0.535)-0.16\times4+(0.2+1.9+0.56+0.535-0.195-2.755-0.15+0.1)\times0.2+(0.75-0.2-0.1)\times0.64+0.25+0.48+0.25\times0.32+0.25\times0.16=3.12m^2$	m^2	61.89

续表

项目名称	工程量计算式	单位	计算结果
金属面油漆	楼梯间 4 立面：$S=(1.25+2.1-0.75)\times(11\times0.16-0.1)-0.25\times0.16\times3=4.20m^2$ 主卧 1 立面：$S=(0.2+0.5+0.9)\times(2.1-0.1-0.1)=3.04m^2$ 主卧 2 立面：$S=1.52\times2.65+0.3\times(2.65+0.08+0.66)+0.66\times(1.52+0.08)+(2.1-0.1)\times(0.11+0.25\times2)+(0.11+0.25\times2-0.11-0.1)\times0.185+0.185\times(0.25-0.1)=7.42m^2$ 主卧 3 立面：$S=0.08\times(1.78+0.14)=0.15m^2$ 主卧 4 立面：$S=(2.1-0.1)\times(0.11+0.25\times2)+(0.11+0.25\times2-0.11-0.1)\times0.185+0.185\times(0.25-0.1)+(0.2+0.6)\times2=2.92m^2$ 衣帽间 / 工作室 1 立面：$S=(2.1+0.555-0.4-0.1)\times0.32+0.13\times0.185+(0.13+0.25)\times0.185+(0.13+0.25\times2)\times0.185+0.15\times(2.1-0.1)=1.20m^2$ 衣帽间 / 工作室 2 立面：$S=3.44\times(2.1-0.1-0.1)+0.725\times(2.1-0.1)=7.99m^2$ 衣帽间 / 工作室 3 立面：$S=(0.535+0.8)\times(2.1-0.1)+0.25\times0.185=2.72m^2$	m^2	61.89
墙面墙纸裱糊 （WP-01）	玄关处（玄关 1、2 立面）： $S=(1.27+0.14+0.13)\times2.1=3.23m^2$ 次卧（次卧 1、2、4 立面）： $S=(0.8+0.9)\times2+(2.38+0.15)\times2+(3.43+0.1)\times2=15.52m^2$ 楼梯间 1 立面：$S=(0.1+1.01+0.04+1.01-0.19)\times(1.52+1.6-0.2)+0.3\times0.19+(0.2+0.15)\times0.19-0.2\times0.4+(2.1-0.64)\times1.6-0.2\times0.9+(0.74-0.1)\times0.25+(0.74-0.1-0.64/4)\times0.25+(0.735-0.1-0.64/4\times2)\times0.25+0.35\times0.64/4=8.37m^2$ 楼梯间 2 立面：$S=(0.19+2.76+0.15)\times0.2\times2+0.2\times0.1\times2+(0.75-0.1)\times(4.4-0.19-2.76-0.15-0.64-0.1)+(1.9-0.75-0.75)\times(4.4-0.19-2.76-0.15-0.64-0.1-0.16)+(4.4-0.19-2.76-0.15-0.64-0.1-0.16\times2)\times0.85=2.01m^2$ 楼梯间 3 立面：$S=(0.2+1.9+0.56+0.535)-0.16\times4+(0.2+1.9+0.56+0.535-0.195-2.755-0.15+0.1)\times0.2+(0.75-0.2-0.1)\times0.64+0.25\times0.48+0.25\times0.32+0.25\times0.16=3.12m^2$ 楼梯间 4 立面：$S=(1.25+2.1-0.75)\times(11\times0.16-0.1)-0.25\times0.16\times3=4.20m^2$ 主卧 1 立面：$S=(0.2+0.5+0.9)\times(2.1-0.1-0.1)=3.04m^2$ 主卧 2 立面：$S=1.52\times2.65+0.3\times(2.65+0.08+0.66)+0.66\times(1.52+0.08)+(2.1-0.1)\times(0.11+0.25\times2)+(0.11+0.25\times2-0.11-0.1)\times0.185+0.185\times(0.25-0.1)=7.42m^2$ 主卧 3 立面：$S=0.08\times(1.78+0.14)=0.15m^2$ 主卧 4 立面：$S=(2.1-0.1)\times(0.11+0.25\times2)+(0.11+0.25\times2-0.11-0.1)\times0.185+0.185\times(0.25-0.1)+(0.2+0.6)\times2=2.92m^2$ 衣帽间 / 工作室 1 立面：$S=(2.1+0.555-0.4-0.1)\times0.32+0.13\times0.185+(0.13+0.25)\times0.185+(0.13+0.25\times2)\times0.185+0.15\times(2.1-0.1)=1.20m^2$ 衣帽间 / 工作室 2 立面：$S=3.44\times(2.1-0.1-0.1)+0.725\times(2.1-0.1)=7.99m^2$ 衣帽间 / 工作室 3 立面：$S=(0.535+0.8)\times(2.1-0.1)+0.25\times0.185=2.72m^2$	m^2	61.89
天棚墙纸裱糊 （WP-02）	客厅天花： $S=(3.73-0.3-0.3-0.21-0.35-0.3-0.21)\times(4.03+0.12-0.2-0.3-0.21-0.2-0.3-0.21)=5.62m^2$	m^2	5.62

活动 3 油漆、涂料、裱糊工程工程量清单的编制

根据图纸、表 2-73、表 2-74，编制工程量清单见表 2-75。

分部分项工程量清单　　　　　　　　　　　　　　表 2-75

工程名称：某公寓样板房装饰工程　　　　　　　　　　　　　　　标段：精装修

项目编码	项目名称	项目特征	工作内容	计量单位	工程量
011406001001	抹灰面油漆	1. 基层类型：抹灰面 2. 腻子种类：刮腻子，三遍 3. 油漆品种、刷漆遍数：白色多乐士乳胶漆 PT-01，底漆一遍，面漆二遍 4. 部位：天棚	1. 基层清理 2. 刮腻子 3. 刷防护材料、油漆	m²	88.8
011406001002	抹灰面油漆	1. 基层类型：抹灰面 2. 腻子种类：刮腻子，三遍 3. 油漆品种、刷漆遍数：白色多乐士防水乳胶漆 PT-02，三遍 4. 部位：天棚	1. 基层清理 2. 刮腻子 3. 刷防护材料、油漆	m²	18.06
011406001003	抹灰面油漆	1. 基层类型：抹灰面 2. 腻子种类：刮腻子，三遍 3. 油漆品种、刷漆遍数：白色多乐士乳胶漆 PT-01，底漆一遍，面漆二遍 4. 部位：墙柱面	1. 基层清理 2. 刮腻子 3. 刷防护材料、油漆	m²	25.78
011405001001	金属面油漆	1. 机喷防锈漆，二遍 2. 金属面调和漆，二遍 3. 金属面防火漆，二遍 4. 部位：天棚	1. 基层清理 2. 刮腻子 3. 刷防护材料、油漆	m²	61.89
011408001001	墙纸裱糊	1. 裱糊部位：墙柱面 2. 腻子种类：刮腻子，三遍 3. 面层材料品种、规格、颜色：墙纸（WP-01），不对花	1. 基层清理 2. 刮腻子 3. 面层铺贴	m²	61.89
011408001002	墙纸裱糊	1. 裱糊部位：天棚 2. 腻子种类：刮腻子，三遍 3. 面层材料品种、规格、颜色：墙纸（WP-02），不对花	1. 基层清理 2. 刮腻子 3. 面层铺贴	m²	5.62

活动 4 油漆、涂料、裱糊工程清单项目对应定额子目的列出

前面计算出了清单的工程量，接下来需要确定清单项目的综合单价，一般我们将清单综合单价的形成过程称为组价。清单项目组价的依据之一是企业定额，如没有企业定额时，可以参照当地计价依据的消耗量及当地的价格水平综合计算确定。

参考 2013 年《广东省建筑与装饰工程工程量清单指引》，根据表 2-75 中的清单项目的特征及工作内容，列出清单对应的定额子目，见表 2-76。

图纸涉及清单对应的定额子目　　　　　　表 2-76

工程名称：某公寓样板房装饰工程　　　　　　　　　　　　　　标段：精装修

项目编码	项目名称	工作内容	特征	对应的综合定额子目
011406001001	抹灰面油漆	刮腻子	刮三遍	A16-181、A16-182
		乳胶漆	白色多乐士乳胶漆 PT-01	A16-193、A16-198
011406001002	抹灰面油漆	刮腻子	刮三遍	A16-181、A16-182
		乳胶漆	白色多乐士防水乳胶漆 PT-01	A16-189、A16-190
011406001003	抹灰面油漆	刮腻子	刮三遍	A16-181、A16-182
		乳胶漆	白色多乐士乳胶漆 PT-01	A16-192、A16-198
011405001001	金属面油漆	防锈漆	机喷防锈漆二遍	A16-120、A16-121
		调和漆	金属面调和漆二遍	A16-132
		防火漆	金属面防火漆二遍	A16-141
011408001001	墙纸裱糊	刮腻子	刮三遍	A16-181、A16-182
		墙纸	金属墙纸（WP-01）	A16-262
011408001002	墙纸裱糊	刮腻子	刮三遍	A16-181、A16-182
		墙纸	墙纸（WP-02）	A16-268

活动5　计价工程量的计算

计价工程量是依据施工图纸和施工方案，按照所采用的当地定额的计算规则来计算的。本任务的某公寓样板房装饰工程位于广州市，故采用广东省计价依据。参照 2010 年《广东省建筑与装饰工程定额》，将表 2-76 中出现的定额子目相关的计算规则汇总见表 2-77。

油漆、涂料、裱糊工程清单项目组价对应定额子目工程量计算规则　　　　表 2-77

工程名称：某公寓样板房装饰工程　　　　　　　　　　　　　　标段：精装修

定额项目	计量单位	计算规则
抹灰面油漆	m²	楼地面、天棚、墙、柱梁面，按设计图示尺寸以油漆部分展开面积计算
金属面油漆	m²	以油漆部分展开面积计算
墙纸	m²	按设计图示尺寸以面积计算

对比表 2-73 和表 2-77，油漆和墙纸计算规则相同，所以定额项目工程量不需要另外计算。

活动6　油漆、涂料、裱糊工程工程量清单综合单价的计算

1. 分部分项工程量清单综合单价计算的相关说明

分部分项工程量清单综合单价是指完成一个规定计量单位的分部分项清单项目所需

要的人工费、材料费、机械费、管理费、利润以及一定范围内的风险费用的合计。在计算过程中：

（1）消耗量按照 2010 年《广东省建筑与装饰工程综合定额》计取；

（2）人工单价为 102 元 / 工日；材料单价见表 2-78；

（3）利润按人工费的 18% 计算；

（4）定额中所注明的砂浆、水泥石子浆等种类、配合比、饰面材料的型号规格与设计不同时，可按设计规定换算，但人工消耗量不变。

材料价格表

表 2-78

工程名称：某公寓样板房装饰工程   标段：精装修

材料名称	计量单位	单价（元）
其他材料费	元	1
白色硅酸盐水泥 42.5	kg	0.72
滑石粉	kg	1
大白粉	kg	0.2
腻子胶	kg	1
内墙乳胶漆 多乐士底漆	kg	28
内墙乳胶漆 多乐士面漆	kg	34

2. 计算过程

以抹灰面油漆（白色乳胶漆 PT-01）为例讲解综合单价计算：

（1）刮腻子（A16-181+2×A16-182）

人工费：$(5.625+1.728 \times 2) \times 102 = 926.26$ 元 /100m²

材料费：$(21.42+2 \times 13.77) \times 1 + (6.62+2 \times 4.25) \times 1 + (10.82+2 \times 6.95) \times 0.72 + (0.64+2 \times 0.43) \times 0.2 + (1.3+2 \times 1.3) \times 1 = 86.08$ 元 /100m²

机械费：0 元 /100m²

管理费：$43.23+13.28 \times 2 = 69.79$ 元 /100m²

利润：$926.26 \times 18\% = 166.73$ 元 /100m²

小计：1248.86 元 /100m²

（2）天棚乳胶漆（A16-193 - A16-198）

人工费：$(14.03-3.033) \times 102 = 1121.69$ 元 /100m²

材料费：$24.28 \times 34 + (21.42-10.5) \times 28 + (1.59-1.3) \times 1 = 1131.57$ 元 /100m²

机械费：0 元 /100m²

管理费：$107.83-23.31 = 84.52$ 元 /100m²

利润：1121.69×18%=201.90 元 /100m²

小计：2539.68 元 /100m²

合计：（1248.86+2539.68）÷100×88.8=3364.22 元

故其综合单价为：3364.22÷88.8=37.89 元 /m²

3. 综合单价分析表的填写

按以上计算过程填写综合单价分析表（详见表 2-79）。

综合单价分析表   表 2-79

工程名称：某公寓样板房装饰工程 　　标段：精装修 　　第1页 共1页

| 项目编码 | 011406001001 | 项目名称 | 块料楼地面 | 计量单位 | m² | 工程量 | 88.8 |

清单综合单价组成明细

定额编号	定额项目名称	定额单位	数量	单价				合价			
				人工费	材料费	机械费	管理费和利润	人工费	材料费	机械费	管理费和利润
A16-181 换	刮腻子一遍 实际遍数（遍）：三遍	100m²	0.01	926.27	86.08	0	236.52	9.26	0.86	0	2.37
A16-193	抹灰面 乳胶漆底油二遍面油二遍 天棚面	100m²	0.01	1431.06	1426.87	0	365.42	14.31	14.27	0	3.65
A16-198	乳胶漆底漆每增减一遍	100m²	−0.01	309.37	295.3	0	79	−3.09	−2.95	0	−0.79
人工单价			小计					20.48	12.18	0	5.23
102 元 / 工日			未计材料费					0			
清单项目综合单价								37.89			

材料费明细	主要材料名称、规格、型号	单位	数量	单价（元）	合价（元）	暂估单价（元）	暂估合价（元）
	白色硅酸盐水泥 42.5	kg	0.2472	0.72	0.18		
	滑石粉	kg	0.4896	1	0.49		
	大白粉	kg	0.015	0.2	0		
	腻子胶	kg	0.1512	1	0.15		
	内墙乳胶漆 多乐士底漆	kg	0.1092	28	3.06		

续表

项目编码	011406001001	项目名称	块料楼地面	计量单位	m²	工程量		88.8	
材料费明细	内墙乳胶漆、多乐士面漆		kg	0.2428	34	8.26			
	其他材料费			–		0.04	–		
	材料费小计			–		12.18	–		

4.分部分项工程和单价措施项目清单与计价表的填写

各分部分项工程量综合单价计算完成后,填写分部分项工程和单价措施项目清单与计价表(详见表2-80)。

分部分项工程和单价措施项目清单与计价表　　　　　　　表2-80

工程名称:某公寓样板房装饰工程　　　　　　　　　　标段:精装修　第1页　共1页

序号	项目编码	项目名称	项目特征描述	计量单位	工程量	金额(元)		
						综合单价	合价	其中暂估价
1	011406001001	抹灰面油漆	1. 基层类型:抹灰面 2. 腻子种类:刮腻子,三遍 3. 油漆品种、刷漆遍数:白色多乐士乳胶漆PT-01,底漆一遍,面漆二遍 4. 部位:天棚	m²	88.8	37.89	3364.63	
2	011406001002	抹灰面油漆	1. 基层类型:抹灰面 2. 腻子种类:刮腻子,三遍 3. 油漆品种、刷漆遍数:白色多乐士防水乳胶漆PT-02,三遍 4. 部位:天棚	m²	18.06	38.97	703.80	
3	011406001003	抹灰面油漆	1. 基层类型:抹灰面 2. 腻子种类:刮腻子,三遍 3. 油漆品种、刷漆遍数:白色多乐士乳胶漆PT-01,底漆一遍,面漆二遍 4. 部位:墙柱面	m²	25.78	35.42	913.13	
4	011405001001	金属面油漆	1. 机喷防锈漆,二遍 2. 金属面调和漆,二遍 3. 金属面防火漆,二遍	m²	61.89	27.52	1703.21	

续表

序号	项目编码	项目名称	项目特征描述	计量单位	工程量	综合单价	合价	其中 暂估价
5	011408001001	墙纸裱糊	1. 裱糊部位：墙柱面 2. 腻子种类：刮腻子，三遍 3. 面层材料品种、规格、颜色：墙纸（WP-01），不对花	m²	61.89	107.59	6658.75	
6	011408001002	墙纸裱糊	1. 裱糊部位：天棚 2. 腻子种类：刮腻子，三遍 3. 面层材料品种、规格、颜色：墙纸（WP-02），不对花	m²	5.62	146.3	822.21	
合计							14165.73	

【能力拓展】

某住宅书房平面图如图 2-48 所示，已知其房面裱糊金属壁纸，窗洞口尺寸：1800mm×1500mm，门洞口尺寸：900mm×2000mm，房间木踢脚板高 120mm，窗框厚 100mm，房间净高 2.80m，计算房间贴墙纸工程量。根据工程量清单计算规则，试计算该分部分项工程清单工程量，并编制工程量清单。结合当地的计价依据及当地的价格进行组价，并计算出综合单价。

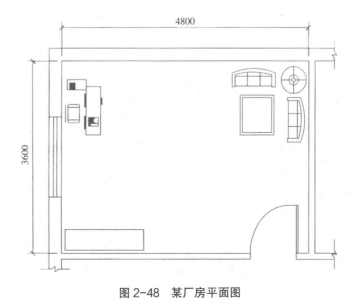

图 2-48　某厂房平面图

计算提示：本案例中涉及本章节的清单有哪些？怎么列项、计算规则是什么？

【项目训练】

计算某单层建筑物（见图 2-49）的内墙、顶棚刷乳胶漆工程量。用料做法：清理抹灰基层；满刮腻子一遍；刷底漆一遍；乳胶漆两遍。请计算油漆、涂料、裱糊工程的清单工程量；编制工程量清单；结合本地的计价依据，进行组价；并计算综合单价。

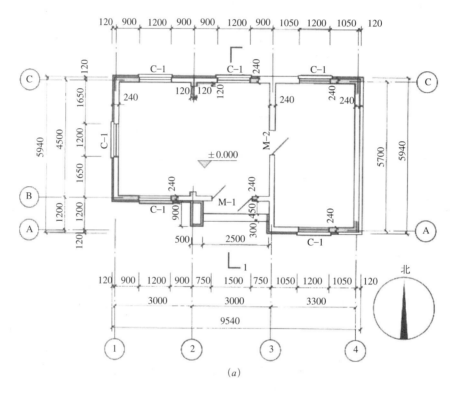

(a)

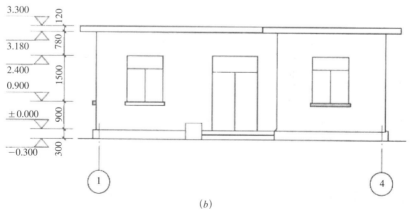

(b)

图 2-49 施工图（一）

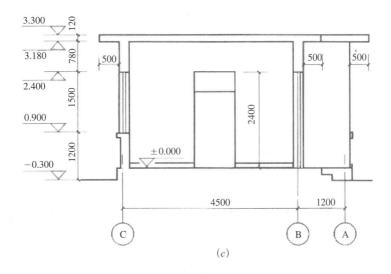

图 2-49 施工图（二）

（a）平面图；（b）正立面图；（c）1—1 剖面图

任务 2.6 其他装饰工程计量与计价

【任务描述】

　　本任务是通过位于广东省广州市的某公寓样板房装饰工程施工图中的柜类、压条及装饰线、扶手、栏杆及栏板装饰、浴厕配件等分部分项工程的学习，使学生能够识读某公寓样板房中其他工程装饰施工图；了解该样板房装饰工程中所用的柜、压条、扶手等工程施工工艺；掌握其他工程工程量计算规范；能够根据其他工程的装饰工程施工图，计算其他工程清单工程量，最终编制其他工程的工程量清单；掌握当地装饰工程计价定额中其他工程定额项目划分及工程量计算规则；根据编制的其他工程量清单，填写综合单价分析表，从而最终确定清单项目的综合单价。

【知识构成】

2.6.1 其他装饰工程工程量清单设置

　　其他装饰工程清单项目分为柜类、货架；压条、装饰线；扶手、栏杆、栏板装饰；暖气罩；浴厕配件；雨篷、旗杆；招牌、灯箱；美术字共 8 节 62 个项目。各项目的项目编码、项目名称、项目特征、计量单位、工程量计算规则以及包含的工作内容详见《房屋建筑与装饰工程工程量计算规范》GB 50854—2013 附录 Q 中的表 Q.1～Q.8。下面仅将常见的其他装饰工程清单项目以表格形式列出。

1. 柜类、货架

柜类、货架量清单项目设置、项目特征描述、计量单位及工程量计算规则应按《房屋建筑与装饰工程工程量计算规范》GB 50854—2013 附录 Q.1 的规定执行。常见的柜类、货架清单项目的相关内容见表 2-81。

Q.1 柜类、货架（编码：011501） 表 2-81

项目编码	项目名称	项目特征	计量单位	工程量计算规则	工作内容
011501008	木壁柜	1. 台柜规格 2. 材料种类、规格 3. 五金种类、规格 4. 防护材料种类 5. 油漆品种、刷漆遍数	1. 个 2. m 3. m³	1. 以个计量，按设计图示数量计算 2. 以米计量，按设计图示尺寸以延长米计算 3. 以立方米计量，按设计图示尺寸以体积计算	1. 柜台制作、运输、安装（安放） 2. 刷防护材料、油漆 3. 五金件安装
011501011	矮柜				

2. 压条、装饰线

压条、装饰线量清单项目设置、项目特征描述、计量单位及工程量计算规则应按《房屋建筑与装饰工程工程量计算规范》GB 50854—2013 附录 Q.2 的规定执行。常见的压条、装饰线清单项目的相关内容见表 2-82。

Q.2 压条、装饰线（编码：011502） 表 2-82

项目编码	项目名称	项目特征	计量单位	工程量计算规则	工作内容
011502001	金属装饰线	1. 基层类型 2. 线条材料品种、规格、颜色 3. 防护材料种类	m	按设计图示尺寸以长度计算	1. 线条制作、安装 2. 刷防护材料
011502002	木质装饰线				
011502003	石材装饰线				
011502004	石膏装饰线				

3. 扶手、栏杆、栏板装饰

扶手、栏杆、栏板装饰量清单项目设置、项目特征描述、计量单位及工程量计算规则应按《房屋建筑与装饰工程工程量计算规范》GB 50854—2013 附录 Q.3 的规定执行。常见的扶手、栏杆、栏板装饰清单项目的相关内容见表 2-83。

Q.3 扶手、栏杆、栏板装饰（编码：011503）　　　　　表 2-83

项目编码	项目名称	项目特征	计量单位	工程量计算规则	工作内容
011503001	金属扶手、栏杆、栏板	1. 扶手材料种类、规格 2. 栏杆材料种类、规格 3. 栏板材料种类、规格、颜色 4. 固定配件种类 5. 防护材料种类	m	按设计图示以扶手中心线长度（包括弯头长度）计算	1. 制作 2. 运输 3. 安装 4. 刷防护材料
011503002	硬木扶手、栏杆、栏板				
011503005	金属靠墙扶手	1. 扶手材料种类、规格 2. 固定配件种类 3. 防护材料种类	m	按设计图示以扶手中心线长度（包括弯头长度）计算	1. 制作 2. 运输 3. 安装 4. 刷防护材料
011503006	硬木靠墙扶手				

4. 浴厕配件

浴厕配件清单项目设置、项目特征描述、计量单位及工程量计算规则应按《房屋建筑与装饰工程工程量计算规范》GB 50854—2013 附录 Q.5 的规定执行。常见的浴厕配件装饰清单项目的相关内容见表 2-84。

Q.5 浴厕配件（编码：011505）　　　　　表 2-84

项目编码	项目名称	项目特征	计量单位	工程量计算规则	工作内容
011505001	洗漱台	1. 材料品种、规格、颜色 2. 支架、配件品种、规格	1. m² 2. 个	1. 按设计图示尺寸以台面外接矩形面积计算。不扣除孔洞、挖弯、削角所占面积，挡板、吊沿板面积并入台面面积内 2. 按设计图示数量计算	1. 台面及支架运输、安装 2. 杆、环、盒、配件安装 3. 刷油漆
011505002	晒衣架	1. 材料品种、规格、颜色 2. 支架、配件品种、规格	个	按设计图示数量计算	1. 台面及支架运输、安装 2. 杆、环、盒、配件安装 3. 刷油漆
011505005	卫生间扶手				
011505006	毛巾杆（架）		套		1. 台面及支架制作、运输、安装 2. 杆、环、盒、配件安装 3. 刷油漆
011505007	毛巾环		副		
011505008	卫生纸盒		个		
011505010	镜面玻璃	1. 镜面玻璃品种、规格 2. 框材质、断面尺寸 3. 基层材料种类 4. 防护材料种类	m²	按设计图示尺寸以边框外围面积计算	1. 基层安装 2. 玻璃及框制作、运输、安装
011505011	镜箱	1. 箱体材质、规格 2. 玻璃品种、规格 3. 基层材料种类 4. 防护材料种类 5. 油漆品种、刷漆遍数	个	按设计图示数量计算	1. 基层安装 2. 箱体制作、运输、安装 3. 玻璃安装 4. 刷防护材料、油漆

5. 雨篷、旗杆

雨篷、旗杆清单项目设置、项目特征描述、计量单位及工程量计算规则应按《房屋建筑与装饰工程工程量计算规范》GB 50854—2013 附录 Q.6 的规定执行。常见的雨篷、旗杆装饰清单项目的相关内容见表 2-85。

Q.6 雨篷、旗杆（编码：011506） 表 2-85

项目编码	项目名称	项目特征	计量单位	工程量计算规则	工作内容
011506003	玻璃雨篷	1. 玻璃雨篷固定方式 2. 龙骨材料种类、规格、中距 3. 玻璃材料品种、规格 4. 嵌缝材料种类 5. 防护材料种类	m^2	按设计图示尺寸以水平投影面积计算	1. 龙骨基层安装 2. 面层安装 3. 刷防护材料、油漆

6. 美术字

美术字清单项目设置、项目特征描述、计量单位及工程量计算规则应按《房屋建筑与装饰工程工程量计算规范》GB 50854—2013 附录 Q.8 的规定执行。常见的美术字装饰清单项目的相关内容见表 2-86。

Q.8 美术字（编码：011508） 表 2-86

项目编码	项目名称	项目特征	计量单位	工程量计算规则	工作内容
011508002	有机玻璃字	1. 基层类型 2. 镌字材料品种、颜色 3. 字体规格 4. 固定方式 5. 油漆品种、刷漆遍数	个	按设计图示数量计算	1. 字制作、运输、安装 2. 刷油漆
011508003	木质字				
011508004	金属字				

【知识拓展】

2.6.2　工程量清单编制的相关知识

暖气罩是室内暖气管或暖气片的外壳，其作用是用来遮挡样子比较难看的金属制或塑料制的暖气片，同时可以防止烫伤。

2.6.3　工程量清单编制应注意的事项

（1）平面、箱式招牌按设计图示尺寸以正立面外框外围面积计算。复杂形的凸凹造型部分亦不增减。

（2）美术字按设计图示数量计算。

2.6.4　对楼地面工程中经常出现的部分专业术语进行解释

（1）GRC：GRC 是英语 Glassfiber Reinforced Concrete 的缩写，翻译成中文为：玻璃纤维增强混凝土；

（2）镜面玻璃：镜面玻璃又称磨光玻璃，是用平板玻璃经过抛光后制成的玻璃，分单面磨光和双面磨光两种，表面平整光滑且有光泽；

（3）壁柜：是依托着墙打的柜，是直接以墙壁为柜的一边或几个边的，墙是壁柜的一部分。

课堂活动

活动 1　识读图纸

其他装饰工程计量与计价时，首先是要熟悉图纸的设计内容，然后才能根据图纸的设计要求来进行清单列项、工程量计算等。其他装饰工程图纸识读时，首先必须识读设计说明、施工说明、平面图、立面及剖面等，才能从这些图纸中读出与本分部分项工程相关的内容。

下面以附图中某公寓复式样板房装修工程为例，介绍如何识读其他装饰工程图纸。

从复式下层家具索引图可以读出玄关处有个存包柜（详见图 2-50），该存包柜的尺寸从哪里读出呢？从玄关 1 立面（详见图 2-51）可以读出柜子的深度是 300mm，从玄关 3 立面（详见图 2-52）可以读出柜子的宽度为 1690mm，高度为 2100mm，结合图纸说明及主要材料表可以读出木壁柜制作材料一等枋材（规格详见设计）、12 厚防火胶合板、木饰面板，柜类板面及层板油硝基清漆（叻架）2 度；从衣帽间 / 工作室 3 立面图（见附图）和墙身 18 剖面图（见附图）可以读出木壁柜尺寸为 2020mm×2100mm×385mm，结合图纸说明及主要材料表可以读出木壁柜制作材料为一等枋材（规格详见设计）、12 厚防火胶合板、木饰面板，柜类板面及层板油硝基清漆（叻架）2 度；从卫生间 3 立面（见附图）及墙身 17 剖面图可以读出洗手柜尺寸为 1240mm×500mm×550mm，镜柜尺寸为 1140mm×950mm×140mm，结合图纸说明及主要材料表可以读出洗手柜骨架为角钢骨架、20mm 厚意大利木纹大理石台面、12 厚防火胶合板、防火饰面板，镜柜为一等枋材（规格详见设计）、12 厚防火胶合板、防火饰面板，镜面为 6mm 厚清镜，1.0mm 玫瑰金包边；从主卫 1 立面和墙身 23 剖面图可以读出洗手柜尺寸为 1310mm×500mm×550mm，镜柜尺寸为 1220mm×950mm×140mm，结合图纸说明及主要材料表可以读出洗手柜骨架为角钢骨架、20mm 厚意大利木纹大理石台面、12 厚防火胶合板、防火饰面板，镜柜为一等枋材（规格详见设计）、12 厚防火胶合板、防火饰面板，镜面为 6mm 厚清镜，1.0mm 玫瑰金包边；从客厅 / 餐厅 5 立面和墙身 15 剖面可以读出金属装饰线为 140mm×1mm；从衣帽间 / 工作室 2 立面可以读出金属装饰线为 100mm×1mm；从衣帽间 / 工作室 4 立面可以读出金属装饰线为 120mm×1mm，基层为木夹板；从主卧 2 立面可以读出金属装饰线为 80mm×1.0mm；从主卧 4 立面和墙身 22 剖面可以读出软包处金属装饰线为 20mm×10mm×1.0mm；从复式下层天花布置图和复式上层天花布置图可以读出金属装饰线为 10mm×5mm×1.0mm；从客厅 2 立面和墙身剖面 9 可以读出金属装饰线为异形（具体详见施工图）；从主卧 4 立面和墙身 22 剖面可以读出墙身软包处木装饰线最大截面为 100mm×45mm；从客厅 2 立面和墙身剖面 9 可以读出石材装饰线的截面最大值为 200mm×75mm；从客厅 4 立面和墙身剖面 14 可以读出石材装饰线的截面最大值为 200mm×75mm；从楼梯 4 立面图可以读出楼梯栏板高 1050mm，扶手为金属，栏板为玻璃；从卫生间 4 立面可以读出有毛巾架 1 套、挂钩 1 副；从主卫 5 立面可以读出有毛巾架 1 套，挂钩 2 副；从客厅 / 餐厅 2 立面可以读出此立面需安装一个欧式画框（画框由甲方提供）。

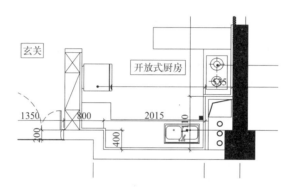

图 2-50　复式下层家具索引图（局部）

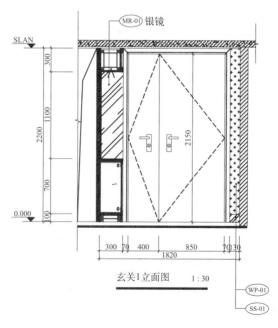

图 2-51　玄关 1 立面图

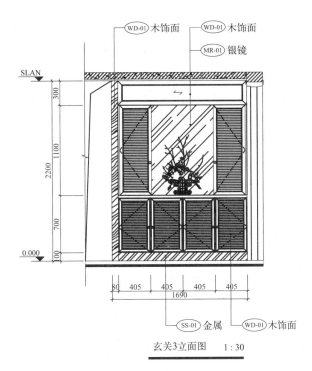

图 2-52　玄关 3 立面图

活动 2　其他装饰工程清单工程量的计算

1. 其他装饰工程清单项目

其他装饰工程清单工程量计算时，首先应根据图纸设计内容及《房屋建筑与装饰工程工程量计算规范》GB 50854—2013 附录 L 中清单项目的设置先进行列项。

某公寓复式样板房其他装饰工程的图纸设计内容见活动 1 和附图，《房屋建筑与装饰工程工程量计算规范》GB 50854—2013 附录 L 中清单项目的设置（详见本任务中知识构成部分），该工程的清单项目有：

（1）木壁柜

◆　木壁柜 011501008001，玄关处存包柜，规格 1610mm×2100mm×300mm；

◆　木壁柜 011501008002，衣帽间 / 工作室书柜，规格 2020mm×2100mm×385mm。

（2）矮柜

◆　矮柜 011501011001，复式下层卫生间洗手柜，规格 1240mm×500mm×550mm；

◆　矮柜 011501011002，复式上层卫生间洗手柜，规格 1310mm×500mm×550mm。

（3）金属装饰线

◆　金属装饰线 011502001001，位置详见客厅 / 餐厅 5 立面图，L40mm×1.0mm

玫瑰金不锈钢装饰线；

◆ 金属装饰线 011502001002，位置详见衣帽间／工作室 2 立面图，100mm×1.0mm 玫瑰金不锈钢装饰线；

◆ 金属装饰线 011502001003，位置详见衣帽间／工作室 4 立面图，120mm×1.0mm 玫瑰金不锈钢装饰线；

◆ 金属装饰线 011502001004，位置详见主卧 2 立面图，80mm×1.0mm 玫瑰金不锈钢装饰线；

◆ 金属装饰线 011502001005，位置详见主卧 4 立面图，20mm×10mm×1.0mm 玫瑰金不锈钢装饰线；

◆ 金属装饰线 011502001006，次卧天花、主卧天花及客厅／餐厅天花，10mm×5mm×1.0mm 玫瑰金不锈钢装饰线；

◆ 金属装饰线 011502001007，位置详见客厅 2 立面图，异形玫瑰金不锈钢装饰线。

（4）木装饰线

◆ 木装饰线 011502002001，位置详见主卧 4 立面图，100mm×45mm 杉木饰线；

◆ 木装饰线 011502002002，次卧入储藏间门收口线；

◆ 木装饰线 011502002003，客厅入次卧门收口线。

（5）石材装饰线 011502003001，位置详见客厅 2 立面及客厅 4 立面图；

（6）金属扶手、栏杆、栏板 011503001001，楼梯处；

（7）毛巾架 011505006001，用于复式上层卫生间及复式下层卫生间；

（8）毛巾环 011505007001，用于复式上层卫生间及复式下层卫生间；

（9）卫生纸盒 011505008001，用于复式上层卫生间及复式下层卫生间；

（10）镜箱

◆ 镜箱 011505011001，用于复式下层卫生间，规格 1140mm×950mm×140mm；

◆ 镜箱 011505011002，用于复式上层卫生间，规格 1220mm×950mm×140mm。

由于欧式画框的安装没有相应的清单，故按照《建设工程工程量清单计价规范》GB 50500—2013 与《房屋建筑与装饰工程计量规范》GB 50854—2013 的相关规定，自编一个补充清单项目，见表 2-87。

其他装饰工程的工程量清单补充项目及计算规则 表 2-87

工程名称：某公寓样板房装饰工程 　　　　　　　　　　　标段：精装修

项目编码	项目名称	项目特征	计量单位	工程量计算规则	工作内容
001B001	装饰件安装	挂件品种、规格	件	按设计图示数量计算	1. 成品保护 2. 挂件安装

2. 清单工程量的计算

根据某公寓样板房客厅等立面图（见附图）和墙身 18 等剖面图（见附图）等图纸，结合上表中的计算规则，可以计算出清单工程量（详见表 2-88）。

工程量计算表　　　　　　　　　　　　　　　　　表 2-88

工程名称：某公寓样板房装饰工程　　　　　　　　　　　　　　　　　标段：精装修

项目名称	工程量计算式	单位	计算结果
木壁柜	玄关处：1 个	个	1
木壁柜	衣帽间 / 工作室：1 个	个	1
矮柜	复式下层卫生间洗手柜：1 个	个	1
矮柜	复式上层卫生间洗手柜：1 个	个	1
金属装饰线	客厅 / 餐厅 5 立面：2.2×2=4.4	m	4.4
金属装饰线	衣帽间 / 工作室 2 立面：3.4	m	3.4
金属装饰线	衣帽间 / 工作室 4 立面：2.1	m	2.1
金属装饰线	主卧 2 立面：2.65+0.08+1.52=4.25	m	4.25
金属装饰线	主卧 4 立面：1.8×8+1.8×2=18	m	18
金属装饰线	次卧天花金属装饰线： 从复式下层天花开线图可以读出： $L1=0.9+2.7-0.4-0.2-0.5-0.5=2$ 从天花 3 剖面可以读出 $L2=1.86$ 故次卧天花金属装饰线为： $L3=（L1+L2）×2=7.72$ 客厅 / 餐厅天花金属装饰线： $L4=0.15+1.35+0.8+2.015+0.535=4.85$ 主卧天花金属装饰线： 同次卧 $L5=L3=7.72$ $L=L3+L4+L5=7.72+4.85+7.72=20.29$	m	20.29
金属装饰线	客厅 2 立面： $L1=3.8+3.8+2.87+2.87=13.34$	m	13.34
木装饰线	主卧 4 立面：2×2+1.8=5.8	m	5.8
木装饰线	次卧入储藏间门收口线：2.1×2+0.8=5.0	m	5.0
木装饰线	客厅入次卧门收口线：2.2×2+0.865=5.27	m	5.27
石材装饰线	客厅 2 立面： $L1=4+4+3.35-0.2-0.2=10.95$ 客厅 4 立面： $L2=4+4+1.7=9.7$ $L=L1+L2=10.95+9.7=20.65$	m	20.65

项目名称	工程量计算式	单位	计算结果
金属扶手、栏杆、栏板	梯段 1：$L1=0.53$ 梯段 2：$L2=0.87$ 梯段 3：$L3=0.45$ 平台： $L4=0.36+1.35+1.1+2.02-0.12=4.71$ $L=L1+L2+L3+L4=6.56$	m	6.56
毛巾架	卫生间 1 套、主卫 1 套，共 2 套	套	2
挂钩	卫生间 1 副、主卫 2 副，共 3 副	副	3
卫生纸盒	卫生间 1 个、主卫 1 个，共 2 个	个	2
镜箱	复式下层卫生间镜柜：1 个	个	1
镜箱	复式上层卫生间镜柜：1 个	个	1
欧式画框安装	客厅：1 件	件	1

活动 3　其他装饰工程工程量清单的编制

根据图纸、表 2-81~ 表 2-88，编制工程量清单见表 2-89。

分部分项工程量清单　　　　　　　　　　　表 2-89

工程名称：某公寓样板房装饰工程　　　　　　　　　　　　　　　　　　标段：精装修

项目编码	项目名称	项目特征	工作内容	计量单位	工程量
011501008001	木壁柜	1. 台柜规格：1610mm×2100mm×300mm 2. 材料种类、规格：一等枋材（规格详见设计）、12 厚防火胶合板、木饰面板 3. 五金种类、规格：飞机合叶、塑钢拉手 4. 油漆品种、刷漆遍数：柜类板面及层板油硝基清漆（叻架）2 度	1. 台柜制作、安装 2. 刷防护材料、油漆 3. 五金件安装	个	1
011501008002	木壁柜	1. 台柜规格：2020mm×2100mm×385mm 2. 材料种类、规格：一等枋材（规格详见设计）、12 厚防火胶合板、木饰面板 3. 五金种类、规格：飞机合叶、塑钢拉手 4. 油漆品种、刷漆遍数：柜类板面及层板油硝基清漆（叻架）2 度	1. 台柜制作、安装 2. 刷防护材料、油漆 3. 五金件安装	个	1

续表

项目编码	项目名称	项目特征	工作内容	计量单位	工程量
011501011001	矮柜	1. 台柜规格：1240mm×500mm×550mm 2. 材料种类、规格：20mm 厚意大利木纹大理石台面、12 厚防火胶合板、防火饰面板 3. 五金种类、规格：飞机合叶、门柜拉手 4. 骨架种类：镀锌角钢骨架	1. 台柜制作、安装 2. 刷防护材料、油漆 3. 五金件安装	个	1
011501011002	矮柜	1. 台柜规格：1310mm×500mm×550mm 2. 材料种类、规格：20mm 厚意大利木纹大理石台面、12 厚防火胶合板、防火饰面板 3. 五金种类、规格：飞机合叶、门柜拉手 4. 骨架种类：镀锌角钢骨架	1. 台柜制作、安装 2. 刷防护材料、油漆 3. 五金件安装	个	1
011502001001	金属装饰线	1. 线条材料品种：玫瑰金不锈钢 2. 线条材料规格：L40mm×1.0mm	线条制作、安装	m	4.4
011502001002	金属装饰线	1. 线条材料品种：玫瑰金不锈钢 2. 线条材料规格：100mm×1.0mm	线条制作、安装	m	3.4
011502001003	金属装饰线	1. 基层材料种类、规格：夹板 12mm 厚 2. 线条材料品种：玫瑰金不锈钢 3. 线条材料规格：120mm×1.0mm 线	线条制作、安装	m	2.1
011502001004	金属装饰线	1. 线条材料品种：玫瑰金不锈钢 2. 线条材料规格：80mm×1.0mm 线	线条制作、安装	m	4.25
011502001005	金属装饰线	1. 线条材料品种：玫瑰金不锈钢 2. 线条材料规格：20mm×10mm×1.0mm 线	线条制作、安装	m	18
011502001006	金属装饰线	1. 线条材料品种：玫瑰金不锈钢 2. 线条材料规格：10mm×5mm×1.0mm 线	线条制作、安装	m	20.29
011502001007	金属装饰线	1. 线条材料品种：玫瑰金不锈钢 2. 线条材料规格：异形（详见施工图）	线条制作、安装	m	13.34
011502002001	木装饰线	1. 线条材料品种、规格、颜色：100mm×45mm 杉木饰线 2. 防护材料种类：满刮腻子三遍、乳胶漆底漆一遍、面漆二遍	1. 线条制作、安装 2. 刷防护材料	m	5.8
011502002002	木装饰线	1. 线条材料品种、规格、颜色：木收口线（详见墙身 24 剖面图） 2. 防护材料种类：聚氨酯漆三遍	1. 线条制作、安装 2. 刷防护材料	m	5
011502002003	木装饰线	1. 线条材料品种、规格、颜色：20mm×20mm 木收口线 2. 防护材料种类：聚氨酯漆三遍	1. 线条制作、安装 2. 刷防护材料	m	5.27

项目编码	项目名称	项目特征	工作内容	计量单位	工程量
011502003001	石材装饰线	线条材料品种、规格：异形（详见施工图）大理石装饰直线	线条制作、安装	m	20.65
011503001001	金属扶手、栏杆、栏板	1.扶手材料种类、规格：直径40mm×40mm 玫瑰金不锈钢扶手 2.栏板材料种类、规格：5mm+5mm 夹胶双钢化玻璃（全玻）	1.制作 2.安装	m	6.56
011505006001	毛巾杆（架）	材料品种、规格、品牌、颜色：成品不锈钢毛巾杆（架）	杆（架）安装	套	2
011505007001	毛巾环	材料品种、规格、品牌、颜色：成品不锈钢挂钩	环安装	副	3
011505008001	卫生纸盒	材料品种、规格、品牌、颜色：成品不锈钢卫生纸盒	卫生纸盒安装	个	2
011505011001	镜箱	1.体材质、规格：一等枋材（规格详见设计）、12厚防火胶合板、防火饰面板、1140mm×950mm×140mm 2.玻璃品种、规格：6mm厚清镜，1.0mm玫瑰金包边	1.箱体制作、安装 2.玻璃安装	个	1
011505011002	镜箱	1.箱体材质、规格：一等枋材（规格详见设计）、12厚防火胶合板、防火饰面板、1220mm×950mm×140mm 2.玻璃品种、规格：6mm厚清镜，1.0mm玫瑰金包边	1.箱体制作、安装 2.玻璃安装	个	1
001B001	装饰件安装	1.仿金属欧式画框（甲供）成品保护及安装施工 2.规格、尺寸：1740mm×1800mm 3.其他：综合考虑	装饰件成品保护、安装	件	1

活动4　其他装饰工程清单项目组价对应定额子目的列出

参考2013年《广东省建筑与装饰工程工程量清单指引》，根据表2-89中的清单项目的特征及工作内容，列出清单对应的定额子目，见表2-90。

其他装饰工程清单项目组价对应的定额子目　　　　　　　　　　表2-90

工程名称：某公寓样板房装饰工程　　　　　　　　　　　　　　　　　　标段：精装修

项目编码	项目名称	工作内容	特征	对应的综合定额子目
011501008001	木壁柜	存包柜	一等枋材（规格详见设计）、12厚防火胶合板、木饰面板 飞机合叶、塑钢拉手	A15-46 换
		油漆	油硝基清漆（叻架）2度	A16-22

项目编码	项目名称	工作内容	特征	对应的综合定额子目
011501008002	木壁柜	书柜	一等枋材（规格详见设计）、12 厚防火胶合板、木饰面板 飞机合叶、塑钢拉手	A15-16 换
		油漆	油硝基清漆（叻架）2 度	A16-22
011501011001	矮柜	吊柜（洗手柜）	镀锌角钢骨架、12 厚防火胶合板、防火饰面板、飞机合叶、门柜拉手	A15-30 换
		石材面层	20mm 厚意大利木纹大理石台面	A20-1
011501011002	矮柜	吊柜（洗手柜）	镀锌角钢骨架、12 厚防火胶合板、防火饰面板、飞机合叶、门柜拉手	A15-30 换
		石材面层	20mm 厚意大利木纹大理石台面	A20-1
011502001001	金属装饰线	金属装饰线	玫瑰金不锈钢、规格 L40mm×1.0mm	A14-35 换
011502001002	金属装饰线	金属装饰线	玫瑰金不锈钢、规格 100mm×1.0mm	A14-36 换
011502001003	金属装饰线	基层	12mm 厚胶合板	A10-198 换
		金属装饰线	玫瑰金不锈钢、规格 120mm×1.0mm	A14-36 换
011502001004	金属装饰线	金属装饰线	玫瑰金不锈钢、规格 80mm×1.0mm	A14-36 换
011502001005	金属装饰线	金属装饰线	玫瑰金不锈钢、规格 20mm×10mm×1.0mm	A14-34 换
011502001006	金属装饰线	金属装饰线	玫瑰金不锈钢、规格 10mm×5mm×1.0mm	A14-34 换
011502001007	金属装饰线	金属装饰线	玫瑰金不锈钢、规格异形（详见施工图纸）	A14-34 换
011502002001	木装饰线	木装饰线	100mm×45mm 杉木饰线	A14-14 换
		刮腻子	三遍	A16-181+ A16-182×2
		乳胶漆	底一遍面二遍	A16-194–A16-198
011502002002	木装饰线	木装饰线	木收口线（详见墙身 24 剖面图）	A14-14 换
		油漆	聚氨酯漆三遍	A16-18
011502002003	木装饰线	木装饰线	20mm×20mm 木收口线	A14-14 换
		油漆	聚氨酯漆三遍	A16-18
011502003001	石材装饰线	石材装饰线	异形（详见施工图）大理石装饰直线	A14-50 换
011503001001	金属扶手、栏杆、栏板	扶手	不锈钢、直行 40mm×40mm	A14-131 换
		栏板	5mm+5mm 夹胶双钢化玻璃	A14-130 换
011505006001	毛巾杆（架）	毛巾杆（架）	不锈钢毛巾架	A20-9
011505007001	毛巾环	毛巾环	不锈钢毛巾环	A20-3
011505008001	卫生纸盒	卫生纸盒	不锈钢卫生纸盒	A20-4

续表

项目编码	项目名称	工作内容	特征	对应的综合定额子目
011505011001	镜箱	镜柜	一等枋材（规格详见设计）、12 厚防火胶合板、防火饰面板	A15-30 换
		面层	6mm 厚清镜，1.0mm 玫瑰金不锈钢包边	A10-227 换
		面层	1.0mm 玫瑰金不锈钢板	A10-222 换
011505011002	镜箱	镜柜	一等枋材（规格详见设计）、12 厚防火胶合板、防火饰面板	A15-30 换
		面层	6mm 厚清镜，1.0mm 玫瑰金包边	A10-227 换
		面层	1.0mm 玫瑰金不锈钢板	A10-222 换
001B001	装饰件安装	装饰件安装	欧式画框	A14-91

活动 5 计价工程量的计算

参照 2010 年《广东省建筑与装饰工程定额》，将表 2-90 中出现的定额子目相关的计算规则汇总见表 2-91。

其他装饰工程清单项目组价对应的定额子目工程量计算规则　　　　表 2-91

工程名称：某公寓样板房装饰工程　　　　　　　　　　　　　　　　标段：精装修

定额项目	计量单位	计算规则
压条、装饰线	m	按设计图示尺寸以长度计算
栏杆（板）	m	按设计图示尺寸以扶手中心线长度计算
柜	m^2	按设计图示尺寸以柜正面投影面积计算，当单个家具投影面积在 $1m^2$ 以内时，人工乘以系数 1.1

对比表 2-81~ 表 2-86 和表 2-91，计算规则不同的是家具部分，按照定额计算规则，可以计算出定额工程量（其中木饰面油漆按单面考虑），详见表 2-92。

其他装饰工程清单项目组价对应定额子目工程量计算　　　　　　　表 2-92

工程名称：某公寓样板房装饰工程　　　　　　　　　　　　　　　　标段：精装修

项目编码	项目名称	工作内容	对应定额工程量
011501008001	木壁柜	存包柜	$S=1.61 \times 2.1=3.38m^2$
		油漆	柜正面： $S1=1.61 \times 0.7+0.405 \times 1.1 \times 2+1.61 \times 0.3=2.50m^2$ 柜正面：$S2=1.61 \times 2.1=3.38m^2$ 柜侧面： $S3=0.405 \times 2 \times 0.3 \times 2+1.1 \times 0.3 \times 2=1.15m^2$ $S= S1+ S2+ S3=7.03m^2$

续表

项目编码	项目名称	工作内容	对应定额工程量
011501008002	木壁柜	书柜	$S=2.02 \times 2.1=4.24m^2$
		油漆	$S=2.02 \times 2.1=4.24m^2$
011501011001	矮柜	吊柜（洗手柜）	$S=1.24 \times 0.5=0.62m^2$
		石材面层	$S=1.24 \times (0.555+0.3+0.3)=1.43m^2$
011501011002	矮柜	吊柜（洗手柜）	$S=1.31 \times 0.5=0.66m^2$
		石材面层	$S=1.31 \times (0.555+0.3+0.3)=1.51m^2$
011502001003	金属装饰线	金属装饰线	$L=2.1m$
		胶合板基层	$S=2.1 \times 0.12=0.25m^2$
011502002001	木装饰线	木装饰线	$L=5.8m$
		刮腻子	$S=5.8 \times (0.102+0.045)=0.85m^2$
		乳胶漆	$S=5.8 \times (0.102+0.045)=0.85m^2$
011502002002	木装饰线	木装饰线	$L=5m$
		油漆	$S=5 \times (0.05+0.02)=0.35m^2$
011502002003	木装饰线	木装饰线	$L=5.27m$
		油漆	$S=5.27 \times (0.02+0.02)=0.21m^2$
011505011001	镜箱	镜柜	$S=1.14 \times 0.95=1.08m^2$
		清镜面层	$S=1.14 \times 0.95=1.08m^2$
		不锈钢面层	$S=1.14 \times (0.14+0.015+0.135+0.015)=0.35m^2$
011505011002	镜箱	镜柜	$S=1.22 \times 0.95=1.16m^2$
		清镜面层	$S=1.22 \times 0.95=1.16m^2$
		不锈钢面层	$S=1.22 \times (0.14+0.015+0.135+0.015)=0.37m^2$

将计算出工程量的定额项目套用当地计价定额，套用时要注意进行定额换算；具体定额项目的套用见表2-93。

其他装饰工程清单项目组价对应的定额子目工程量表　　　　表2-93

工程名称：某公寓样板房装饰工程　　　　　　　　　　　　　　　　标段：精装修

项目编码	项目名称	定额项目	对应的综合定额子目	单位	定额工程量
011501008001	木壁柜	存包柜（高柜）	A15-46 换	m²	3.38
		木材面油硝基清漆	A16-22	m²	7.03

项目编码	项目名称	定额项目	对应的综合定额子目	单位	定额工程量
011501008002	木壁柜	书柜（高柜）	A15-16 换	m²	4.24
		木材面油硝基清漆	A16-22	m²	4.24
011501011001	矮柜	吊柜（洗手柜）	A15-30 换	m²	0.62
		洗手台石材板	A20-1	m²	1.43
011501011002	矮柜	吊柜（洗手柜）	A15-30 换	m²	0.66
		洗手台石材板	A20-1	m²	1.51
011502001001	金属装饰线	金属装饰线，玻璃胶粘贴，宽度50mm以内	A14-35 换	m	4.4
011502001002	金属装饰线	金属装饰线，玻璃胶粘贴，宽度50mm以内	A14-35 换	m	3.4
011502001003	金属装饰线	金属装饰线，玻璃胶粘贴，宽度50mm以外	A14-36 换	m	2.1
		胶合板基层	A10-198 换	m²	0.25
011502001004	金属装饰线	金属装饰线，玻璃胶粘贴，宽度50mm以外	A14-36 换	m	4.25
011502001005	金属装饰线	金属装饰线，玻璃胶粘贴，宽度30mm以内	A14-34 换	m	18
011502001006	金属装饰线	金属装饰线，玻璃胶粘贴，宽度30mm以内	A14-34 换	m	20.29
011502001007	金属装饰线	金属装饰线，玻璃胶粘贴，宽度30mm以内	A14-34 换	m	13.34
011502002001	木装饰线	木装饰线，射钉安装，宽度100mm以内	A14-14 换	m	5.8
		刮腻子三遍	A16-181+ A16-182×2	m²	0.85
		乳胶漆，底漆一遍，面漆二遍	A16-194–A16-198	m²	0.85
011502002001	木装饰线	木装饰线，射钉安装，宽度100mm以内	A14-14 换	m	5.8
		刮腻子三遍	A16-181+ A16-182×2	m²	0.85
		乳胶漆，底漆一遍，面漆二遍	A16-194–A16-198	m²	0.85
011502002002	木装饰线	木装饰线，射钉安装，宽度100mm以内	A14-14 换	m	5
		木材面油聚氨酯漆三遍	A16-18	m²	0.35

续表

项目编码	项目名称	定额项目	对应的综合定额子目	单位	定额工程量
011502002003	木装饰线	木装饰线，射钉安装，宽度100mm以内	A14-14 换	m	5.27
		木材面油聚氨酯漆三遍	A16-18	m²	0.21
011502003001	石材装饰线	石材装饰线，不锈钢干挂	A14-50 换	m	20.65
011503001001	金属扶手、栏杆、栏板	不锈钢扶手直型40mm×40mm	A14-132 换	m	4.45
		全玻璃栏板（没有立柱）	A14-130 换	m	4.45
011505006001	毛巾杆（架）	不锈钢毛巾杆（架）	A20-9	套	2
011505007001	毛巾环	不锈钢毛巾环	A20-3	副	3
011505008001	卫生纸盒	不锈钢卫生纸盒	A20-4	个	2
011505011001	镜箱	镜柜	A15-30 换	m²	1.08
		镜面玻璃饰面层	A10-227 换	m²	1.08
		不锈钢面板饰面层	A10-222 换	m²	0.35
011505011001	镜箱	镜柜	A15-30 换	m²	1.16
		镜面玻璃饰面层	A10-227 换	m²	1.16
		不锈钢面板饰面层	A10-222 换	m²	0.37
001B001	装饰件安装	挂壁装饰物 5kg 以外	A14-91	件	1

活动 6　其他装饰工程工程量清单综合单价的计算

1. 分部分项工程量清单综合单价计算的相关说明

分部分项工程量清单综合单价是指完成一个规定计量单位的分部分项清单项目所需要的人工费、材料费、机械费、管理费、利润以及一定范围内的风险费用的合计。在计算过程中：

（1）消耗量按照 2010 年《广东省建筑与装饰工程综合定额》计取；

（2）人工单价为 102 元 / 工日；主要材料价格见表 2-94；

（3）利润按人工费的 18% 计算。

材料价格表　　　　　　　　　　　　　表 2-94

工程名称：某公寓样板房装饰工程　　　　　　　　　　　　　标段：精装修

材料名称	计量单位	单价（元）
玫瑰金不锈钢装饰线 L40mm×1.0mm	m	15.2
玫瑰金不锈钢装饰线 100mm×1.0mm	m	20.9

材料名称	计量单位	单价（元）
玫瑰金不锈钢装饰线 120mm×1.0mm	m	22.8
玫瑰金不锈钢装饰线 80mm×1.0mm	m	19.1
玫瑰金不锈钢装饰线 20mm×10mm×1.0mm	m	11.4
玫瑰金不锈钢装饰线 10mm×5mm×1.0mm	m	5.7
玫瑰金不锈钢装饰线（异形，最大截面45mm×35mm）	m	18.5
玫瑰金不锈钢 40mm×40mm×1.0mm	m	30.4
木装饰线（异形，最大截面100mm×45mm）	m	8.2
大理石装饰线（异形，最大截面200mm×75mm）	m	85
浅色斑马木木饰面	m²	21
防火胶合板	m²	46
20mm 厚意大利木纹大理石	m²	400
6mm 清镜	m²	42.6
1mm 玫瑰金不锈钢板	m²	190
5+5 夹层钢化玻璃	m²	163
柜门锁	个	5
柜门拉手	个	12
柜门铰链	对	8
不锈钢毛巾架（杆）	套	75
不锈钢挂钩	副	55
不锈钢卫生纸盒	个	50
镀锌角钢	kg	5.28
42.5 白色硅酸盐水泥	kg	0.72
内墙乳胶漆 多乐士（底漆）	kg	28
内墙乳胶漆 多乐士（面漆）	kg	34
电（机械用）	kW·h	0.86

2. 计算过程

以毛巾杆（架）为例计算综合单价：

人工费：1.746×102=178.09 元 /100 副

材料费：101×75+81.6×0.17=7588.87 元 /100 副

机械费：0 元 /100 副

管理费：12.53 元 /100 副

利润：178.09×18%=32.06 元 /100 副

小计：7811.55 元 /100 副

合计：7811.55×2/100=156.23 元

故其综合单价为：156.23/2=78.12 元 / 副

3.综合单价分析表的填写

按以上计算过程填写综合单价分析表，以柜类、货架；压条、装饰线；扶手、栏杆、栏板装饰；浴厕配件及补充清单各一例填写综合分析表（详见表 2-95 ～表 2-99）。

综合单价分析表　　　　　　　　　　　表 2-95

工程名称：某公寓样板房装饰工程　　　　　标段：精装修　　　　第 1 页　共 5 页

项目编码	011501008001	项目名称	木壁柜	计量单位	个	工程量	1

清单综合单价组成明细

定额编号	定额项目名称	定额单位	数量	单价				合价			
				人工费	材料费	机械费	管理费和利润	人工费	材料费	机械费	管理费和利润
A15-46换	存包柜	m²	3.38	188.09	361.8	26.84	50.66	635.74	1189.08	90.72	171.23
A16-22	木材面油硝基清漆	100m²	0.070	6421.41	1064.12	0	1639.7	451.43	76.21	0	115.27
人工单价			小计					1087.17	1265.30	90.72	286.50
102 元 / 工日			未计材料费					0			
清单项目综合单价								2729.69			

材料费明细	主要材料名称、规格、型号	单位	数量	单价（元）	合价（元）	暂估单价（元）	暂估合价（元）
	滑石粉	kg	0.0077	1	0.01		
	大白粉	kg	0.4218	0.2	0.08		
	乳液	kg	1.4568	5.8	8.45		
	石膏粉	kg	0.0063	1.1	0.01		
	万能胶 1kg/ 瓶	kg	7.2805	14.56	106		
	柜门铰链	对	10.7754	8	86.2		
	防火胶合板集安 12	m²	7.0236	46	323.09		

项目编码	011501008001	项目名称	木壁柜	计量单位	个	工程量		1
材料费明细		木封边条 25×5	m	44.3794	0.44	19.53		
		柜门拉手	个	10.7754	12	129.3		
		柜门锁	个	3.5929	5	17.96		
		乳胶漆	kg	0.0112	42	0.47		
		硝基清漆	kg	1.8981	15	28.47		
		骨胶	kg	0.0134	4.41	0.06		
		硝基漆稀释剂（天那水）	kg	4.559	8.96	40.85		
		色粉	kg	0.0028	6.5	0.02		
		地蜡（砂蜡）	kg	0.1378	8.08	1.11		
		光蜡	kg	0.0457	7.75	0.35		
		浅色斑马木木饰面 3mm	m²	22.8826	21	480.53		
		其他材料费			–	22.79		–
		材料费小计			–	1265.30		

综合单价分析表　　　　　　　表 2-96

工程名称：某公寓样板房装饰工程　　　　　　　　标段：精装修　　　　　　第 2 页　共 5 页

项目编码	011502001001	项目名称	金属装饰线	计量单位	m	工程量	4.4

清单综合单价组成明细

定额编号	定额项目名称	定额单位	数量	单价				合价			
				人工费	材料费	机械费	管理费和利润	人工费	材料费	机械费	管理费和利润
A14-35 换	金属装饰线	100m	0.01	255.2	1572.57	0	66.19	2.55	15.73	0	0.66
人工单价			小计					2.55	15.73	0	0.66
102 元／工日			未计材料费					0			
			清单项目综合单价					18.94			

材料费明细	主要材料名称、规格、型号	单位	数量	单价（元）	合价（元）	暂估单价（元）	暂估合价（元）
	玻璃胶	L	0.0028	36.46	0.1		

续表

项目编码	011502001001	项目名称	金属装饰线	计量单位	m	工程量		4.4
材料费明细	玫瑰金不锈钢装饰线 L40mm×1.0mm		m	1.02	15.2	15.5		
	其他材料费				–	0.12		–
	材料费小计				–	15.72		–

综合单价分析表　　　　　　　　　　表 2-97

工程名称：某公寓样板房装饰工程　　　　　　　标段：精装修　　　　　第 3 页　共 5 页

项目编码	011503001001	项目名称	金属扶手、栏板	计量单位	m	工程量	6.56

清单综合单价组成明细

定额编号	定额项目名称	定额单位	数量	单价				合价			
				人工费	材料费	机械费	管理费和利润	人工费	材料费	机械费	管理费和利润
A14-132 换	不锈钢扶手	100m	0.01	925.34	7434.46	146.25	261.59	9.25	74.34	1.46	2.62
A14-130 换	全玻璃栏板	100m	0.01	2908.22	36042.84	20.27	757.13	29.08	360.43	0.2	7.57
人工单价		小计						38.34	434.77	1.67	10.19
102 元 / 工日		未计材料费						0			
清单项目综合单价								484.97			

材料费明细	主要材料名称、规格、型号	单位	数量	单价（元）	合价（元）	暂估单价（元）	暂估合价（元）
	白棉纱	kg	0.02	12.29	0.25		
	低碳焊条（综合）	kg	0.011	4.9	0.05		
	氩气	m³	0.02	19.59	0.39		
	不锈钢焊条	kg	0.02	24.5	0.49		
	钨棒	kg	0.01	25	0.25		
	玫瑰金不锈钢 1.0mm	m²	0.49	190	93.1		
	玫瑰金不锈钢扶手 40mm×40mm×1.0mm	m	2.4083	30.4	73.21		
	其他材料费			–	267.03	–	
	材料费小计			–	434.77	–	

综合单价分析表 表 2-98

工程名称：某公寓样板房装饰工程　　　　　　标段：精装修　　　　　第 4 页 共 5 页

项目编码	011505006001	项目名称	毛巾杆（架）	计量单位	套	工程量	2

清单综合单价组成明细

定额编号	定额项目名称	定额单位	数量	单价				合价			
				人工费	材料费	机械费	管理费和利润	人工费	材料费	机械费	管理费和利润
A20-9	不锈钢毛巾杆（架）	100 副	0.01	178.09	7588.87	0	44.59	1.78	75.89	0	0.45
人工单价		小计						1.78	75.89	0	0.45
102 元 / 工日		未计材料费						0			
清单项目综合单价								78.12			

材料费明细	主要材料名称、规格、型号	单位	数量	单价（元）	合价（元）	暂估单价（元）	暂估合价（元）
	不锈钢毛巾架成品	副	1.01	75	75.75		
	木螺钉 M3.5×22 ~ 25	10 个	0.816	0.17	0.14		
	材料费小计			–	75.89	–	

综合单价分析表 表 2-99

工程名称：某公寓样板房装饰工程　　　　　　标段：精装修　　　　　第 5 页 共 5 页

项目编码	001B001	项目名称	装饰件安装	计量单位	件	工程量	1

清单综合单价组成明细

定额编号	定额项目名称	定额单位	数量	单价				合价			
				人工费	材料费	机械费	管理费和利润	人工费	材料费	机械费	管理费和利润
A14-91 换	挂壁装饰物	100 件	0.01	5783.4	70.2	0	1086.9	57.83	0.7	0	10.87
人工单价		小计						57.83	0.7	0	10.87
102 元 / 工日		未计材料费						0			
清单项目综合单价								69.4			

材料费明细	主要材料名称、规格、型号	单位	数量	单价（元）	合价（元）	暂估单价（元）	暂估合价（元）
	其他材料费			–	0.7	–	
	材料费小计			–	75.89	–	

4. 分部分项工程和单价措施项目清单与计价表的填写

各分部分项工程量综合单价计算完成后，填写分部分项工程和单价措施项目清单与计价表（详见表 2-100）。

分部分项工程和单价措施项目清单与计价表　　　　　表 2-100

工程名称：某公寓样板房装饰工程　　　　　　　　　　　　　　　　　标段：精装修

序号	项目编码	项目名称	项目特征描述	计量单位	工程量	金额（元）		
						综合单价	合价	其中
								暂估价
1	011501008001	木壁柜	1. 台柜规格：1610mm×2100mm×300mm 2. 材料种类、规格：一等枋材（规格详见设计）、12mm 厚防火胶合板、木饰面板 3. 五金种类、规格：飞机合页、塑钢拉手 4. 油漆品种、刷漆遍数：柜类板面及层板油硝基清漆（叻架）2 度	个	1	2729.66	2729.66	
2	011501008002	木壁柜	1. 台柜规格：2020mm×2100mm×385mm 2. 材料种类、规格：一等枋材（规格详见设计）、12mm 厚防火胶合板、木饰面板 3. 五金种类、规格：飞机合页、塑钢拉手 4. 油漆品种、刷漆遍数：柜类板面及层板油硝基清漆（叻架）2 度	个	1	2959.65	2959.65	
3	011501011001	矮柜（卫生间洗手柜）	1. 台柜规格：1240mm×500mm×550mm 2. 材料种类、规格：20mm 厚意大利木纹大理石台面、12mm 厚防火胶合板、防火饰面板 3. 五金种类、规格：飞机合页、门柜拉手 4. 骨架种类：镀锌角钢骨架	个	1	1867.18	1867.18	
4	011501011002	矮柜（卫生间洗手柜）	1. 台柜规格：1310mm×500mm×550mm 2. 材料种类、规格：20mm 厚意大利木纹大理石台面、12mm 厚防火胶合板、防火饰面板 3. 五金种类、规格：飞机合页、门柜拉手 4. 骨架种类：镀锌角钢骨架	个	1	1870.23	1870.23	
5	011502001001	金属装饰线	1. 线条材料品种：玫瑰金不锈钢 2. 线条材料规格：L40mm×1.0mm	m	4.4	18.94	83.34	

续表

序号	项目编码	项目名称	项目特征描述	计量单位	工程量	金额（元）		其中
						综合单价	合价	暂估价
6	011502001002	金属装饰线	1.线条材料品种：玫瑰金不锈钢 2.线条材料规格：100mm×1.0mm	m	3.4	24.82	84.39	
7	011502001003	金属装饰线	1.基层材料种类、规格：夹板12mm厚 2.线条材料品种：玫瑰金不锈钢 3.线条材料规格：120mm×1.0mm	m	2.1	34.33	72.09	
8	011502001004	金属装饰线	1.线条材料品种：玫瑰金不锈钢 2.线条材料规格：80mm×1.0mm	m²	4.25	22.98	97.67	
9	011502001005	金属装饰线	1.线条材料品种：玫瑰金不锈钢 2.线条材料规格：20mm×10mm×1.0mm	m	18	15	270	
10	011502001006	金属装饰线	1.线条材料品种：玫瑰金不锈钢 2.线条材料规格：10mm×5mm×1.0mm	m	20.29	9.19	186.47	
11	011502001007	金属装饰线	1.线条材料品种：玫瑰金不锈钢 2.线条材料规格：异形（详见施工图）	m	13.34	22.3	297.48	
12	011502002001	木装饰线	1.线条材料品种、规格、颜色：100mm×50mm杉木饰线 2.防护材料种类：满刮腻子三遍、乳胶漆底漆一遍、面漆二遍	m	5.8	52	301.6	
13	011502002002	木装饰线	1.线条材料品种、规格、颜色：100mm×50mm杉木饰线 2.防护材料种类：聚氨酯漆三遍	m	5	9.99	49.95	
14	011502002003	木装饰线	1.线条材料品种、规格、颜色：20mm×20mm木收口线 2.防护材料种类：聚氨酯漆三遍	m	5.27	8.89	46.85	
15	011502003001	石材装饰线	线条材料品种、规格：200mm×75mm大理石装饰直线	m	20.65	138.31	2856.1	
16	011503001001	金属扶手、栏杆、栏板	1.扶手材料种类、规格：40mm×40mm玫瑰金不锈钢扶手 2.栏板材料种类、规格：5mm+5mm夹胶双钢化玻璃（全玻）	m	6.56	484.97	3181.4	
17	011505006001	毛巾杆（架）	材料品种、规格、品牌、颜色：成品不锈钢毛巾杆（架）	套	2	78.12	156.24	
18	011505007001	毛巾环	材料品种、规格、品牌、颜色：成品不锈钢挂钩	副	3	57.46	172.38	

续表

序号	项目编码	项目名称	项目特征描述	计量单位	工程量	金额（元）		其中
						综合单价	合价	暂估价
19	011505008001	卫生纸盒	材料品种、规格、品牌、颜色：成品不锈钢卫生纸盒	个	2	54.13	108.26	
20	011505011001	镜箱	1. 箱体材质、规格：一等枋材（规格详见设计）、12厚防火胶合板、木饰面板、1140mm×950mm×140mm 2. 玻璃品种、规格：6mm厚清镜，1.0mm玫瑰金包边 3. 油漆品种、刷漆遍数：柜类板面及层板油硝基清漆（叻架）2度	个	1	830.88	830.88	
21	011505011002	镜箱	1. 箱体材质、规格：一等枋材（规格详见设计）、12厚防火胶合板、木饰面板、1220mm×950mm×140mm 2. 玻璃品种、规格：6mm厚清镜，1.0mm玫瑰金包边 3. 油漆品种、刷漆遍数：柜类板面及层板油硝基清漆（叻架）2度	个	1	890.84	890.84	
22	01B001	装饰件安装	1. 仿金属欧式画框（甲供）成品保护及安装施工 2. 规格、尺寸：1740mm×1800mm 3. 其他：综合考虑	件	1	69.4	69.4	
			合计				19182.56	

【能力拓展】

1. 某校实训楼要求在北立面外墙上安装金属美术字（见图 2-53），假设每个字的外围尺寸是 1800mm×1200mm。根据工程量清单计算规则，试计算该分部分项工程清单工程量，并编制工程量清单。结合当地的计价依据及当地的价格进行组价，并计算出综合单价。

实训大楼

图 2-53 美术字安装示意图

计算提示：

（1）美术字的清单怎么列项、计算规则是什么？

（2）美术字的计算规则，该怎么计算？

2. 某雨棚工程图纸见图 2-54～图 2-61，（其中所有外露钢结构表面需喷漆，面漆颜色为乳白色），试根据工程量清单计算规则，试计算该分部分项工程清单工程量量，并编制工程量清单。结合当地的计价依据及当地的价格进行组价，并计算出综合单价。

计算提示：

（1）雨篷的清单怎么列项、计算规则是什么？

（2）按雨篷的计算规则，该怎么计算？

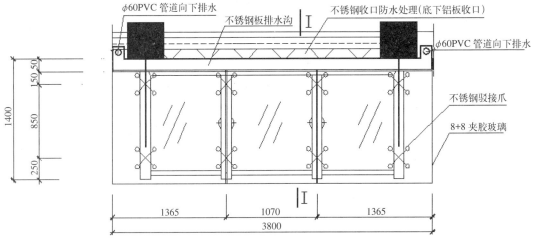

图 2-54　YP-1 平面图

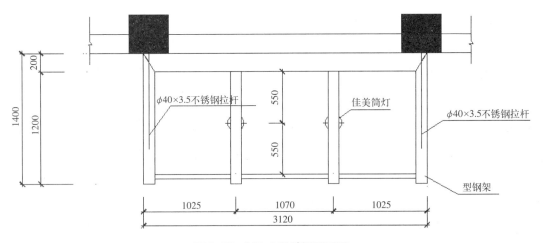

图 2-55　YP-1 悬臂梁平面图

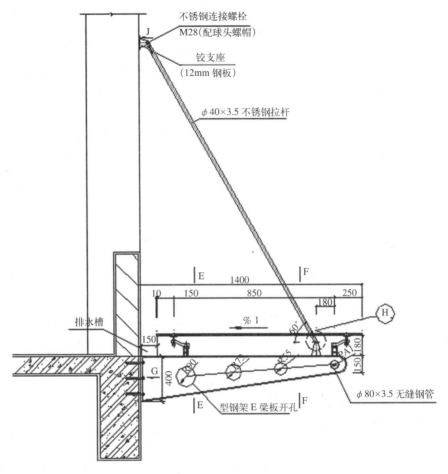

图 2-56 I-I 剖面图

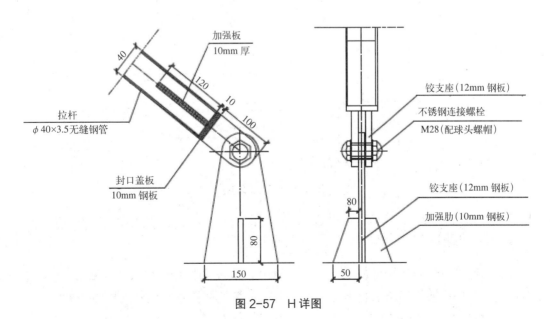

图 2-57 H 详图

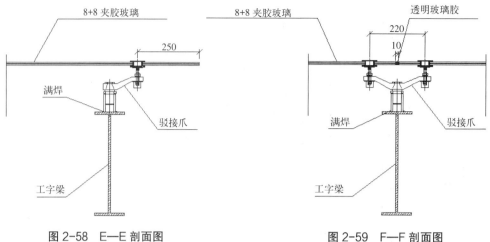

图 2-58　E—E 剖面图　　　　　　　　图 2-59　F—F 剖面图

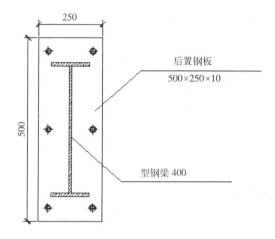

图 2-60　G 向视图

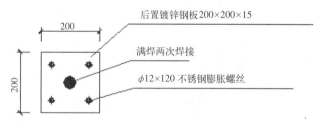

2-61　J 向俯视图

【项目训练】

某别墅为三层，其 2 号楼梯平面图、剖面图、扶手及栏杆做法大样（见图 2-62 ～图 2-68），所有外露铁件均涂黑色调和漆二遍。请计算楼梯扶手、栏杆工程的清单工程量；编制工程量清单；结合本地的计价依据进行组价，并计算综合单价。

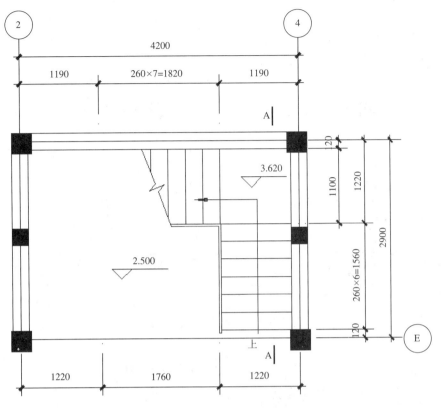

图 2-62　2 号楼梯二层平面图

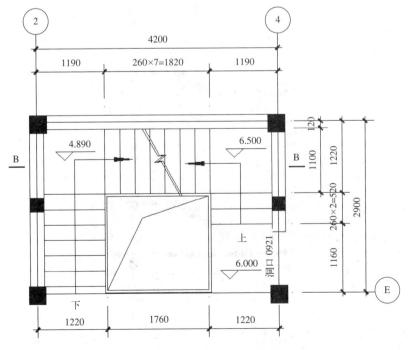

图 2-63　2 号楼梯三层平面图

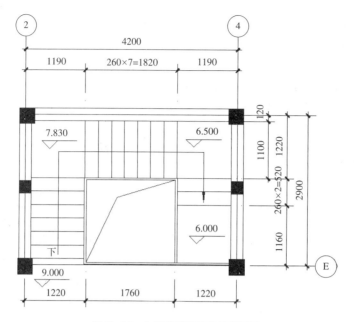

图 2-64　2 号楼梯屋面层平面图

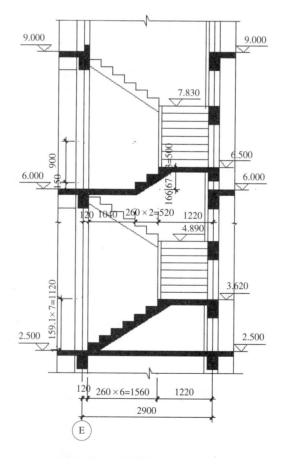

图 2-65　2 号楼梯 A—A 剖面图

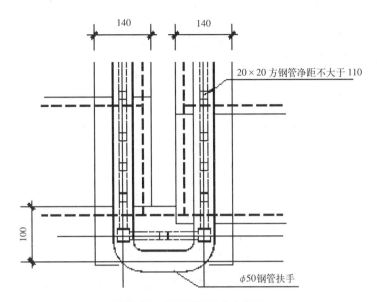

图 2-66　2 号楼梯弯头大样图

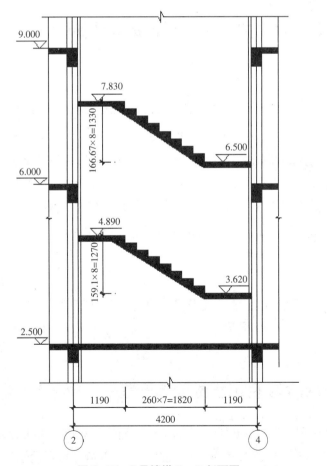

图 2-67　2 号楼梯 B—B 剖面图

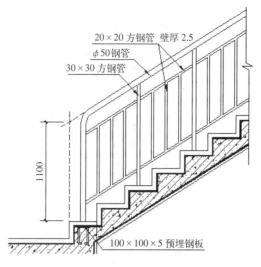

图 2-68　2 号楼梯扶手、栏杆大样图

任务 2.7　单价措施项目计量与计价

【任务描述】

　　本任务是通过某公寓样板房装饰工程施工图中单价措施项目计量与计价的学习，使学生能够识读某公寓样板房工程装饰施工图；了解该样板房装饰工程中所用单价措施项目的施工工艺；掌握单价措施项目工程量计算规范；能够根据装饰工程施工图，计算单价措施项目清单工程量，最终编制出单价措施项目的工程量清单；掌握当地装饰工程计价定额中单价措施项目的定额项目划分及工程量计算规则；根据编制的单价措施项目工程量清单，填写综合单价分析表，从而最终确定清单项目的综合单价。

【知识构成】

2.7.1　脚手架项目工程量清单设置

　　本工程是单独装修工程，可能涉及的单价措施项目有脚手架工程及垂直运输，但是由于装饰材料的市场价是到工地的价钱，故本工程不考虑垂直运输，仅仅考虑脚手架。本工程位于广东省，所以脚手架项目的计算规则执行广东省结合本省的实际就国家标准

《房屋建筑与装饰工程工程量计算规范》GB 50584—2013 等计算规范所发的粤建造发[2013]4 号文的规定。

2.7.2　与装饰工程相关的常见脚手架

脚手架是指施工现场为工人操作并解决垂直和水平运输而搭设的各种支架。下面就装饰工程可能会搭设的几种脚手架进行介绍：

（1）综合脚手架：是指沿建筑物周边（外墙外围）搭设的脚手架，用于外墙砌筑和装修施工，包括了脚手架、平桥、斜桥、平台、护栏、挡脚板、安全网等，高层脚手架 50.5~200.5m 还包括托架和拉杆费用。

（2）单排脚手架：是指为完成外墙局部的个别部位和个别构件、构筑物的施工（砌筑、混凝土墙浇捣、柱浇捣、装修等）及安全所搭设的脚手架。

（3）满堂脚手架：是指满堂基础达到一定深度，为完成满堂基础的施工而在整个工作范围搭设的脚手架；层高达到一定的高度，进行室内天棚的装饰施工而在整个工作范围搭设的脚手架。

（4）活动脚手架：是便于墙柱砌筑、捣制、装饰及天棚的可搭设架子及桥板的一种架子。

2.7.3　单独承包建筑物装饰工程涉及的常用脚手架 2010 年《广东省建筑与装饰工程综合定额》计算规则（适用于建筑物装饰面高度在 1.2m 以上需要搭设脚手架的工程）

1. 外墙综合脚手架工程量，按外墙外边线的凹凸（包括凸出阳台）总长度乘以设计外地坪至外墙装饰面高度以面积计算；不扣除门、窗、洞口及穿过建筑物的通道的空洞面积。屋面上的楼梯间、水池、电梯机房等脚手架，并入主体工程量计算。

外墙综合脚手架的步距和计算高度，按以下情形分别计算：

（1）有山墙者，以山尖 1/2 高度计算，山墙高度的步距以檐口高度为准；

（2）上层外墙或裙楼上有缩入的塔楼者，工程量分别计算。裙楼的高度和步距应按设计外地坪至外墙装饰面的高度计算；缩入的塔楼从缩入面计至外墙装饰面高度计算，但套用定额步距的高度应从设计外地坪计至外墙装饰面的高度。

2. 多层建筑物，上层飘出的，按最长一层的外墙长度计算综合脚手架；下层有收进的，收进部分按围护面垂直投影面积，套相应高度单排脚手架。

3. 高度在 1.5m 以上的雨篷（顶层雨篷除外）檐口装饰，如没有计算综合脚手架的，按单排脚手架计算。

4. 外墙内面装饰和内墙砌筑、装饰脚手架，按实际搭设长度乘以高度以面积计算。

5. 外走廊、阳台的外墙、走廊柱及独立柱的砌筑、捣制、装饰和外墙内面装饰的脚手架，高度在 3.6m 以内的按活动脚手架的子目执行；高度超过 3.6m 的按单排脚手架子目执行。

6. 天棚装饰脚手架，楼层高度在 3.6m 以内时按天棚面积计算，套活动脚手架；超过 3.6m 时按室内净面积计算，套满堂脚手架，当高度在 3.6 ~ 5.2m 时，按满堂脚手架基本层计算，超过 5.2m 每增加 1.2m 按增加一层计算，不足 0.6m 的不计算。

7. 天棚面单独刷（喷）灰水时，楼层高度在 5.2m 以下者，不计算脚手架，高度在 5.2 ~ 10m 者，按满堂脚手架基本层的 50% 计算。

课堂活动

活动 1　识读图纸

某公寓复式样板房装修工程为单独承包的建筑装饰工程，从立面可以读出其室内净高有 4.2m 和 2.1m，楼层高度有均超过 1.2m，需要搭设脚手架。那么，在哪些分部分项工程施工时需要搭设脚手架呢？墙面装饰工程和天棚工程施工时是需要搭设脚手架的。按前面的计算规则，墙面装饰工程和天棚工程以楼层高度 3.6m 为分界点，楼层高度超过 3.6m 墙面装饰所需的脚手架按单排脚手架计算，楼层高度 3.6m 以内按活动脚手架计算；楼层高度超过 3.6m 天棚装饰所需脚手架按单排脚手架计算，3.6m 以内按活动脚手架计算。从客厅立面图可以读出客厅室内净高是 4.2m，其墙面装饰工程所需搭设的脚手架按单排脚手架考虑，天棚工程所需搭设的脚手架按满堂脚手架考虑。其他房间立面图可以读出其他房间的室内净高为 2.2m，其墙面装饰工程所需搭设的脚手架按活动脚手架考虑，天棚工程所需搭设的脚手架按活动脚手架考虑。

活动 2　脚手架项目工程清单工程量的计算

1. 工程量清单的熟悉

从上面的活动中，可以知道本装饰工程所用脚手架为单排脚手架、满堂脚手架和活动脚手架。根据广东省造价总站关于实施《房屋建筑与装饰工程量计算规范》GB 50854—2013（粤建造发 [2013]4 号）的规定，将与本工程相关的规则整理后汇总见表 2-101。

图纸涉及措施项目工程量清单项目及计算规则　　　　　　　　　　表 2-101

工程名称：某公寓样板房装饰工程　　　　　　　　　　　　　　　　　　　　　标段：精装修

项目编码	项目名称	项目特征	计量单位	工程量计算规则	工作内容
粤 011701009	单排钢管脚手架	搭设高度	m²	按 2010 年《广东省建筑与装饰工程综合定额》"脚手架工程"工程量计算规则相关规定计算	1. 场地、场外材料搬运 2. 搭设 3. 拆除脚手架后材料堆放
粤 011701010	满堂脚手架				
粤 011701012	活动脚手架				

2. 清单工程量的计算

根据某公寓样板房某公寓复式下层墙体开线及墙身说明图（见附图）和复式上层墙体开线及墙身说明地面材质开线图（见附图）及各房间立面图等图纸，结合上表中的计算规则，可以计算出清单工程量。计算过程如下：

（1）单排脚手架

结合脚手架计算规则及施工图纸，单排脚手架的搭设位置是客厅，从客厅立面图可以读出脚手架的搭设高度是 4.4m，搭设长度是客厅的室内净周长，从复式下层墙体开线及墙身说明图可以计算出客厅的净周长为（3.73+4.15）×2=15.76m（见图 2-69），其搭设面积为：$S=15.76×4.4=69.34m^2$

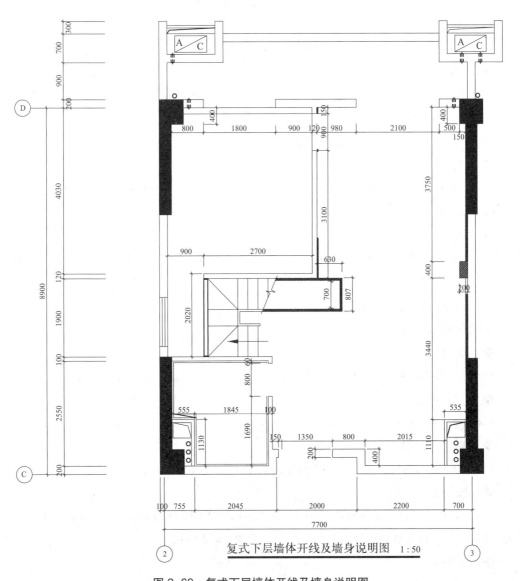

复式下层墙体开线及墙身说明图 1：50

图 2-69 复式下层墙体开线及墙身说明图

（2）满堂脚手架

满堂脚手架搭设位置为客厅，其搭设面积是室内净面积，根据图 2-68：

$S = (0.98+2.1+0.5+0.15) \times (0.4+3.75) +0.1 \times 1.55=15.63m^2$

（3）活动脚手架（墙柱面装饰）

◆　次卧：

$S1 = (4.03–0.2–0.6+4.0–0.2–0.6+0.8+2.7) \times 2.2=21.91m^2$

◆　次卧通道：

$S2 = (1.9+0.6+0.9) \times 2 \times 2.2=14.96m^2$

◆　复式下层卫生间：

$S3 = (0.555+1.845+1.69+0.8+0.06) \times 2 \times 2.2=21.78m^2$

◆　餐厅：

$S4 = (0.15+1.35+0.8+0.4+2.015+0.535+1.1+3.44+2.25) \times 2.2=26.49m^2$

◆　主卧：

$S5 = (4.03–0.2–0.6+4.0–0.2–0.6+0.8+2.7) \times 2.1=20.92m^2$

◆　主卧通道：

$S6 = (1.9+0.6+0.9) \times 2 \times 2.1=14.28m^2$

◆　衣帽间／工作间：

$S7 = (0.6+2.13+1.4+0.4+2.015+0.535+1.11+3.44+0.98+2.1+0.5+0.15+0.05) \times 2.1=32.36m^2$

◆　楼梯：

$S8=0.807 \times 2.2+ (1.35 \times 1.85+0.583 \times 2.025+0.875 \times 1.55+0.75 \times 1.25) \times 2=13.72m^2$

$S= S1+ S2+ S3 +S4+ S5+ S6+ S7+S8=166.43m^2$

（4）活动脚手架（天棚装饰）

按天棚的面积计算：

◆　次卧：

$S1 = (4.03–0.2–0.6) \times (2.7+0.8) +0.1 \times (4.03–0.6–2.6) –0.3 \times 0.2=11.33m^2$

◆　次卧通道：

$S2 = (1.9+0.6) \times 0.9=2.25m^2$

◆　复式下层卫生间：

$S3 = (0.555+1.845) \times (1.69+0.8+0.06) –0.4 \times 0.3=6m^2$

◆　餐厅：

$S4 = (2.015+0.535) \times 0.4+ (0.15+1.35+0.8+2.015+0.535) \times (1.1+3.44–0.4) + (0.9+2.7+0.12+0.63–0.1–0.555–1.845–0.1) \times 0.807=22.51m^2$

◆　主卧：

$S5 = (4.03–0.2–0.6) \times (2.7+0.8) +0.1 \times (4.03–0.6–2.6) –0.3 \times 0.2=11.33m^2$

◆ 主卧通道：

$S6=（1.9+0.6）×0.9=2.25m^2$

◆ 衣帽间／工作间：

$S7=（2.215+0.535）×0.4+（1.4+2.015+0.535）×2.13+（1.4+2.015+0.535-0.6）×（0.12+1.12）+（1.4+2.015+0.535-0.6-0.25）×0.78=16.09m^2$

◆ 楼梯底：

$S8=0.807×（0.583+1.35+0.875）=2.27m^2$

$S=S1+S2+S3+S4+S5+S6+S7+S8=74.03m^2$

工程量计算表　　　　　　　　　　　　表 2-102

工程名称：某公寓样板房装饰工程　　　　　　　　　　　　　　　　标段：精装修

项目名称	工程量计算式	单位	计算结果
单排脚手架	$S=69.34m^2$	m^2	69.34
满堂脚手架	$S=15.63m^2$	m^2	15.63
活动脚手架	$S=166.43m^2$	m^2	166.43
活动脚手架	$S=74.03m^2$	m^2	74.03

活动 3　脚手架项目工程量清单的编制

根据图纸、表 2-101、表 2-102，编制工程量清单见表 2-103。

分部分项工程量清单　　　　　　　　　　　　表 2-103

工程名称：某公寓样板房装饰工程　　　　　　　　　　　　　　　　标段：精装修

项目编码	项目名称	项目特征	工作内容	计量单位	工程量
粤 011701009001	单排脚手架	搭设高度 4.4m	1. 场地、场外材料搬运 2. 搭设 3. 拆除脚手架后材料堆放	m^2	69.34
粤 011701010001	满堂脚手架	搭设高度 4.4m	1. 场地、场外材料搬运 2. 搭设 3. 拆除脚手架后材料堆放	m^2	15.63
粤 011701012001	活动脚手架	搭设高度 2.2m、2.1m	1. 场地、场外材料搬运 2. 搭设 3. 拆除脚手架后材料堆放	m^2	166.43
粤 011701012001	活动脚手架	搭设高度 2.2m、2.1m	1. 场地、场外材料搬运 2. 搭设 3. 拆除脚手架后材料堆放	m^2	74.03

活动 4   单价措施项目清单组价对应定额子目的列出

参考 2013 年《广东省建筑与装饰工程工程量清单指引》，根据表 2-103 中的清单项目的特征及工作内容，列出清单对应的定额子目，见表 2-104。

表 2-104

单价措施项目清单组价对应的定额子目

工程名称：某公寓样板房装饰工程　　　　　　　　　　　　　　　　　　标段：精装修

项目编码	项目名称	工作内容	特征	对应的综合定额子目
粤 011701009001	单排脚手架	场地、场外材料搬运；搭设；拆除脚手架后材料堆放	搭设高度 4.4m	A22-22
粤 011701010001	满堂脚手架	场地、场外材料搬运；搭设；拆除脚手架后材料堆放	搭设高度 4.4m	A22-26
粤 011701012001	活动脚手架	场地、场外材料搬运；搭设；拆除脚手架后材料堆放	搭设高度 2.2m、2.1m	A22-128
粤 011701012001	活动脚手架	场地、场外材料搬运；搭设；拆除脚手架后材料堆放	搭设高度 2.2m、2.1m	A22-129

活动 5   计价工程量的计算

参照 2010 年《广东省建筑与装饰工程定额》，将表 2-104 中出现的定额子目相关的计算规则汇总见表 2-105。

表 2-105

单价措施项目清单组价对应定额子目工程量计算规则

工程名称：某公寓样板房装饰工程　　　　　　　　　　　　　　　　　　标段：精装修

定额项目	计量单位	计算规则
单排脚手架	m²	按实际搭设长度乘以高度以面积计算
满堂脚手架	m²	按室内净面积计算，其高度在 3.6m 至 5.2m 按满堂脚手架基本层计算，超过 5.2m 每增加 1.2m 按增加一层计算，不足 0.6m 的不计
墙柱面装饰活动脚手架	m²	按实际搭设长度乘以高度以面积计算
天棚面装饰活动脚手架	m²	按天棚面积计算

由于清单工程量计算规则和计价工程量计算规则相同，故不需要计算定额子目工程量。

活动 6   脚手架项目工程量清单综合单价的计算

1. 分部分项工程量清单综合单价计算的相关说明

在分部分项工程量清单综合单价计算过程中：

（1）消耗量按照 2010 年《广东省建筑与装饰工程综合定额》计取；

（2）人工单价为 102 元 / 工日；材料单价见表 2-106；

（3）利润按人工费的 18% 计算。

材料价格表　　　　　　　　　　　　　　　表 2-106

工程名称：某公寓样板房装饰工程　　　　　　　　　　　　　标段：精装修

材料名称	计量单位	单价（元）
$\phi51\times3.5$ 脚手架钢管	m	16.66
$\phi0.7\sim1.2$ 镀锌低碳钢丝	kg	6.38
松杂直边板	m^3	1265.59
松杂板枋材	m^3	1349.05
电（机械用）	$kW\cdot h$	0.86

2. 计算过程

以墙柱面活动脚手架为例进行综合单价计算：

人工费：$1.5\times102=153$ 元 /100m²

材料费：0

机械费：0

管理费：11.8 元 /100m²

利润：$153\times18\%=27.54$ 元 /100m²

小计：192.34 元 /100m²

合计：$192.34\times166.43/100=320.11$ 元

故其综合单价为：$320.11/166.43=1.92$ 元 /m²

3. 综合单价分析表的填写

按以上计算过程填写综合单价分析表（详见表 2-107）。

综合单价分析表　　　　　　　　　　　　　　表 2-107

工程名称：某公寓样板房装饰工程　　　　　　标段：精装修　　　　第 1 页　共 1 页

项目编码	粤011701012001	项目名称	活动脚手架	计量单位	m²	工程量	

清单综合单价组成明细

定额编号	定额项目名称	定额单位	数量	单价				合价			
				人工费	材料费	机械费	管理费和利润	人工费	材料费	机械费	管理费和利润
A22-128	墙柱面活动脚手架	100m²	0.01	153	0	0	39.34	1.53	0	0	0.39

续表

项目编码	粤 011701012001	项目 名称	活动脚手架	计量单位	m²	工程量		
人工单价		小计			1.53	0	0	0.39
102元/工日		未计材料费			0			
清单项目综合单价					1.92			

材料费明细	主要材料名称、规格、型号	单位	数量	单价（元）	合价（元）	暂估单价（元）	暂估合价（元）
					—		

4. 分部分项工程和单价措施项目清单与计价表的填写

各分部分项工程量综合单价计算完成后，填写分部分项工程和单价措施项目清单与计价表（详见表 2-108）。

分部分项工程和单价措施项目清单与计价表　　　　　表 2-108

工程名称：某公寓样板房装饰工程　　　　　　　　　　　　　　　　标段：精装修

序号	项目编码	项目名称	项目特征描述	计量单位	工程量	金额（元）		
						综合单价	合价	其中 暂估价
1	粤 011701009001	单排脚手架	搭设高度 4.4m	m²	69.34	7.42	514.5	
2	粤 011701010001	满堂脚手架	搭设高度 4.4m	m²	15.63	11.55	180.53	
3	粤 011701012001	活动脚手架	搭设高度 2.2m	m²	166.43	1.92	319.55	
4	粤 011701012002	活动脚手架	搭设高度 2.2m	m²	74.03	4.61	341.28	
			合计				1355.86	

【能力拓展】

1. 上面的工程在什么情况下可以计取垂直运输费用?

2. 某工程外墙需刷漆翻新, 其Ⓐ～Ⓒ立面图见图 2-70, 试根据工程量清单计算规则, 计算粉刷时需要的脚手架清单工程量, 并结合当地的计价依据及当地的价格进行组价, 并计算出综合单价。

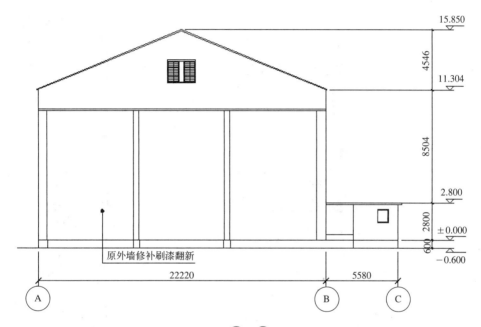

图 2-70 Ⓐ～Ⓒ立面图

计算提示:

(1) 对于单独装饰工程垂直运输的作用是什么?

(2) 外立面装饰工程需要计取那种类型的脚手架?

【项目训练】

1. 某别墅为三层, 其首层层高为 3.2m, 二层楼板厚度为 100mm, 其首层墙体开线图与首层天花开线与索引图如下(见图 2-71), 首层厨房及卫生间墙面贴瓷砖, 其余墙面为乳胶漆, 天花面为乳胶漆。请计算首层插入墙面装饰及天棚装饰用脚手架的清单工程量;编制工程量清单;结合本地的计价依据, 进行组价;并计算综合单价。

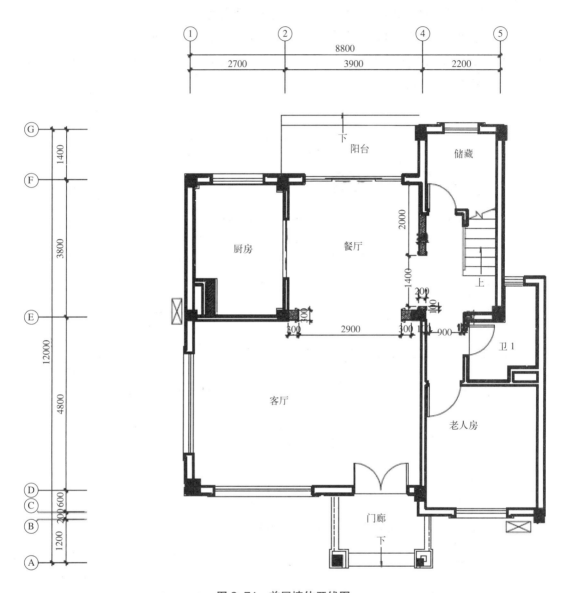

图 2-71 首层墙体开线图

2. 如上题首层层高分别为 3.8m、5.4m、5.9m 时，请计算首层装饰用脚手架的清单工程量；编制工程量清单；结合本地的计价依据，进行组价；并计算综合单价。

项目 3
装饰工程工程量清单报价书的编制

【项目概述】

　　通过本项目的学习，学生能够：根据装饰工程中各分部分项工程量清单计价表的数据内容，编制完整的装饰工程工程量清单报价书，主要包括分部分项工程量清单计价表、措施项目清单计价表、其他项目清单计价表、规费和税金项目计价表等。

【岗位情景】

　　经过紧张的计算，小王完成了分部分项工程和清单措施项目计量与计价，准备编制工程量清单报价书，请问小王该如何编制呢？请带着问题学习。

任务 3.1　分部分项工程和单价措施项目清单报价

【任务描述】

　　本任务是通过位于广东省广州市的某公寓样板房装饰工程各分部分项工程和单价措施项目清单与计价表中分部分项工程和单价措施项目费用的汇总，让学生熟悉分部分项工程和单价措施项目清单计价表的组成；能根据《建筑工程工程量清单计价规范》GB 50500—2013，结合工程实际编制分部分项工程和单价措施项目清单计价表。

【知识构成】

分部分项工程量清单是由招标人按照《建筑工程工程量清单计价规范》GB 50500—2013 中的项目编码、项目名称、项目特征、计量单位和工程量计算规则进行编制。招标人必须按照规定执行,不得因情况不同而变动。

分部分项工程量清单的综合单价是指完成单位分部分项工程量清单中一个规定计量单位项目所需的人工费、材料费、机械使用费、管理费和利润,并考虑风险因素等费用。应按照设计文件或参照《建筑工程工程量清单计价规范》GB 50500—2013 附录的工程内容确定。

分部分项工程和单价措施项目清单与计价表(见表 3-1)。

分部分项工程和单价措施项目清单与计价表   表 3-1

工程名称: 标段: 第 页 共 页

序号	项目编码	项目名称	项目特征描述	计量单位	工程量	金额(元)		
						综合单价	合价	其中
								暂估价
本页小计								
合计								

注:为计取规费等的使用,可在表中增设其中,"定额人工费"。

课堂活动

以前面项目 2 的任务 2.1 楼地面装饰工程为例,填写分部分项工程和单价措施项目清单与计价表,具体见表 3-2 ~ 表 3-4。在分部分项工程和单价措施项目清单与计价表中增设"定额人工费"一项。

分部分项工程和单价措施项目清单与计价表　　　　表 3-2

工程名称：某公寓样板房装饰工程　　　　标段：精装修　　　　第 1 页　共 3 页

序号	项目编码	项目名称	项目特征描述	计量单位	工程量	金额（元）		
						综合单价	合价	其中 暂估价
1	011102003001	块料楼地面	1. 找平层材料种类、厚度：1：2.5 水泥砂浆 30mm 厚 2. 面层材料品种、规格：仿大理石拼花瓷砖 600mm×600mm 3. 嵌缝材料种类：白水泥浆	m²	3.45	135.43	467.23	
2	011102003002	块料楼地面	1. 找平层材料种类、厚度：1：2.5 水泥砂浆 30mm 厚 2. 面层材料品种、规格：仿深啡网大理石瓷砖 600mm×235mm 3. 嵌缝材料种类：白水泥浆	m²	2.14	132.85	284.30	
3	011102003003	块料楼地面	1. 找平层材料种类、厚度：1：2.5 水泥砂浆 30mm 厚 2. 面层材料品种、规格：仿意大利木纹石防滑瓷砖 300mm×600mm 3. 嵌缝材料种类：白水泥浆	m²	13.94	133.2	1856.81	
			本页小计				2608.34	
			其中"定额人工费"				544.22	

分部分项工程和单价措施项目清单与计价表　　　　表 3-3

工程名称：某公寓样板房装饰工程　　　　标段：精装修　　　　第 2 页　共 3 页

序号	项目编码	项目名称	项目特征描述	计量单位	工程量	金额（元）		
						综合单价	合价	其中 暂估价
4	011102003004	块料楼地面	1. 找平层材料种类、厚度：1：2.5 水泥砂浆 30mm 厚 2. 面层材料品种、规格：仿意大利木纹石抛光瓷砖 600mm×600mm 3. 嵌缝材料种类：白水泥浆	m²	29.52	135.59	4002.62	
5	011102003005	块料楼地面	1. 找平层材料种类、厚度：1：2.5 水泥砂浆 30mm 厚 2. 面层材料品种、规格：仿意大利木纹石防滑瓷砖 150mm×600mm 3. 嵌缝材料种类：白水泥浆	m²	9.45	132.85	1255.43	

序号	项目编码	项目名称	项目特征描述	计量单位	工程量	金额（元）		
						综合单价	合价	其中
								暂估价
6	011104002001	木地板	1.面层材料品种、规格、颜色：复合实木地板、100mm×900mm×18mm、复合木地板（成品） 2.防护材料种类：防潮纸	m²	44.11	281.3	12408.14	
7	011105006001	金属踢脚线	1.踢脚线高度：100mm 2.基层材料种类、规格：12mm厚防火胶合板 3.面层材料的规格、种类、颜色 1.0mm 厚玫瑰金踢脚线	m²	6.50	289.55	1882.07	
			本页小计				19548.26	
			其中"定额人工费"				2332.41	

分部分项工程和单价措施项目清单与计价表   表 3-4

工程名称：某公寓样板房装饰工程　　　　　标段：精装修　　　　第 3 页　共 3 页

序号	项目编码	项目名称	项目特征描述	计量单位	工程量	金额（元）		
						综合单价	合价	其中
								暂估价
8	011106001001	石材楼梯面层	1.找平层厚度、砂浆配合比：素水泥浆一遍、30mm 厚 1∶2.5 水泥砂浆 2.面层材料品种、规格、颜色：20mm 厚意大利木纹大理石 3.防滑条材料种类、规格：踏步面石材开凹坑防滑，详图 CD-08/8a 4.勾缝材料种类：白水泥浆擦缝 5.酸洗打蜡要求：表面草酸处理后打蜡上光	m²	4.48	699.92	3135.64	
9	011108001001	石材零星项目	1.工程部位：入口大门门槛石 2.找平层厚度、砂浆配合比：30mm 厚 1∶2.5 水泥砂浆 3.面层材料品种、规格、颜色：20mm 厚意大利木纹大理石 4.勾缝材料种类：白水泥浆擦缝 5.酸洗、打蜡要求：上硬白蜡净面	m²	0.27	511.7	138.16	

续表

序号	项目编码	项目名称	项目特征描述	计量单位	工程量	金额（元）			
						综合单价	合价	其中	
								暂估价	
10	011108002001	块料零星项目	1. 工程部位：其他门门槛石 2. 找平层厚度、砂浆配合比：30mm 厚 1：2.5 水泥砂浆 3. 面层材料品种、规格、颜色：仿深啡网大理石瓷砖 4. 勾缝材料种类：白水泥浆擦缝	m²	1.06	192.91	204.48		
本页小计							3478.28		
其中"定额人工费"							425.61		

【能力拓展】

按照前面讲解的内容，完成项目 2 中其余任务的分部分项工程和单价措施费清单与计价表（即完成某公寓样板房工程的分部分项工程和单价措施费清单与计价表）。

任务 3.2　总价措施项目清单与计价表

【任务描述】

本任务是通过位于广东省广州市的某公寓样板房装饰工程总价措施项目清单与计价表的填写，让学生了解措施项目的概念；熟悉总价措施项目清单与计价表的组成；能根据《建筑工程工程量清单计价规范》GB 50500—2013，结合工程实际编制总价措施项目清单与计价表清单与计价表。

【知识构成】

措施项目费是为实施、完成并保修建设工程，发生于建设工程施工准备和施工过程中技术、生活、安全、环境保护等方面的非工程实体项目费用。结算需要调整的，必须在合同中明确。

对于单价措施项目，是能够利用工程量计算规则计算工程量的措施项目费用，投标报价时根据施工方案和施工组织设计，计算各措施项目工程量，根据分部分项工程综合单价计算的思路和方法计算各措施项目综合单价，其清单与计价按表 3-1 填写，而总价措施项目主要是以项为计量单位计算的措施项目费用，计算基础是本工程的分部分项工程费用合计数额，计算费率可以参照工程当地相关部门规定的费率标准，结合企业施工方案计算各项措施项目费用，其清单与计价则按表 3-5 填写。

总价措施项目清单与计价表　　　　　　表 3-5

工程名称：　　　　　　　　　　　标段：　　　　　　　　　　第 页 共 页

序号	项目编码	项目名称	计算基础	费率（%）	金额（元）	调整费率（%）	调整后金额（元）	备注
		安全文明施工费						
		夜间施工增加费						
		二次搬运费						
		冬雨季施工增加费						
		已完工程及设备保护费						
		合计						

编制人（造价人员）：　　　　　　　　　　　　　　　复核人（造价工程师）：

注：1."计算基础中"安全文明施工费可为"定额基价"、"定额人工费"或"定额人工费＋定额机械费"，其他项目可为"定额人工费"或"定额人工费＋定额机械费"。

　　2. 按施工方案计算的措施费，若无"计算基础"和"费率"的数值，也可只填"金额"数值，但应在备注栏说明施工方案出处或计算方法。

课堂活动

以前面项目 2（即位于广东省广州市的某公寓样板房装饰工程）为例，填写总价措施项目清单与计价表（详见表 3-6）。

总价措施项目清单与计价表　　　　　表 3-6

工程名称：某公寓样板房装饰工程　　　　　标段：精装修　　　　　第 1 页　共 1 页

序号	项目编码	项目名称	计算基础	费率（%）	金额（元）	调整费率（%）	调整后金额（元）	备注
1	011707001001	安全文明施工（含环境保护、文明施工、安全施工、临时设施）	分部分项合计	2.52	2876.54			
2	011707002001	夜间施工	夜间施工项目人工费	20	0			
3	011707003001	非夜间施工照明						
4	011707004001	二次搬运						
5	011707005001	冬雨季施工						
6	011707006001	地上、地下设施、建筑物的临时保护设施						
7	011707007001	已完工程及设备保护						
合计					2876.54			

编制人（造价人员）：　　　　　　　　　　　　　　复核人（造价工程师）：

注：1. "计算基础"中安全文明施工费可为"定额基价"、"定额人工费"或"定额人工费+定额机械费"，其他项目可为"定额人工费"或"定额人工费+定额机械费"。

　　2. 按施工方案计算的措施费，若无"计算基础"和"费率"的数值，也可只填"金额"数值，但应在备注栏说明施工方案出处或计算方法。

【能力拓展】

如果上列中出现材料的二次搬运问题，双方按合同中约定材料的二次搬运按人工费的 0.25% 计取，试填写总价措施项目清单与计价表。

任务 3.3　其他项目计价表

【任务描述】

本任务是通过位于广东省广州市的某公寓样板房装饰工程其他项目计价表的填写，让学生了解其他项目的概念；熟悉其他项目计价表的组成；能根据《建筑工程工程量清单计价规范》GB 50500—2013，结合工程实际编制其他项目计价表。

【知识构成】

其他项目清单与计价汇总表主要是用来计算分部分项工程费和措施项目费中未包括的、在工程实施期间可能发生的暂列金额、暂估价、计日工以及总承包商服务费用等。包括其他项目清单与计价汇总表（见表 3-7）、暂列金额明细表、材料（工程设备）暂估单价及调整表、专业工程暂估价及结算价表、计日工表等（其余各表略）。

其他项目清单与计价汇总表　　　　　　表 3-7

工程名称：　　　　　　　　　　标段：　　　　　　　　第 页 共 页

序号	项目名称	金额（元）	结算金额（元）	备注
1	暂列金额			
2	暂估价			
2.1	材料（工程设备）暂估价 / 结算价			
2.2	专业工程暂估价 / 结算价			
3	计日工			
4	总包服务费			
5	索赔与现场签证			
	合计			

注：材料（工程设备）暂估单价进入清单项目综合单价，此处不汇总。

（1）暂列金额是招标人用于施工合同签订时尚未确定或者不可预见的所需材料、设备、服务的采购及施工过程中可能出现的签证、变更、索赔等需要调整工程价款而预留的费用。一般按 10%~15% 计算，结算时按实际数额。

（2）暂估价是指招标人用于支付工程必然会发生，但是招标时暂不能确定准确价格的材料单价或专业造价。按预计发生数额估算。

（3）计日工是指在施工过程中，发包人要求承包人完成施工图纸以外的零星项目或工作所消耗的人工、材料、机械费用。数量和单价按招标文件和合同的约定计算。

（4）总承包服务费是指总承包单位配合发包分包的工程自行采购的设备、材料等进行管理协调、服务，施工现场管理，竣工资料汇总等服务所需要的费用。

课堂活动

以本公寓样板房装修工程讲解各表的填写。

1. 暂定金额按照招标人提供的工程量清单中的暂定金额，具体见表 3-8。

暂列金额明细表 表 3-8

工程名称：某公寓样板房装修工程　　　　　　标段：精装修　　　　　　第 1 页　共 1 页

序号	项目名称	计量单位	暂定金额(元)	备注
1	暂列金额	元	10000	
合 计			10000	—

注：此表由招标人填写，如不能详列，也可只列暂列金额总额，投标人应将上述暂列金额计入投标总价中。

2. 材料暂估价

本公寓样板房装修工程所用的材料暂估价见表 3-9。

材料（工程设备）暂估单价及调整表 表 3-9

工程名称：某公寓样板房装修工程　　　　　　标段：精装修　　　　　　第 1 页　共 1 页

序号	材料（工程设备）名称、规格、型号	计量单位	数量		暂估（元）		确认（元）		差额 ±（元）		备注
			暂估	确认	单价	合价	单价	合价	单价	合价	
合 计											

注：此表由招标人填写暂估单价，并在备注栏说明暂估的材料、工程设备拟用在哪些清单项目上，投标人应将上述材料、工程设备暂估单价计入工程量清单综合报价单价中。

3. 专业工程暂估价及结算价表

专业工程暂估价应分不同专业，按有关计价规定估算。

本公寓样板房装修工程无需进行专业工程估算，可以不用填写此表，见表 3-10。

专业工程暂估价及结算价表 表 3-10

工程名称：某公寓样板房装修工程　　　　　　标段：精装修　　　　　　第 1 页　共 1 页

序号	工程名称	工程内容	暂估金额（元）	结算金额（元）	差额 ±（元）	备注

续表

序号	工程名称	工程内容	暂估金额（元）	结算金额（元）	差额±（元）	备注
合计			0			

注：此表"暂估金额"由招标人填写，投标人应将"暂估金额"计入投标总价中。结算时按合同约定结算金额填写。

4. 计日工

计日工应列出项目和数量。

本公寓样板房装修工程中暂估算计日工，见表 3-11。

计日工表

表 3-11

工程名称：某公寓样板房装修工程　　　　标段：精装修　　　　第 1 页　共 1 页

	项目名称	单位	暂定数量	实际数量	综合单价(元)	合价（元）	
						暂定	实际
一	人工						
1							
2							
人工小计							
二	材料						
1							
2							
材料小计							
三	施工机械						
1							
2							
施工机械小计							
四、企业管理费和利润							
总　计							

注：此表项目名称、暂定数量由招标人填写，编制招标控制价时，单价由招标人按有关计价规定确定；投标时，单价由投标人自主报价，按暂定数量计算合价计入投标总价中。结算时，按发承包双方确认的实际数量计算合价。

5. 总承包服务费

一般如果只对专业分包工程的总承包管理和协调的，按专业工程造价的 1.5% 计算；要求专业分包工程的总承包管理和协调并同时提供配合和服务的，按专业工程造价的 3%~5% 计算；配合提供材料的，按材料价值的 1% 计算。

本公寓样板房装修工程较简单，无需分包，可以不用填写此表，见表 3-12。

总承包服务费计价表　　　　　　　　　　　　　表 3-12

工程名称：某公寓样板房装修工程　　　　　　标段：精装修　　　　　　第 1 页　共 1 页

序号	项目名称	项目价值（元）	服务内容	计算基础	费率(%)	金额(元)
1	发包人发包专业工程					
2	发包人提供材料					
	合计					0

注：此表项目名称、服务内容由招标人填写，编制招标控制价时，费率及金额由招标人按有关计价规定确定；投标时，费率及金额由投标人自主报价，计入投标总价中。

6. 其他项目清单与计价汇总表

根据《建筑工程工程量清单计价规范》GB 50500—2013 规定，对其他项目清单可进行补充，如在竣工结算中，可将索赔、现场签证列入其他项目中。

根据前表内容，填写其他项目清单与计价汇总表，见表 3-13。

其他项目清单与计价汇总表　　　　　　　　　　表 3-13

工程名称：某公寓样板房装修工程　　　　　　标段：精装修　　　　　　第 1 页　共 1 页

序号	项目名称	计算单位	金额(元)	备注
1	暂列金额	项	10000.00	明细详见表 3-8
2	暂估价		0	
2.1	材料暂估价		—	明细详见表 3-9
2.2	专业工程暂估价	项	0	明细详见表 3-10
3	计日工	项	0	明细详见表 3-11
4	总承包服务费	项	0	明细详见表 3-12
5	索赔费用	项		
6	现场签证费用	项		
	合　计		10000.00	

注：材料（工程设备）暂估单价进入清单项目综合单价，此处不汇总。

【能力拓展】

（1）假设本工程暂估需要 8 个工日装饰木工做零星项目，综合单价按 102 元 / 工日计算，试按照计日工表格式，计算并填写计日工表。

（2）假设本工程发包人自行采购部分材料，承包方要对招标人采购的材料提供收、发和保管服务，试按照招标人供应材料价值 50000 元的 1% 计算总承包服务费，并填写总承包服务费计价表。

（3）根据以上表格的内容，试填写其他项目清单与计价汇总表。

任务 3.4 规费、税金项目清单报价

【任务描述】

本任务是通过位于广东省广州市的某公寓样板房装饰工程规费、税金项目清单计价表的填写，让学生了解规费、税金的概念；熟悉其他项目工程量清单与计价表的内容及组成；能根据当地的相关规费费率和税率计算规费和税金，并能结合工程实际编制规费、税金项目清单与计价表。

【知识构成】

规费是政府部门规定收取和履行社会义务的费用，是工程造价的组成部分。

规费是强制性费用，在工程计价时，必须按工程所在地规定列出规费名称和标准。

税金是指国家法规定的应计入建筑安装工程造价内的营业税、城市维护建设税及教育费附加。

规费、税金项目清单与计价表见表 3-14。

规费、税金项目计价表   表 3-14

工程名称：   标段：   第 页 共 页

序号	项目名称	计算基础	计算基数	计算费率（%）	金额（元）
1	规费	定额人工费			
1.1	社会保险费	定额人工费			
（1）	养老保险费	定额人工费			
（2）	失业保险费	定额人工费			

续表

序号	项目名称	计算基础	计算基数	计算费率（%）	金额（元）
(3)	医疗保险费	定额人工费			
(4)	工伤保险费	定额人工费			
(5)	生育保险费	定额人工费			
1.2	住房公积金	定额人工费			
1.3	工程排污费	按工程所在地环境保护部门收费标准核实计算			
2	税金	分部分项工程费＋措施项目费＋其他项目费＋规费－按规定不计税的工程设备金额			
	合计				

编制人（造价人员）：   复核人（造价工程师）：

课堂活动

规费按分部分项工程费、措施项目费、其他项目费三项之和为基数计算。

税金按分部分项工程费、措施项目费、其他项目费（含发包人材料购置费）、规费四项之和为基数计算。

本公寓样板房装修工程以该省建设工程费用定额中规定的相关规费费率和税率计算规费和税金，具体计算见表 3-15。

规费、税金项目清单与计价表   表 3-15

工程名称：某公寓样板房装修工程   标段：精装修   第 1 页 共 1 页

序号	项目名称	计算基础	计算基数	计算费率(%)	金额（元）
1	规费	规费合计	127.03	100	127.03
1.1	工程排污费（发生时按实计算）	分部分项合计＋措施合计＋其他项目	127025.06	0	
1.2	施工噪音排污费（发生时按实计算）	分部分项合计＋措施合计＋其他项目	127025.06	0	
1.3	防洪工程维护费	分部分项合计＋措施合计＋其他项目	127025.06	0	
1.4	危险作业意外伤害保险费	分部分项合计＋措施合计＋其他项目	127025.06	0.1	127.03
2	堤围防护费及税金	分部分项合计＋措施合计＋其他项目＋规费	127152.09	3.527	4484.65

续表

序号	项目名称	计算基础	计算基数	计算费率(%)	金额（元）
	合计				4611.68

编制人（造价人员）：　　　　　　　　　　　　　　　复核人（造价工程师）：

【能力拓展】

假设本工程的工程排污费按 0.33% 及税金按 3.527% 计算，试按照规费、税金项目清单与计价表格式，计算并填写规费、税金项目清单与计价表。

任务 3.5　装饰工程工程量清单报价书编制

【任务描述】

本任务是通过位于广东省广州市的某公寓样板房装饰工程工程量清单报价书的编制，让学生了解装饰工程清单造价的计算顺序；熟悉装饰工程工程量清单报价书的内容及组成；能结合工程实际计算工程清单造价，并编制装饰工程工程量清单报价书。

【知识构成】

装饰工程工程量清单报价书包括封面、总说明、单位工程投标报价汇总表、分部分项工程量清单与计价表、措施项目清单与计价表、其他项目清单与计价表、规费和税金项目清单与计价表。

封面（见封 3-1 及扉 3-1）

总说明（见表 3-16）

单位工程投标报价汇总表（见表 3-17）

_____×××××××××_____ 工程 封 3-1

投标总价

投标人：_____

（单位盖章）

年 月 日

投标总价 扉 3-1

招　　标　　人：＿＿＿＿＿＿＿＿＿＿＿＿＿＿＿＿＿＿＿＿＿

工　程　名　称：＿＿＿＿＿＿＿＿＿＿＿＿＿＿＿＿＿＿＿＿＿

投标总价（小写）：＿＿＿＿＿＿＿＿＿＿＿＿＿＿＿＿＿＿＿＿
　　　　（大写）：＿＿＿＿＿＿＿＿＿＿＿＿＿＿＿＿＿＿＿＿

投　　标　　人：＿＿＿＿＿＿＿＿＿＿＿＿＿＿＿＿＿＿＿＿＿
　　　　　　　　　　　　　　　　　　　（单位盖章）

法 定 代 表 人
或 其 授 权 人：＿＿＿＿＿＿＿＿＿＿＿＿＿＿＿＿＿＿＿＿＿
　　　　　　　　　　　　　　　　　　　（签字或盖章）

编　　制　　人：＿＿＿＿＿＿＿＿＿＿＿＿＿＿＿＿＿＿＿＿＿
　　　　　　　　　　　　　　　　（造价人员签字盖专用章）

编　制　时　间：　　　　　　　年 月 日

总说明

表 3-16

工程名称：××××××××××× 工程   标段：××××××   第 页 共 页

　　总说明应按下列内容填写：

　　1. 工程概况：建设规模、工程特征、计划工期、施工现场实际情况、交通运输情况、自然地理条件、环境保护要求等；

　　2. 工程招标和分包范围；

　　3. 工程量清单编制依据；

　　4. 工程质量、材料、施工等的特殊要求；

　　5. 招标人自行采购材料的名称、规格型号、数量等；

　　6. 预留金、自行采购材料的金额数量；

　　7. 其他需说明的问题。

单位工程投标报价汇总表　　　　　　　　　　　　表 3-17

工程名称：　　　　　　　　　标段：　　　　　　　　第　页　共　页

序号	汇总内容	金额(元)	其中：暂估价(元)
1	分部分项工程		
1.1	楼地面工程		
1.2	墙、柱面工程		
1.3	天棚工程		
1.4	门窗工程		
1.5	油漆、涂料、裱糊工程		
1.6	其他工程		
2	措施项目		
2.1	安全防护、文明施工措施项目费		
2.2	其他措施费		
3	其他项目		—
3.1	暂列金额		
3.2	暂估价		
3.3	计日工		
3.4	总承包服务费		
3.5	索赔费用		
3.6	现场签证费用		
4	规费		—
4.1	工程排污费		—
4.2	施工噪音排污费		—
4.3	防洪工程维护费		—
4.4	危险作业意外伤害保险费		—
5	堤围防护费及税金		
	投标报价合计 =1+2+3+4+5		

注：本表适用于单位工程招标控制价或投标报价的汇总，如无单位工程划分，单项工程也使用本表汇总。

课堂活动

完成任务 3.1～任务 3.4 各项费用的计算之后，编制本公寓样板房装饰工程工程量清单报价书。具体内容见下面所列各表。

某公寓样板房装修工程—精装修工程

投标总价

投标人：＿＿＿＿＿＿＿＿＿＿＿＿＿＿＿＿＿

（单位盖章）

201×年××月××日

投标总价 扉 3-1

招　　标　　人：×× 房地产公司

工　程　名　称：某公寓样板房装修工程—精装修

投标总价（小写）：131636.74 元

　　　　　　（大写）：壹拾叁万壹仟陆佰叁拾陆元柒角肆分

投　　标　　人：×× 建筑公司

　　　　　　　　　　　　　　　　　　　　　（单位盖章）

法　定　代　表　人

或　其　授　权　人：×××

　　　　　　　　　　　　　　　　　　　　　（签字或盖章）

编　　制　　人：×××

　　　　　　　　　　　　　　　　　　（造价人员签字盖专用章）

编　制　时　间：　　　　　　　　年　月　日

总说明

工程名称：某公寓样板房装修工程　　　　标段：精装修　　　　第1页共1页

　　1.工程概况：装饰装修面积为×××m²，建筑高度为××m，建筑层数为×层，建筑结构类型为框架结构，具体装饰装修要求按施工图纸为准。该工程于××××年××月开工，××××年××月竣工交付使用。

　　2.招标范围：装饰装修工程部分。

　　3.编制依据：执行中华人民共和国住房和城乡建设部发布的《建设工程工程量清单计价规范》GB50500—2013；施工图纸；2010年《广东省建筑与装饰工程综合定额》；人工、材料、机械台班单价参考广州市材料综合价格，不足部分市场询价。

　　4.考虑工程量清单可能有误或者施工中发生设计变更，暂列金额按10000.00元预留。

　　5.本公寓样板房精装修工程考虑了5个计日工，工程发生时按实际结算。

　　6.夜间施工增加费、赶工措施费、总承包服务费、工程优质费、材料保管费、工程排污费、施工噪音排污费本案例暂不考虑。

单位工程投标报价汇总表

工程名称：某公寓样板房装修工程　　　　标段：精装修　　　　第1页　共1页

序号	汇总内容	金额(元)	其中：暂估价(元)
1	分部分项工程	114148.52	
1.1	楼地面工程	25634.88	
1.2	墙、柱面工程	33084.72	
1.3	天棚工程	12416.93	
1.4	门窗工程	8307.84	
1.5	油漆、涂料、裱糊工程	14165.73	
1.6	其他工程	19182.56	
1.7	单项措施项目	1355.86	
2	措施项目	2876.54	
2.1	安全防护、文明施工措施项目费	2876.54	
2.2	其他措施费		
3	其他项目	10000.00	
3.1	暂列金额	10000.00	
3.2	专业工程暂估价		
3.3	计日工		
3.4	总承包服务费		
3.5	索赔费用		
3.6	现场签证费用		
4	规费	127.03	
4.1	工程排污费		
4.2	施工噪音排污费		
4.3	防洪工程维护费		
4.4	危险作业意外伤害保险费	127.03	
5	堤围防护费及税金	4484.65	
	投标报价合计 =1+2+3+4+5	131636.74	

分部分项工程和单价措施项目清单与计价表、综合单价分析表、总价措施项目清单与计价表、其他项目计价表、规费、税金项目计价表、承包人提供主要材料和设备一览表（略）。

【能力拓展】

（1）请说说装饰工程清单造价的计算顺序。

（2）请说说装饰工程工程量清单报价书的内容及组成。

（3）根据任务 3.1～任务 3.4 的能力拓展内容，试编制一份完整的该公寓样板房精装饰工程工程量清单报价书。

【项目训练】

如某别墅需进行楼地面装修，（图纸见项目 2 任务 1 的项目训练），请根据当地的计价依据编制一份工程量清单报价书。

（提示：包括封面、总说明、单位工程投标报价汇总表、分部分项工程量清单与计价表、措施项目清单与计价表、其他项目清单与计价表、规费和税金项目清单与计价表。）

项目 4
装饰工程预算书的编制

【项目概述】

> 通过本项目的学习，学生能够：根据装饰工程中各定额分部分项工程预算表的数据内容，编制完整的装饰工程预算书，主要包括封面、总说明、单位工程预算汇总表、定额分部分项工程预算表、措施项目预算表、其他项目预算表、规费和税金项目预算表、人工材料机械价差表等。

【岗位情景】

> 小王将编制好的工程量清单报价书交给部门主管后，部门主管与业主沟通时，业主表示看不明白工程量清单报价书，主管决定让小王编制一份工程预算书，请问小王该如何编制呢？请带着问题学习。

【知识构成】

4.1.1　建筑与装饰工程定额计价的工程造价组成及计价程序

采用定额计价时，工程造价由分部分项工程费（包括定额分部分项工程费、价差及利润）、措施项目费、其他项目费、规费和税金组成。

建筑工程费用构成见图 4-1，工程造价计价程序见表 4-1。

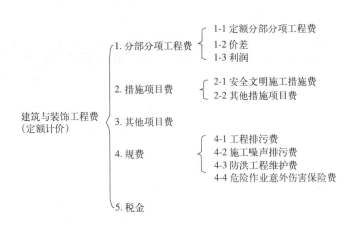

图 4-1　建筑工程费用构成

建筑与装饰工程定额计价程序表　　　　　　　　　　表 4-1

序号	名称	计算方法
1	分部分项工程费	1.1+1.2+1.3
1.1	定额分部分项工程费	∑（工程量 × 子目基价）
1.2	价差	∑ [数量 ×（编制价 – 定额价）]
1.3	利润	（人工费 + 人工费价差）×18%
2	措施项目费	2.1+2.2
2.1	安全文明施工费	2.1.1+2.1.2
2.1.1	按子目计算的安全文明施工费	按照规定计算（包括价差和利润）
2.1.2	按系数计算的其他安全文明施工措施费	1×3.18%（建筑工程） 1×2.52%（单独装饰装修工程）
2.2	其他措施项目费	按照规定计算（包括价差和利润）
3	其他项目费	3.1+3.2+3.3+3.4+3.5+3.6+3.7+3.8
3.1	材料检验试验费	1×0.3%（单独承包土石方工程除外）
3.2	工程优质费	按规定执行
3.3	暂列金额	1×（10% ~ 15%）
3.4	暂估价	按照规定计算
3.5	计日工	按照规定计算
3.6	总承包服务费	按照规定计算
3.7	材料保管费	按照规定计算
3.8	预算包干费	1×（0 ~ 2%）

续表

序号	名称	计算方法
4	规费	4.1+4.2+4.3+4.4
4.1	工程排污费	(1+2+3) ×0.33%，结算时按实际发生数额计算
4.2	施工噪声排污费	
4.3	防洪工程维护费	
4.4	危险作业意外伤害保险费	(1+2+3) ×0.1%
5	税金	(1+2+3+4) × 相应税率
6	含税工程造价	1+2+3+4+5+6

注：1. 定额计价法所称子目基价是指为完成 2010 年《广东省建筑与装饰工程综合定额》分部分项工程项目所需的人工费、材料费、机械管理费之和；

2. 定额计价所称价差是指编制时人工、材料和机械台班的价格和 2010 年《广东省建筑与装饰工程综合定额》取定的相应价格之差，结算需调整的必须在招标文件中明确。

4.1.2 清单计价和定额计价两种计价模式的比较

清单计价和定额计价两种模式的比较见表 4-2。

定额计价与清单计价对比表   表 4-2

内容	定额计价（工料单价法）	清单计价（综合单价法）
1. 项目设置	《综合定额》的项目一般是按施工工序、工艺进行设置的，定额项目包括的工程内容一般是单一的	工程量清单项目的设置是以一个"综合实体"考虑的"综合项目"，一般包括多个子项目工程内容
2. 计价特征	以预算定额为依据，以施工图预算为基础，"量价合一"的计划经济模式	以清单计价规范为依据，以施工图工程量清单、招标文件等为基础，"量价分离"的市场经济模式
3. 适用范围	除全部使用国有资金投资或国有资金投资为主的大中型建设工程外，均不作限制	全部使用国有资金投资或国有资金投资为主的大中型建设工程必须执行本规范
4. 计价原则	根据工程造价管理机构发布的有关文件、规定及定额中的基价	根据清单的规范和要求，企业根据自身能力自主报价，市场形成并决定价格
5. 计价价款构成	定额计价价款包括：分部分项工程费、利润、措施项目费、其他项目费、规费和税金。而分部分项工程费中的子目基价是指为完成《综合定额》分部分项工程项目所需的人工费、材料费、机械费、管理费。子目基价是综合定额价，它没有反映企业的真正水平和没有考虑风险的因素	工程量清单计价价款是指完成招标文件规定的工程量清单项目所需的全部费用。即包括：分部分项工程费、措施项目费、其他项目费、规费和税金；完成每分项工程所含全部工程内容的费用；完成每项工程内容所需的全部费用（规费、税金除外）；工程量清单中没有体现的，施工中又必须发生的工程内容所需的费用；考虑风险因素而增加的费用
6. 单价构成	定额计价采用定额子目基价，定额子目基价只包括定额编制时期的人工费、材料费、机械费、管理费，并不包括利润和各种风险因素带来的影响	工程量清单采用综合单价。综合单价包括人工费、材料费、机械费、管理费和利润，且各项费用均由投标人根据企业自身情况和考虑各种风险因素自行编制

续表

内容	定额计价（工料单价法）	清单计价（综合单价法）
7. 价差调整	按工程承发包双方约定的价格与定额对比，调整价差	按工程承发包双方约定的价格直接计算，除招标文件规定外，不存在价差调整的问题
8. 计价过程	招标方只负责编写招标文件，不设置工程项目内容，也不计算工程量。工程计价的子目和相应的工程量是由投标方根据设计文件确定。项目设置、工程量计算、工程计价等工作在一个阶段内完成	招标方必须设置清单项目并计算清单工程量，同时在清单中对清单项目的特征和包括的工程内容必须清晰、完整地告诉投标人，以便投标人报价。故清单计价模式由两个阶段组成： （1）由招标方编制工程量清单 （2）投标方拿到工程量清单后根据清单报计
9. 人工/材料/机械消耗量	定额计价的人工、材料、机械消耗量按《综合定额》标准计算，《综合定额》标准是按社会平均水平编制的	工程量清单计价的人工、材料、机械消耗量由投标人根据企业的自身情况或企业定额自定。它真正反映企业的自身水平
10. 工程量计算规则	以工程变更单对比施工图、招标文件计算增减工程量，合同范围内工程量不得调整。对投标书中的工程量多算、少算不与调整；实际施工的大宗设备、材料的品牌达不到合同及图纸质量要求，合同据实调整；优惠、竞争的价款是费用而不是量、价	以施工图、工程变更单、现场签证等计算实体工程量，施工单位自行变更的项目不与计算。清单单价原则上不予调整，实际施工的大宗设备、材料的品牌与合同不符、等级降低，造成设备、材料的实际价格比招投标时有较大的下降，工作内容不能满足清单要求等，结算时可调减合同单价
11. 计价方法	根据施工工序计价，即相同施工工序的工程量相加汇总，选套定额，计算出一个子项的定额分部分项工程费，每一个项目独立计价	按一个综合实体计价，即子项目随主体项目计价，由于主体项目与组合项目是不同的施工工序，所以往往要计算多个子项才能完成一个清单项目的分部分项工程综合单价，每一个项目组合计价
12. 计价风险	工程量由投标人计算和确定，价差一般可调整，故投标人一般只承担工程量计算风险。不承担材料价格风险	招标人编制工程量清单，计算工程量，数量不准会被投标人发现并利用，招标人要承担差量的风险。投标人报价应考虑多种因素，由于单价通常不调整，故投标人要承担组成价格的全部因素风险
13. 优、缺点	优点：（1）经过多年实践，各省、市依据全国统一消耗量定额，分别制定项目齐全、专业配套工程实体消耗量的预算定额，是确定工程实体消耗量的技术标准。可以继续指导企业计价、报价时确定实体部分工程造价； （2）对非国有投资建设工程除国家强制规定限制使用外，在一定时期内仍可参照使用； （3）对清单编底制作在一定时期内尚离不开定额。 缺点：（1）招投标容易出现"暗箱操作"。 （2）不利于建筑市场公平竞争。 （3）不能与国际惯例造价计价模式接轨。 （4）不利于企业提高生产率和管理水平。 （5）业主较难获得较低报价	优点：（1）项目名称列有特征和工程内容，易于计算综合单价；工程量计算规则简洁明了。 （2）有利于提高招投标透明度。 （3）有利于建设市场公平竞争。 （4）有利于国际惯例与通用计价方法接轨。 （5）有利于企业提高劳动生产率和管理水平，促进生产力发展。 （6）业主能获得较低报价。 （7）编制清单要求对施工图纸和施工规范严格检查，有利于工作规范和整个造价人员的提高。 缺点：（1）业主或评标人难以确定不低于成本合理低报价，"低标进，高价出"仍难控制。 （2）编制标底仍然要使用现行预算定额

课堂活动

活动1　工程预算书封面

根据某公寓复式样板房装修工程施工图纸（见附图），按照装饰工程预算书封面的格式及预算总价，试填写装饰工程预算书封面，具体格式如下。

_____××_____工程

预算价

预 算 价（小写）：×××××.00_____

（大写）：××××× 零元整_____

工 程 造 价

建 设 单 位：_____略_____　　　　　咨 询 企 业：_____略_____
　　　　　　　（单位盖章）　　　　　　　　　　　　（企业资质专用章）

法 定 代 表 人　　　　　　　　　　　法 定 代 表 人
或 其 授 权 人：_____略_____　　　　或 其 授 权 人：_____略_____
　　　　　　　（签字或盖章）　　　　　　　　　　　（签字或盖章）

编 制 人：_____略_____　　　　　　复 核 人：_____略_____
　　　　（造价人员签字盖专用章）　　　　　　　（造价工程师签字盖专用章）

编 制 时 间：××××年×月×日　　　　复 核 时 间：××××年×月×日

活动 2　工程预算书总说明

根据某公寓复式样板房装修工程施工图纸（见附图），按照装饰工程预算书总说明的格式，试填写装饰工程预算书总说明，具体格式见下表 4-3。

总说明　　　　　　　表 4-3

工程名称：××　　　　　　　　　　　　　　　　　　　　　第 1 页　共 1 页

总说明应按下列内容填写：

1. 工程概况：建设单位、工程名称、工程范围、工程地点、建筑面积、建筑高度、占地面积、经济指标、层高、层数、结构形式、装饰标准等；

2. 编制依据（计价办法的采用、图纸、规范等）；

3. 特殊材料、设备情况说明；

4. 其他需说明的问题。

活动 3　单位工程预算汇总表

根据某公寓复式样板房装修工程施工图纸（见附图），按照装饰工程单位工程预算汇总表的格式及各项费用的汇总数，试填写装饰工程单位工程预算汇总表，具体格式见表 4-4。

单位工程预算汇总表　　　　　　　　表 4-4

工程名称：××　　　　　　　　　　　　　　　　　　　　　第 1 页　共 1 页

序号	费用名称	计算基础	金额（元）
1	分部分项工程费	定额分部分项工程费 + 价差 + 利润	
1.1	定额分部分项工程费	人工费 + 材料费 + 机械费 + 管理费	
1.1.1	人工费	分部分项人工费	
1.1.2	材料费	分部分项材料费 + 分部分项主材费 + 分部分项设备费	
1.1.3	机械费	分部分项机械费	
1.1.4	管理费	分部分项管理费	
1.2	价差	人工价差 + 材料价差 + 机械价差	
1.2.1	人工价差	分部分项人工价差	

续表

序号	费用名称	计算基础	金额(元)
1.2.2	材料价差	分部分项材料价差	
1.2.3	机械价差	分部分项机械价差	
1.3	利润	人工费 + 人工价差	
2	措施项目费	安全文明施工费 + 其他措施项目费	
2.1	安全文明施工费	安全防护、文明施工措施项目费	
2.2	其他措施项目费	其他措施费	
3	其他项目费	其他项目合计	
3.1	材料检验试验费	材料检验试验费	
3.2	工程优质费	工程优质费	
3.3	暂列金额	暂列金额	
3.4	暂估价	专业工程暂估价	
3.5	计日工	计日工	
3.6	总承包服务费	总承包服务费	
3.7	材料保管费	材料保管费	
3.8	预算包干费	预算包干费	
3.9	索赔费用	索赔	
3.10	现场签证费用	现场签证	
4	规费	工程排污费 + 施工噪声排污费 + 防洪工程维护费 + 危险作业意外伤害保险费	
5	税金	分部分项工程费 + 措施项目费 + 其他项目费 + 规费	
6	含税工程造价	分部分项工程费 + 措施项目费 + 其他项目费 + 规费 + 税金	

活动4 定额分部分项工程预算表

根据某公寓复式样板房装修工程施工图纸（见附图），按照装饰工程定额分部分项工程预算表的格式，以本工程的楼地面装饰工程为例，填写装饰工程定额分部分项工程预算表，具体格式见表4-5。

定额分部分项工程预算表　　　　　　　　　　　　　　　　　表4-5

工程名称：××　　　　　　　　　　　　　　　　　　　　　　　　　第1页　共×页

序号	定额编码	名称及说明	计量单位	工程数量	定额基价(元)	合价(元)
1	A9-68 换	楼地面陶瓷块料（每块周长 mm）2600 以内 水泥砂浆换仿大理石拼花瓷砖 600mm×600mm	100m²	0.035	8535.57	298.74

续表

序号	定额编码	名称及说明	计量单位	工程数量	定额基价(元)	合价(元)
2	A9-67 换	楼地面陶瓷块料（每块周长 mm）2100 以内 水泥砂浆换仿深啡网大理石瓷砖 600mm×235mm	100m²	0.021	7259.40	152.45
3	A9-67 换	楼地面陶瓷块料（每块周长 mm）2100 以内 水泥砂浆换仿意大利木纹石防滑瓷砖 300mm×600mm	100m²	0.141	7259.40	1023.58
4	A9-68 换	楼地面陶瓷块料（每块周长 mm）2600 以内 水泥砂浆换仿意大利木纹石抛光瓷砖 600mm×600mm	100m²	0.295	8535.57	2517.99
5	A9-67 换	楼地面陶瓷块料（每块周长 mm）2100 以内 水泥砂浆换仿意大利木纹石防滑瓷砖 150mm×600mm	100m²	0.095	7259.40	689.64
6	A9-147 换	普通实木地板 铺在水泥地面上 企口换复合实木地板 100mm×900mm×18mm	100m²	0.441	12052.53	5315.17
7	A9-171 换	金属板踢脚线换 1.0mm 厚玫瑰金踢脚线	100m²	0.066	21048.03	1389.17
8	A9-38	大理石楼梯 水泥砂浆	100m²	0.045	32067.69	1443.05
9	A9-41 换	零星装饰 水泥砂浆换 20mm 厚意大利木纹大理石	100m²	0.003	24015.46	72.05
10	A9-74 换	铺贴陶瓷块料 零星装饰 水泥砂浆换仿深啡网大理石瓷砖	100m²	0.011	8668.68	95.36
本页小计						12997.20
（略）						
本页小计						××
合 计						××

活动 5　措施项目预算表

根据某公寓复式样板房装修工程施工图纸（见附图），按照装饰工程措施项目预算表的格式及各相关费用数据，试填写装饰工程措施项目预算表，具体格式见表 4-6。

措施项目预算表 表 4-6

工程名称：×× 第 1 页 共 1 页

序号	项目名称	单位	数量	单价（元）	合价（元）
1	安全文明施工措施费				
1.1	综合脚手架（含安全网）				
1.2	内脚手架				
1.3	靠脚手架安全挡板和独立挡板				
1.4	围尼龙编织布				
1.5	模板的支撑				
1.6	现场围挡				
1.7	现场设置的卷扬机架				
1.8	文明施工与环境保护、临时设施、安全施工				
	小计				
2	其他措施费				
2.1	文明工地增加费				
2.2	夜间施工增加费				
2.3	赶工措施				
2.4	泥浆池（槽）砌筑及拆除				
2.5	模板工程				
2.6	垂直运输工程				
2.7	材料二次运输				
2.8	成品保护工程				
2.9	混凝土泵送增加费				
2.10	大型机械设备进出场及安拆				
	小计				
	合计				

活动 6 其他项目预算表

根据某公寓复式样板房装修工程施工图纸（见附图），按照装饰工程其他项目预算表的格式及各相关费用数据，试填写装饰工程其他项目预算表，具体格式见表 4-7。

其他项目预算表 表 4-7

工程名称：×× 第 1 页 共 1 页

序号	项目名称	单位	合价（元）	备注
1	材料检验试验费	元		
2	工程质优费	元		
3	暂列金额	元		
4	暂估价	元		
4.1	材料暂估价	元		
4.2	专业工程暂估价	元		
5	计日工	元		
6	总承包服务费	元		
7	材料保管费	元		
8	预算包干费	元		
9	索赔费用	元		
10	现场签证费用	元		
11	其他费用	元		
	合计			

其他项目预算表中的各项费用明细表见表 4-8 ~ 表 4-12，其填制的方法与工程量清单计价方式相同，在此不再详述，请按照该公寓复式样板房装修工程施工图纸及施工设计方案填写各表。

暂列金额明细表   表 4-8

工程名称：××   第 1 页　共 1 页

序号	项目名称	计量单位	暂定金额(元)	备注
合　计				—

材料设备暂估价预算表   表 4-9

工程名称：××   第 1 页　共 1 页

序号	材料名称、规格、型号	计量单位	工程数量	金额（元）		备注
				单价	合价	
合　计						—

专业工程暂估价预算表　　　　　　　　表 4-10

工程名称：××　　　　　　　　　　　　　　　第 1 页　共 1 页

序号	工程名称	工程内容	金额（元）	备注
	合　计			

计日工预算表　　　　　　　　　　　表 4-11

工程名称：××　　　　　　　　　　　　　　　第 1 页　共 1 页

编号	项目名称	单位	暂定数量	综合单价	合价
一	人工				
1					
		人工小计			
二	材料				
1					
		材料小计			
三	施工机械				
1					
		施工机械小计			
		总计			

总承包服务费预算表　　　　　　　　　　　　　　　　表 4-12

工程名称：××　　　　　　　　　　　　　　　　　　　　　　　第 1 页　共 1 页

序号	项目名称	项目价值（元）	服务内容	费率（%）	金额（元）
1	发包人发包专业工程				
2	发包人供应材料				
	合　计				0

活动 7　规费和税金项目预算表

根据某公寓复式样板房装修工程施工图纸（见附图），按照装饰工程规费和税金项目预算表的格式及相关费用费率，试填写装饰工程规费和税金项目预算表，具体格式见表 4-13。

规费和税金项目预算表　　　　　　　　　　　　　　　表 4-13

工程名称：××　　　　　　　　　　　　　　　　　　　　　　　第 1 页　共 1 页

序号	项目名称	计算基础	费率（%）	金额（元）
1	规费	工程排污费＋施工噪声排污费＋防洪工程维护费＋危险作业意外伤害保险费		
1.1	工程排污费	分部分项工程费＋措施项目费＋其他项目费		
1.2	施工噪声排污费	分部分项工程费＋措施项目费＋其他项目费		
1.3	防洪工程维护费	分部分项工程费＋措施项目费＋其他项目费		
1.4	危险作业意外伤害保险费	分部分项工程费＋措施项目费＋其他项目费		
2	税金	分部分项工程费＋措施项目费＋其他项目费＋规费		

活动 8　人工材料机械价差表

根据某公寓复式样板房装修工程施工图纸（见附图），按照装饰工程人工、材料、机械价差表的格式及广东省最新的人、材、机市场价，以本工程的楼地面装饰工程为例，填写装饰工程人工材料机械价差表，具体格式见表 4-14。

人工、材料、机械价差表　　　　　　　　　　　　　表 4-14

工程名称：××　　　　　　　　　　　　　　　　　　　　第 1 页　共 1 页

序号	名称	等级、规格、产地(厂家)	单位	数量	定额价(元)	市场价(元)	价差(元)	合价(元)
1	综合工日		工日	26.329	51.00	102.00	51.00	1342.78
2	仿大理石拼花瓷砖	600mm×600mm	m²	3.588	69.99	80.00	10.01	35.92
3	仿深啡网大理石瓷砖	600mm×235mm	m²	2.153	58.71	80.00	21.29	45.84
4	仿意大利木纹石防滑瓷砖	300mm×600mm	m²	14.453	58.71	80.00	21.29	307.70
5	仿意大利木纹石抛光瓷砖	600mm×600mm	m²	30.238	69.99	80.00	10.01	302.68
6	仿意大利木纹石防滑瓷砖	150mm×600mm	m²	9.738	58.71	80.00	21.29	207.32
7	复合实木地板	100mm×900mm×18mm	m²	46.305	95.00	223.00	128.00	5927.04
8	玫瑰金踢脚线	1.0mm 厚	m²	6.732	185.00	190.00	5.00	33.66
9	大理石板楼梯	20mm 厚	m²	6.511	200.00	400.00	200.00	1302.20
10	意大利木纹大理石	20mm 厚	m²	0.318	200.00	400.00	200.00	63.60
11	仿深啡网大理石瓷砖	（综合）	m²	1.166	45.00	80.00	35.00	40.81
	（略）							
	合计							

【能力拓展】

根据该公寓样板房精装饰工程施工图纸及施工设计方案，请按照要求完成以下任务：

（1）完整编制定额分部分项工程预算表（包括墙柱面装饰工程、天棚工程、门窗工程、油漆、涂料、裱糊工程、其他工程）；

（2）完整编制措施项目预算表；

（3）完整编制其他项目预算表；

（4）完整编制其他项目预算表；

（5）完整编制规费和税金项目预算表；

（6）完整编制人工、材料、机械价差表；

（7）完整编制单位工程预算汇总表；

（8）完整编制封面和总说明。

【项目训练】

如某别墅需进行楼地面装修，（图纸见项目 2 任务 1 的项目训练），请按照当地的计价依据编制一份预算书。

（提示：包括封面、总说明、单位工程投标报价汇总表、分部分项工程量清单与计价表、措施项目清单与计价表、其他项目清单与计价表、规费和税金项目清单与计价表。包括封面、总说明、单位工程预算汇总表、定额分部分项工程预算表、措施项目预算表、其他项目预算表、规费和税金项目预算。）

为方便实训，读者可扫描二维码获取实训图纸。

实训用图纸

项目 5
装饰工程计价与计量软件的应用

【项目概述】

通过本项目的学习，学生能够：

1. 掌握广联达清单计价软件 GBQ4.0 的常用功能；
2. 掌握广联达 BIM 土建算量软件 GCL2013 的常用功能；
3. 学会运用计价软件进行预算工作，汇总费用并输出各种报表文件；
4. 学会运用算量软件计算工程量，并输出工程量汇总报表。

【岗位情景】

为了提高计算准确率，加快计算速度，小王决定利用软件进行工程量计算及编制工程预算书，请问小王该如何编制呢？请带着问题学习。

任务 5.1　广联达清单计价软件 GBQ4.0

【任务描述】

本任务是采用广联达清单计价软件 GBQ4.0 编制某公寓样板房装修工程的工程量清单，并输出报表文件。通过本内容的学习，使学生掌握软件编制工程量清单的方法，会进行项目人材机的调整，能按照清单描述进行子目换算，能够输出各种费用文件。

【知识构成】

5.1.1　概预算编制电算化

早期编制工程造价预算时，完全靠纸笔、定额册，编制一个工程的造价预算，仅从工程量清单入手套定额、工料分析、调材价、计算费用到出概预算书，要花费很长时间，计算过程繁琐枯燥，工作量大，概预算结果误差大。到目前，造价软件已得到长足的发展，通过工程量计算软件得到工程量清单，再使用工程造价计算软件，找出定额子目输入造价软件，选择已预设好的取费表模板，计算汇总，马上生成用户需要的报表。计价、汇总、分析、显示、打印一气呵成，前后只需要很少时间，效率大大提高，使概预算人员能把精力投入到更关键地方去，提高概预算的质量。

5.1.2　计价软件的优点

计价软件的优点包括以下几个方面：①不仅可以编制工程概预算，还可以对概预算定额、单位估价表和材料价进行动态的管理，提高对工程造价的管理水平；②数据完整、齐全，为工程项目的概预算创造了有利条件；③计算结果准确，概预算的质量得到提高；④简化了概预算的审核过程。概预算的审核可不审核计算过程与输出结果，只审核输入的原始数据；⑤使用简便，加快了概预算的编制速度，极大地提高了工作效率。

5.1.3　软件介绍

目前，工程计价软件品种繁多，如广联达、PKPM、鲁班、神机、清华斯维尔等都是市场上应用得比较多的工程造价软件。本书采用的是广联达清单计价软件 GBQ4.0。

广联达清单计价软件是融招标管理、投标管理、计价于一体的全新计价软件，作为工程造价管理的核心产品，该软件以工程量清单计价为基础，并全面支持电子招投标应用，帮助工程造价单位和个人提高工作效率，实现招投标业务的一体化解决，使计价更高效、招标更快捷、投标更安全。

广联达计价软件 GBQ4.0 分三种计价模式：清单计价模式、定额计价模式和项目管理模式。本书介绍的是清单计价模式的清单编制。清单计价模式下该软件的主界面包括以下几个方面内容：

（1）菜单栏：分为九部分，集合了软件所有功能和命令；

（2）通用工具条：无论切换到任一界面，它都不会随着界面的切换而变化；

（3）界面工具条：会随着界面的切换，工具条的内容不同；

（4）导航栏：左边导航栏可切换到不同的编辑界面；

（5）分栏显示区：显示整个项目下的分部结构，点击分部实现按分部显示，可关闭此窗口；

（6）功能区：每一编辑界面都有自己的功能菜单，可关闭此功能区；

（7）属性窗口：功能菜单点击后就可泊靠在界面下边，形成属性窗口，可隐藏此窗口；

（8）属性窗口辅助工具栏：根据属性菜单的变化而更改内容，提供对属性的编辑功能，跟随属性窗口的显示和隐藏；

（9）数据编辑区：切换到每个界面，都会自己特有的数据编辑界面，供用户操作，这部分是用户的主操作区域。

清单计价模式下主界面如图 5-1 所示。

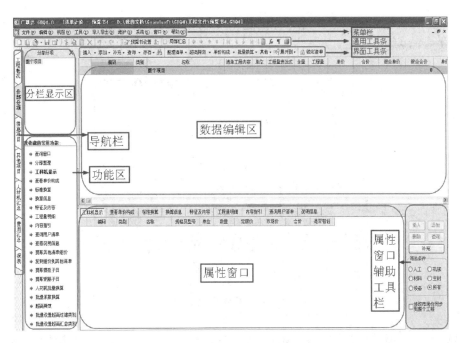

图 5-1　GBQ4.0 软件界面

课堂活动

活动 1　新建工程

1. 活动内容分析

（1）活动要求：建立建设项目、单项工程及单位工程。

（2）活动描述：本建设项目为某小区工程，本工程项目为小区中某公寓样板房的精装修工程。

2. 操作步骤

（1）双击软件图标，打开软件，本书使用的计价软件版本为广东 GBQ4_4.105.5.5634。

（2）新建项目。采用清单计价法，鼠标左键单击【新建项目】，如图5-2所示。

图5-2　新建项目

（3）进入新建标段工程，地区标准选用【13清单规范】，输入项目名称：某小区工程，如图5-3所示。

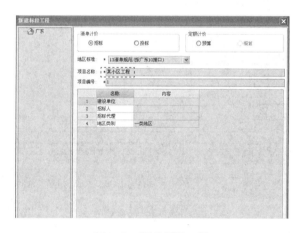

图5-3　新建标段工程

（4）新建单项工程。在"某小区工程"单击鼠标右键，选择【新建单项工程】，在弹出对话框中输入工程名称："某公寓样板房"，如图5-4、图5-5所示。

图5-4　新建单项工程　　　　　图5-5　输入工程名称

（5）新建单位工程。在"某公寓样板房"单击鼠标右键，选择【新建单位工程】，如图 5-6 所示。在弹出对话框中输入工程名称："样板房装修工程"，点击确定。注意：本书选用的清单库为"工程量清单项目计量规范（2013-广东）"，选用的定额库为"广东省建筑与装饰工程综合定额（2010）"，地区类别为"一类地区"，如图 5-7 所示。

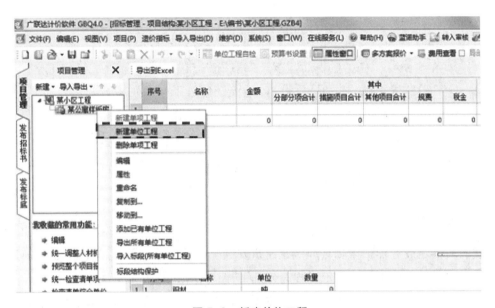

图 5-6　新建单位工程

图 5-7　选择清单定额库

（6）双击【样板房装修工程】，如图 5-8 所示，进入单位工程清单编制主界面。

图 5-8　单位工程

【知识拓展】

按照基本建设管理工作和合理确定建筑安装工程造价的需要，可将建设工程项目划分为建设项目、单项工程、单位工程、分部工程、分项工程五个层次。

（1）建设项目。一个具体的基本建设工程，通常就是一个建设项目。它是由一个或几个单项工程组成。比如一个住宅小区、一所学校、一所医院就是一个建设项目。

（2）单项工程（又称工程项目）。单项工程是指在一个建设项目中，具有独立的设计文件，竣工后可以独立发挥生产能力或效益的工程。它是建设项目的组成部分。如工业建筑中，一座工厂中的各个车间、办公楼等；民用建筑中，一所学校里的一座教学楼、图书馆、食堂均为一个单项工程。

（3）单位工程。单位工程是指在竣工后一般不能独立发挥生产能力或效益，但具有独立设计文件，可以独立组织施工的工程。它是单项工程的组成部分。一个单项工程按专业性质及作用不同又可分解为若干个单位工程。例如：一个生产车间（单项工程）的建造可分为厂房建造、电气照明、给水排水、工业管道安装、机械设备安装、电气设备安装等若干单位工程。

（4）分部工程。分部工程是单位工程的组成部分，是单位工程的进一步细化。按照工程部位、设备种类和型号、使用材料的不同，可将一个单位工程分解为若干个分部工程。如房屋的土建工程，按其不同的工种、不同的结构和部位可分为基础工程、砌筑工程、钢筋混凝土工程、木结构工程、金属结构制作及安装工程、混凝土及钢筋混凝土构件运输与安装工程、楼地面工程、屋面工程等。

（5）分项工程。分项工程是分部工程的组成部分。按照不同的施工方法、不同的材料、不同的规格，可将一个分部工程分解为若干个分项工程。如砖石工程（分部工程），可分为砖砌体、毛石砌体两类，其中砖砌体又可按部位不同分为外墙、内墙等分项工程。

分项工程是建设项目划分的最小单位，是计算工、料及资金消耗的最基本的构成要素。建设工程预算的编制、工程造价的确定就是从最小的分项工程开始，由小到大逐步汇总而完成的。

根据以上要求，我们可以看出工程项目实际可分为建设项目、单项工程、单位工程三个级别，分部工程及分项工程直接作为单位工程预算的一部分。举个例子来说：整个学校就是一个【建设项目】，学校里面的宿舍楼是【单项工程】，盖办公楼有建筑、装饰装修、安装部分，这些就是【单位工程】，装饰装修里面又分为门窗工程、楼地面、天棚等工程，这些就叫【分部工程】，天棚工程面要分抹灰、吊顶等，这些就叫【分项工程】，如图5-9所示。

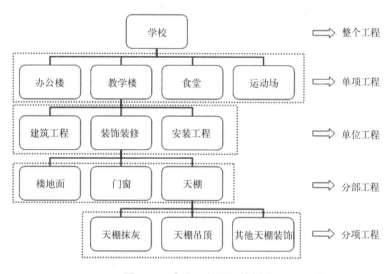

图 5-9　建设工程项目的划分

【项目训练】

该小区工程一共有5个样板房，每个样板房都需要进行土建工程、装修工程及水电工程的清单编制，请在本节操作的基础上，继续新建其他样板房及单位工程。

提示：新建5个单项工程，然后在每个单项工程下再新建3个单位工程。

活动 2　编制分部分项工程量清单

1.活动内容分析

（1）输入工程信息、工程特征及指标信息；

（2）编制分部分项清单；

（3）输入清单项目特征描述。

2. 操作步骤

（1）点击工程概况，可以在右侧界面相应的信息内容中输入信息，如图 5-10 所示。工程概况包括工程信息、工程特征及指标信息，工程信息和工程特征的输入内容会自动关联至报表，在报表文件输出时可自动生成相关的工程信息。此项内容不会影响清单内容编制及套价，因此也可以不输入，然后在生成的报表文件中手动输入所需的工程信息。指标信息显示的是工程总造价和单方造价，系统根据用户编制预算时输入的资料自动计算，在此页面的信息是不可以手工修改的。

图 5-10　工程概况

（2）点击分部分项，进入清单输入主界面。双击编码列第一行空白处，如图 5-11 所示，弹出清单查询对话框。依次双击【门窗工程】、【木门】、【010801002 木质门带套】，木质门带套清单将自动添加至数据编辑区内，如图 5-12 所示。

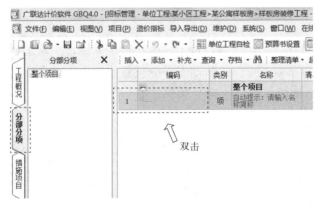

图 5-11　添加清单

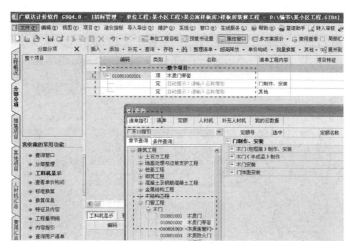

图 5-12　查询清单指引

（3）输入项目特征。点击【特征及内容】，在特征值栏中输入项目特征，如图 5-13
所示。如果此栏不能满足要求，也可以直接手动输入。双击【项目特征】单元格，直接
输入内容，或点击三个点按钮，在弹出的对话框中输入，如图 5-14 所示。

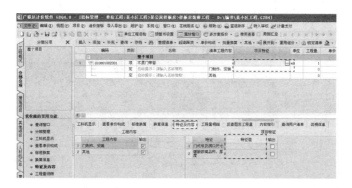

图 5-13　输入项目特征

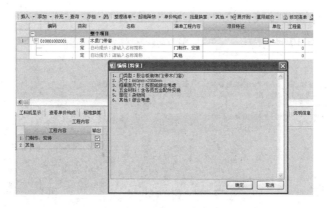

图 5-14　输入项目特征

（4）继续添加剩余清单项。单击【添加】，新增一行空白清单项，或者在数据编辑区空白处单击鼠标右键，在弹出菜单中选择【插入清单项】，如图 5-15 所示。在新增的清单项中重复操作（2）、（3），添加块料楼地面清单及项目特征。单击【整理清单】【分部整理】，可将清单项按照部的顺序分别整理并显示在左侧分部树中，如图 5-16 所示。

图 5-15　插入清单项

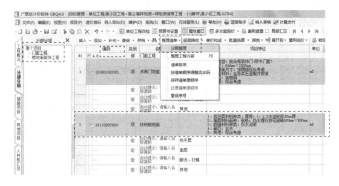

图 5-16　分部整理

【知识拓展】

清单的输入有多种输入方式：

（1）直接输入：直接输入清单号，例如 010801002003，单击回车，清单会进入到分部分项页面，如图 5-17 所示。

图 5-17　清单输入

（2）跟随输入：如果要输入的清单和前一条清单属于同一章，那么直接输入序号，无需输入章节号，软件会自动增加章节号。例如，在上一条清单的下面直接输入 5，按回车，则清单号自动为 010801005001，如图 5-18 所示。

图 5-18　清单输入

（3）查询输入：如果对工程所在地的清单不是很熟悉，可以通过查询清单的方法，输入清单项。点击功能区【查询】，在弹出的查询窗口中选择【清单】，然后双击所需清单即可将清单添加至编辑区，如图 5-19 所示。

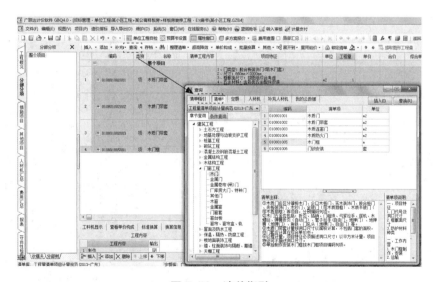

图 5-19　清单指引

【项目训练】

请将本装修工程中的门窗工程及楼地面工程清单输入软件，如图 5-20、图 5-21 所示。

编码	类别	名称	清单工程	项目特征	单位	工程量	单价	合价	综合单价	综合合价	汇总类别
B2	-A.11	部	楼地面装饰工程							29526.1	
1	011102003001	项	块料楼地面	1、找平层材料种类、厚度：1:2.5水泥砂浆30mm厚 2、面层材料品种、规格：仿大理石抛花瓷砖600mm×600mm 3、嵌缝材料种类：白水泥浆 4、部位：玄关 5、其他：综合考虑	m2	3.45			135.43	467.23	
2	011102003002	项	块料楼地面	1、找平层材料种类、厚度：1:2.5水泥砂浆30mm厚 2、面层材料品种、规格：仿冰啤网大理石瓷砖600mm×235mm 3、嵌缝材料种类：白水泥浆 4、部位：卫生间门 5、其他：综合考虑	m2	2.14			132.86	284.32	
3	011102003003	项	块料楼地面	1、找平层材料种类、厚度：1:2.5水泥砂浆30mm厚 2、面层材料品种、规格：仿大利木纹石防清瓷砖300mm×600mm 3、嵌缝材料种类：白水泥浆 4、部位：卫生间 5、其他：综合考虑	m2	14.11			132.85	1874.51	
4	011102003004	项	块料楼地面	1、找平层材料种类、厚度：1:2.5水泥砂浆30mm厚 2、面层材料品种、规格：仿大利木纹石抛光瓷砖600mm×600mm 3、嵌缝材料种类：白水泥浆 4、部位：客厅 5、其他：综合考虑	m2	29.52			135.43	3997.89	
5	011102003005	项	块料楼地面	1、找平层材料种类、厚度：1:2.5水泥砂浆30mm厚 2、面层材料品种、规格：仿大利木纹石防清瓷砖150mm×600mm 3、嵌缝材料种类：白水泥浆 4、部位：阳台 5、其他：综合考虑	m2	9.45			132.85	1255.43	
6	020512001001	项	木地板	1、防护材料种类：防潮纸 2、面层材料品种、规格、品牌：复合实木地板、100m×900m×18m 3、部位：主卧、次卧、衣帽间/工作间 4、其他：综合考虑	m2	44.11			278.18	12270.52	
7	011106003001	项	块料零星项目（门槛石）	1、块料门槛铺贴 2、品种、规格：仿碎瓷理石瓷砖 3、30mm厚1:2.5水泥砂浆找平层、白水泥勾缝 4、其他：综合考虑	m2	1.05			192.91	204.48	
8	011108001011	项	石材零星项目（门槛石）	1、石材门槛铺贴 2、品种、规格：20mm宽意大利木纹大理石 3、30mm厚1:2.5水泥砂浆找平层、白水泥勾缝 4、打磨勾缝剂、草酸除垢、上硬白腊清油 5、部位：入口处 6、其他：综合考虑	m2	0.27			511.7	138.16	
9	011106001001	项	石材楼梯面层	1、找平厚度、砂浆配合比：素水泥浆一道、30mm厚1:2.5水泥砂浆 2、面层材料品种、规格、颜色：20mm厚意大利木纹大理石 3、踏步面防材料开凹防滑条、详图D-08/8a 4、嵌缝材料种类：白水泥嵌缝 5、酸洗打蜡要求：表面草酸处理后打蜡上光 6、部位：实用楼梯（含踏面） 7、其他：综合考虑	m2	4.4			676.8	2977.92	
10	011105006001	项	金属踢脚线	1、1.0mm厚玫瑰金属脚线 2、踢脚线高度：100mm 3、基层材料种类、规格：12mm厚防火夹板 4、其他：综合考虑	m2	6.551			289.55	1896.84	
11	011503001001	项	金属扶手、玻璃栏杆	1、扶手材料种类、规格：直径40×40mm玫瑰金不锈钢扶手 2、栏板材料种类、规格：5+5mm夹胶双钢化玻璃（全玻） 3、栏杆高度：H=1050mm 4、部位：楼梯栏杆扶手 5、其他：综合考虑	m	4.45			484.97	2158.12	
12	011503001005	项	实木扶手、玻璃栏杆	1、扶手材料种类、规格：实木扶手 2、栏板材料种类、规格：5+5mm夹胶双钢化玻璃（全玻） 3、栏杆高度：H=1050mm 4、部位：实用平台栏杆 5、其他：综合考虑	m	3.58			558.85	2000.68	

图 5-20　楼地面工程清单

编码	类别	名称	清单工程	项目特征	单位	工程量	单价	合价	综合单价	综合合价	汇总类别
B2	-A.8	部	门窗工程							8483.36	
1	010801002001	项	木质门带套	1、门类型：胶合板装饰门（带木门套） 2、尺寸：660mm×2000mm 3、框截面尺寸：按图纸综合考虑 4、五金料种：含各类五金配件安装 5、部位：杂物间 6、其他：综合考虑	樘	1			798.15	798.15	
2	010801002002	项	木质门带套	1、门类型：胶合板装饰门（带木门套） 2、尺寸：865mm×2200mm 3、框截面尺寸：按图纸综合考虑 4、五金料种：含各类五金配件安装 5、部位：卧室 6、其他：综合考虑	樘	1			1097.97	1097.97	
3	010801002003	项	木质门带套	1、门类型：胶合板装饰门（带木门套） 2、尺寸：800mm×2100mm 3、框截面尺寸：按图纸综合考虑 4、五金料种：含各类五金配件安装 5、部位：储物间 6、其他：综合考虑	樘	1			982.06	982.06	
4	010801002006	项	防盗门	1、门类型：钢木复合豪华型防盗门（含门套） 2、尺寸：1200mm×2050mm×102mm 3、框截面尺寸：按图纸综合考虑 4、五金料种：含各类五金配件安装 5、部位：入口大门 6、其他：综合考虑	樘	1			4652.66	4652.66	
5	010801005001	项	木门框	1、门洞尺寸：860mm×1900mm 2、门框截面尺寸：110mm×130mm 3、框材料种类：杉木线格 4、油漆品种、刷漆遍数：木材面油聚氨脂漆 三遍 5、线条材料品种：10mm宽玫瑰金不锈钢金属线 6、部位：主卧 7、其他：综合考虑	樘	1			291.39	291.39	
6	010801005002	项	木门框	1、门洞尺寸：700mm×1900mm 2、门框截面尺寸：110mm×130mm 3、框材料种类：杉木线格 4、油漆品种、刷漆遍数：木材面油聚氨脂漆 三遍 5、线条材料品种：10mm宽玫瑰金不锈钢金属线 6、部位：主卧 7、其他：综合考虑	樘	1			281.38	281.38	
7	010801005003	项	木门框	1、门洞尺寸：680mm×2070mm 2、门框截面尺寸：160mm×70mm 3、框材料种类：杉木线格 4、油漆品种、刷漆遍数：木材面油聚氨脂漆 三遍 5、部位：实用平台口 6、其他：综合考虑	樘	1			195.57	195.57	
8	010801005004	项	木门框	1、门洞尺寸：840mm×2200mm 2、门框截面尺寸：160mm×70mm 3、框材料种类：杉木线格 4、油漆品种、刷漆遍数：木材面油聚氨脂漆 三遍 5、部位：厨房口 6、其他：综合考虑	樘	1			184.18	184.18	

图 5-21　门窗工程清单

活动 3　定额子目的输入

1. 活动内容分析

（1）输入定额子目；

（2）换算混凝土、砂浆强度等级；

（3）结合清单的项目特征对照分析是否需要进行换算。

2. 操作步骤

（1）点击定额子目编码栏空白处（对应的清单工程内容为找平层），然后点击三个点图标，出现下拉框。下拉框中的内容为程序根据该清单的清单工程内容自动筛选出的常用定额子目，可以直接在此下拉框中选择所需定额。如果下拉框中没有所需定额，可以直接在编码栏输入定额编码，如图 5-22 所示。

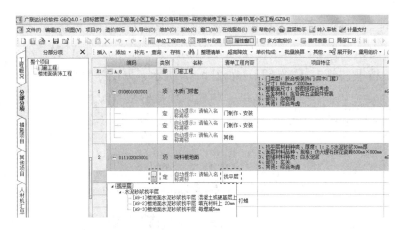

图 5-22　定额子目输入

（2）单击【A9-1】，弹出换算对话框，输入实际厚度 30mm，点击确定，如图 5-23 所示；然后弹出制作子目对话框，勾选"预拌砂浆（湿拌）1∶2.5 水泥砂浆"，点击确定，如图 5-24 所示。

图 5-23　子目换算对话框

图 5-24　制作子目

（3）点击定额子目编码栏空白处（对应的清单工程内容为面层），然后点击三个点图标，出现下拉框，单击【A9-67】，如图 5-25 所示。弹出换算对话框，点击取消，如图 5-26 所示然后弹出制作子目对话框，勾选"预拌砂浆（湿拌）1∶2.5 水泥砂浆"，然后勾选"合并浇捣和制作子目"，点击确定，如图 5-27、图 5-28 所示。

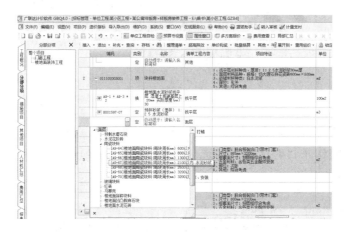

图 5-25　定额子目输入

图 5-26　子目换算

图 5-27　制作子目

图 5-28　定额子目输入

【知识拓展】

5.1.4　清单下定额子目有多种输入方法

（1）直接输入：与清单的输入方法一样，在清单项处点击鼠标右键，选择【插入子目】，在【编码】位置直接输入定额编码即可，如图 5-29 所示。

图 5-29　定额子目直接输入

（2）关联输入：当对本地定额不熟悉时，可通过输入定额名称关键字查找相应子目。例如：在【名称】处输入【木门框】，软件会自动过滤出名称中包含【木门框】的定额子目，选择使用即可，如图5-30所示。

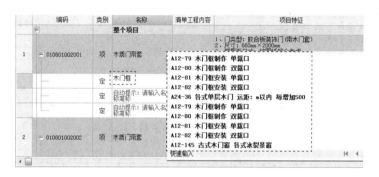

图5-30　定额子目关联输入

（3）查询输入：点击工具栏【查询】，在弹出的查询对话框中点击【定额】，在定额库中找到要使用的定额子目双击选择即可，如图5-31所示。或者直接点击工具栏【查询】旁边的小三角形，再点击【查询定额】，也可以弹出查询对话框，如图5-32所示。

图5-31　定额子目查询输入

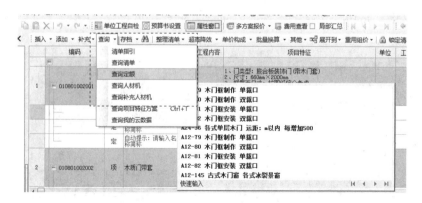

图5-32　查询定额

5.1.5 定额子目换算有多种换算方法

（1）标准换算：输入定额子目后，软件会自动弹出换算对话框。如果觉得每次弹出换算框不方便，可以将下面【不再显示此窗体】打勾，此时就可以直接在【属性窗口】中【标准换算】中输入换算内容，也可以直接进行工料机的系数换算；在此窗口还可以进行【取消换算】的操作，如图 5-33 所示。

图 5-33　标准换算

（2）批量换算：即多条子目进行同一项换算时可以使用。框选或用 Ctrl+ 鼠标左键多选定额子目后，点击工具栏【批量换算】，在弹出的对话框中直接进行工料机系数换算或替换人材机；替换人材机时，选择要替换的材料，点击【替换人材机】，在弹出的对话框中软件会根据材料名称直接定位，选择目标材料，点击【替换】即可，如图 5-34 所示。

图 5-34　批量换算

（3）查看换算信息：点击【属性窗口】中【换算信息】即可查看。窗口中将列出当前子目做过的所有换算的换算串、换算说明和换算来源。如果想取消某一步换算，可以选择这个换算，点击右面的"删除"按钮，如图5-35所示。

图 5-35　删除换算

【项目训练】

请输入图5-36及图5-37所示定额子目及相应的换算内容。

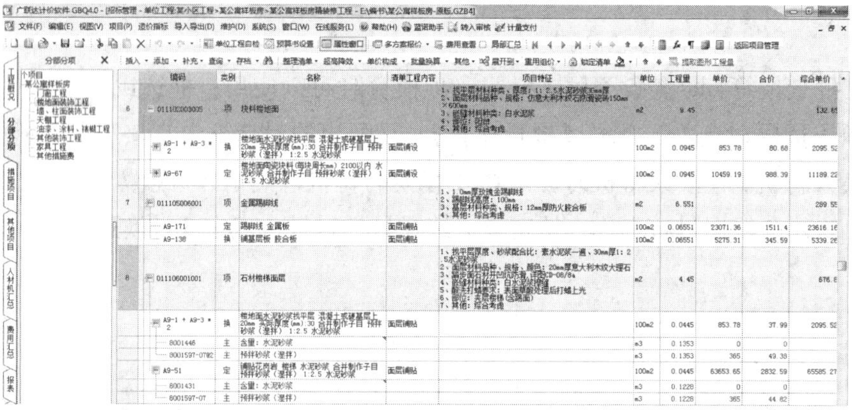

图 5-36　楼地面工程定额子目输入

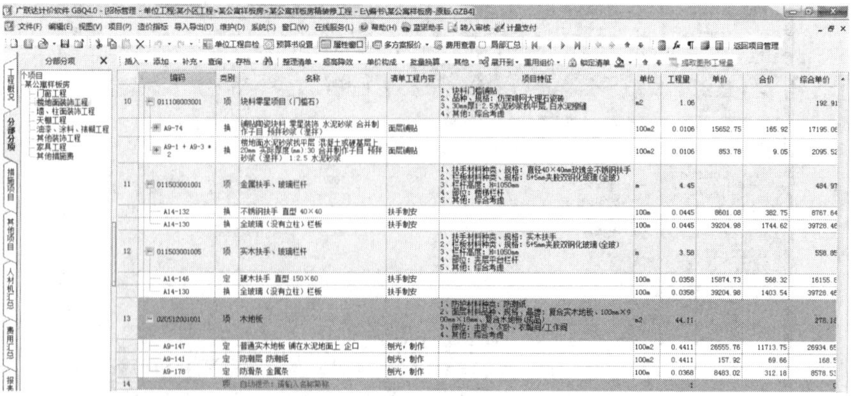

图 5-37　楼地面工程定额子目输入

活动 4　工程量输入及组价

1. 活动内容分析

（1）输入清单工程量及定额工程量进行组价；

（2）调整人材机费用；

（3）载入市场价。

2. 操作步骤

（1）双击清单项目对应的工程量栏，输入工程量 3.45m²，然后输入预拌砂浆（湿拌）1：2.5 水泥砂浆的单价 365 元。当清单工程量与定额工程量相同时，程序将自动填写定额工程量进行组价，如需修改定额工程量，可直接双击定额子目对应的工程量栏进行修改，如图 5-38 所示。

图 5-38　工程量输入

（2）修改人材机市场价：在人材机汇总界面，点击选择需要修改市场价的人材机，在市场价列输入所需实际市场价，修改完毕后，软件将以换底色的方式与未调价的材料来区分，如图 5-39 所示。

图 5-39　人材机调整

【知识拓展】

除了直接修改人材机的市场价外，还有其他调整市场价的方法。

（1）如果之前已经做过类似的工程，可以复用历史工程的市场价。点击【载价】的【载入历史工程市场价文件】，弹出工程选择窗口，选择需要的历史工程，点击【打开】，软件将把此历史工程的人材机市场价格应用到当前工程相同的人材机上，如图5-40所示。

图 5-40　载入历史价

（2）可以直接载入软件根据政府部门发布的信息价做好的信息价或市场价文件。点击【载价】的【载入价格文件】，在弹出的窗口里找到需要的信息价文件，选择后点击【确定】，工程的人材机市场价将自动修改为市场价文件里相同材料的市场价。

（3）也可以用另外一种载入方式：点击【批量载价】，在弹出的载价对话框中选择相应的地区及时间，点击【下一步】，如图5-41所示；在批量载价对话框中点击【开始载价】，如图5-42所示。

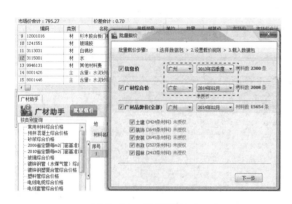

图 5-41　批量载价（一）

图 5-42　批量载价（二）

【项目训练】

请输入图5-43及图5-44所示清单工程量及定额工程量，并按图示调整市场价。

图 5-43　工程量输入

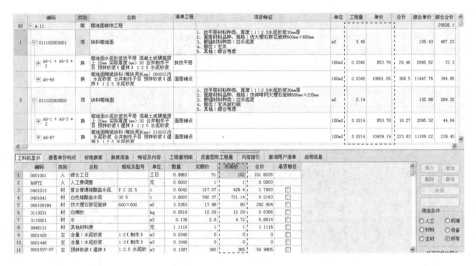

图 5-44　调整价格

活动 5　措施项目费用及规费税金

1. 活动内容分析

（1）编制安全文明施工费等通用措施项目。软件根据不同专业内置了通用措施项目及其费率，只需要根据工程情况计算措施项目费用即可。

（2）计取规费、税金，输出单位工程造价。

2. 操作步骤

（1）点击导航栏【措施项目】，找到安全文明施工费用所在行，在费率栏中直接输入费率 2.52，或者点击旁边的三个点按钮，在弹出窗口中选择装饰工程安全文明施工措施费，如图 5-45 所示。程序将自动以分部分项工程费为计算基础按照费率来计算出安全文明施工费用。其他措施项目费用添加方法也是一样。

图 5-45　措施项目费用

（2）点击导航栏【费用汇总】，进入规费、税金及总造价的输出界面，如图 5-46 所示。软件中内置了各地文件规定的费用构成，可以直接使用，如有特殊需要，也可以自由修改。

图 5-46　费用汇总界面

活动 6　输出报表

1. 活动内容分析

软件可输出的报表格式有很多，如果从使用的角度进行区分，可分为五大类，分别是：工程量清单、招标控制价、投标报价、竣工结算、工程鉴定。可根据需要选择所需输出的报表。

（1）工程量清单编制使用表格包括：封 -1、扉 -1、表 -01、表 -08、表 -11、表 -12（不含表 -12-6、表 -12-8）、表 -13、表 -20、表 -21 或表 -22。

（2）招标控制价使用表格包括：封 -2、扉 -2、表 -01、表 -02、表 -03、表 -04、表 -08、表 -09、表 -12（不含表 -12-6、表 -12-8）、表 -13、表 -20、表 -21 或表 -22。

（3）投标报价使用表格包括：封 -3、扉 -3、表 -01、表 -02、表 -03、表 -04、表 -08、表 -09、表 -11、表 -12（不含表 -12-6、表 -12-8）、表 -13、表 -16、招标文件提供的表 -20、表 -21 或表 -22。

（4）竣工结算使用的表格包括：封 -4、扉 -4、表 -01、表 -05~ 表 -20、表 -21 或表 -22。

（5）工程造价鉴定使用的表格包括：封 -5、扉 -4、表 -01、表 -05~ 表 -20、表 -21 或表 -22。

2. 操作步骤

（1）点击导航栏【报表】，进入报表预览界面，点击所需查看的报表可在窗口中显示出对应的报表，如图 5-47 所示。可以将报表导出到 excel 中进行加工、保存，导出方式包括单张报表导出和批量导出。点击【批量导出到 excel】，在弹出的窗口中勾选需要导出到 excel 文件的报表即可。如果无需其他调整，可以点击【批量打印】直接打印报表。

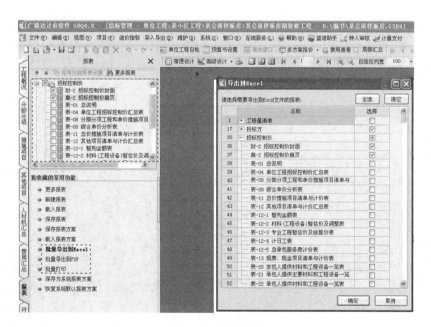

图 5-47 导出报表

（2）重点报表示例

招标控制价扉页

某公寓样板房装修工程—精装修工程

招标控制价

预 算 价（小写）：_____131,597.05_____

（大写）：_____壹拾叁万壹仟伍佰玖拾柒元零伍分_____

招 标 人：_____
（单位盖章）

造 价 咨 询 人：_____
（单位资质专用章）

法 定 代 表 人
或 其 授 权 人：_____
（签字或盖章）

法 定 代 表 人
或 其 授 权 人：_____
（签字或盖章）

编 制 人：_____
（造价人员签字盖专用章）

复 核 人：_____
（造价工程师签字盖专用章）

编 制 时 间： 年 月 日

复 核 时 间： 年 月 日

扉 −2

单位工程招标控制价汇总表

工程名称：某公寓样板房装饰工程　　　　　　标段：某小区工程　　　　　　第 1 页　共 1 页

序号	汇总内容	金额（元）	其中：暂估价（元）
1	分部分项合计	123865.35	
1.1	某公寓样板房	123865.35	
2	措施合计	3121.41	
2.1	安全防护、文明施工措施项目费	3121.41	
2.2	其他措施费		
3	其他项目		—
3.1	材料检验试验费		
3.2	工程优质费		
3.3	暂列金额		
3.4	暂估价		
3.5	计日工		
3.6	总承包服务费		
3.7	材料保管费		
3.8	预算包干费		
3.9	索赔费用		
3.10	现场签证费用		
4	规费	126.99	—
4.1	工程排污费		—
4.2	施工噪声排污费		—
4.3	防洪工程维护费		—
4.4	危险作业以外伤害保险费	126.99	—
5	堤围防护费及税金	4483.3	—
6	人工费	27291.01	
招标控制价合计 = 1 + 2 + 3 + 4 + 5		131,597.05	

注：本表适用于单位工程招标控制价或投标报价的汇总，如无单位工程划分，单项工程也使用本表汇总。

表—04

分部分项工程和单价措施项目清单与计价表

工程名称：某公寓样板房装饰工程　　　　　　标段：某小区工程　　　　第 1 页　共 12 页

序号	项目编号	项目名称	项目特征描述	计量单位	工程量	综合单价	合价	其中 暂估价
1	01080100201	木质门带套	1.门类型：胶合板装饰门（带木门套） 2.尺寸：660mm×2000mm 3.框截面尺寸：按图纸综合考虑 4.五金材料：含各类五金配件安装 5.部位：杂物间 6.其他：综合考虑	樘	1	798.15	798.15	
2	01081002002	木质门带套	1.门类型：胶合板装饰门（带木门套） 2.尺寸：865mm×2200mm 3.框截面尺寸：按图纸综合考虑 4.五金材料：含各类五金配件安装 5.部位：次卧 6.其他：综合考虑	樘	1	1097.06	1097.06	
3	01081002003	木质门	1.门类型：胶合板装饰门（带木门套） 2.尺寸：800mm×2100mm 3.框截面尺寸：按图纸综合考虑 4.五金材料：含各类五金配件安装 5.部位：储藏室 6.其他：综合考虑	樘	1	982.66	982.66	
4	010801002006	防盗门	1.门类型：钢木复合豪华型防盗门（含门套） 2.尺　寸：1200mm×2050mm×102mm 3.框截面尺寸：按图纸综合考虑 4.五金材料：含各类五金配件安装 5.部位：入口大门 6.其他：综合考虑	樘	1	291.39	291.39	
5	010801005001	木门框	1.门洞尺寸：860mm×1900mm 2.门框截面尺寸：110mm×130mm 3.框材料种类：衫木饰线 4.油漆品种、刷漆遍数：木材面油聚氨酯漆三遍 5.线条材料品种：10mm宽玫瑰金不锈钢金属线 6.部位：主卧 7.其他：综合考虑	樘	1	291.39	291.39	

续表

序号	项目编号	项目名称	项目特征描述	计量单位	工程量	金额（元）		其中
						综合单价	合价	暂估价
6	01081005002	木门框	1. 门洞尺寸：700mm×1900mm 2. 门框截面尺寸：110mm×130mm 3. 框材料种类：衫木饰线 4. 油漆品种、刷漆遍数：木材面油 聚氨酯漆 三遍 5. 线条材料品种：10mm 宽玫瑰金 不锈钢金属线 6. 部位：主卧 7. 其他：综合考虑	樘	1	281.38	281.38	
7	010801005003	木门框	1. 门洞尺寸：680mm×2027mm 2. 门框截面尺寸：160mm×70mm 3. 框材料种类：衫木饰线 4. 油漆品种、刷漆遍数：木材面油 聚氨酯漆 三遍 5. 部位：夹层卫生间 6. 其他：综合考虑	樘	1	195.57	195.57	
8	010801005004	木门框	1. 门洞尺寸：840mm×2200mm 2. 门框截面尺寸：160mm×70mm 3. 框材料种类：衫木饰线 4. 油漆品种、刷漆遍数：木材面油 聚氨酯漆 三遍 5. 部位：首层卫生间 6. 其他：综合考虑	樘	1	184.18	184.18	
			本页小计				8483.36	

注：为计取规费等的使用，可在表中增设其中："定额人工费"。

表－08

分部分项工程和单价措施项目清单与计价表

工程名称：某公寓样板房装饰工程　　　　　　　　标段：某小区工程　　　　　第2页　共12页

序号	项目编号	项目名称	项目特征描述	计量单位	工程量	综合单价	合价	其中 暂估价
9	011102003001	块料楼地面	1. 找平层材料种类、厚度：1∶2.5 水泥砂浆 30mm 厚 2. 面层材料品种、规格：仿大理石拼花瓷砖 60mm×600mm 3. 嵌缝材料种类：白水泥浆 4. 部位：玄关 5. 其他：综合考虑	m²	3.46	13.43	468.59	
10	011102003002	块料楼地面	1. 找平层材料种类、厚度：1∶2.5 水泥砂浆 30mm 厚 2. 面层材料品种、规格：仿深啡网大理石瓷砖 600mm×235mm 3. 嵌缝材料种类：白水泥浆 4. 部位：玄关波打线 5. 其他：综合考虑	m²	2.13	132.85	282.97	
11	011102003003	块料楼地面	1. 找平层材料品种、厚度：1∶2.5 水泥砂浆 30mm 厚 2. 面层材料品种、规格：仿意大利木纹石防滑瓷砖 300mm×600mm 3. 嵌缝材料种类：白水泥浆 4. 部位：卫生间 5. 其他：综合考虑	m²	13.9015	132.85	1846.81	
12	011102003004	块料楼地面	1. 找平层材料种类、厚度：1∶2.5 水泥砂浆 30mm 厚 2. 面层材料品种、规格：仿意大利木纹石抛光瓷砖 600mm×600mm 3. 嵌缝材料种类：白水泥浆 4. 部位：客厅 5. 其他：综合考虑	m²	29.93	135.43	4053.42	
13	011102003005	块料楼地面	1. 找平层材料种类、厚度：1∶2.5 水泥砂浆 30mm 厚 2. 面层材料品种、规格：仿意大利木纹石防滑瓷砖 150mm×600mm 3. 嵌缝材料种类：白水泥浆 4. 部位：阳台 5. 其他：综合考虑	m²	9.45	132.85	1255.43	
14	011105006001	金属踢脚线	1. 1.0mm 厚玫瑰金踢脚线 2. 踢脚线高度：100mm 3. 基层材料种类、规格：12mm 厚防火胶合板 4. 其他：综合考虑	m²	6.551	289.55	1896.84	

续表

序号	项目编号	项目名称	项目特征描述	计量单位	工程量	金额（元）		其中
						综合单价	合价	暂估价
15	011106001001	石材楼梯面层	1. 找平层厚度、砂浆配合比：素水泥浆一遍、30mm 厚 1：2.5 水泥砂浆 2. 面层材料品种、规格、颜色：20mm 厚意大利木纹大理石 3. 踏步面石材开凹坑防滑，详图 CD-08/a 4. 嵌缝材料种类：白水泥浆擦缝 5. 酸洗打蜡要求：表面草酸处理后打蜡上光 6. 部位：夹层楼梯（含踢面） 7. 其他：综合考虑	m²	4.4	676.8	2977.92	
			本页小计				12781.98	

注：为计取规费等的使用，可在表中增设其中："定额人工费"。

表 – 08

综合单价分析表

项目编码	010801002001	项目名称	木质门带套	计量单位	樘	工程量	1

清单综合单价组成明细

定额编号	定额项目名称	定额单位	数量	单价				合价			
				人工费	材料费	机械费	管理费和利润	人工费	材料费	机械费	管理费和利润
MC1-16	杉木胶合板门单扇	m²	1.32	0	450	0	0	0	594	0	0
A12-154	平开式装饰成品门安装	100m²	0.0132	1729.92	464.26	0	438.19	22.83	6.13	0	5.78
A12-166	门窗套、筒子板贴木饰面板不带木龙骨	100m²	0.0112	4050.22	10077.22	0	1025.92	45.28	112.66	0	11.47
人工单价		小计						68.12	712.79	0	17.25
综合工日：102 元 / 工日		未计材料费						0			
清单项目综合单价								798.16			

材料费明细	主要材料名称、规格、型号	单位	数量	单价（元）	合价（元）	暂估单价（元）	暂估合价（元）
	其他材料费	元	7.011	1	7.01		
	乳胶	kg	0.341	5.8	1.98		
	防火胶合板 集安 2440×1220×12	m²	1.6546	46	76.11		
	玻璃胶 335 克 / 支	支	0.2389	28	6.69		
	浅色斑马木木饰面 3mm	m²	1.2857	21	27		
	高级木饰面单扇	m²	1.32	450	594		
	材料费小计			–	712.79	–	0

注：1. 如不使用省级或行业建设主管部门发布的计价依据，可不填定额编码、名称等；　　　　　　　　表 - 09

　　2. 招标文件提供了暂估单价的材料，按暂估的单价填入表内"暂估单价"栏及"暂估合价"栏。

综合单价分析表

工程名称：某公寓样板房装饰工程 　　　　　　　标段：某小区工程 　　　　第 11 页 　共 90 页

项目编码	011102003001	项目名称	块料楼地面	计量单位	m²	工程量	3.45

清单综合单价组成明细

定额编号	定额项目名称	定额单位	数量	单价				合价			
				人工费	材料费	机械费	管理费和利润	人工费	材料费	机械费	管理费和利润
A9-1 ＋ A9-3	楼地面水泥砂浆找平层 混凝土或硬基层上 20mm 实际厚度〔mm〕：30 合并制作子目 预拌砂浆（湿拌）1：2.5 水泥砂浆	100m²	0.01	734.1	54.61	0	197.21	7.34	0.55	0	1.97
A9-68 换	楼地面陶瓷块料〔每块周长mm〕2600 以内 水泥砂浆 合并制作子目 预拌砂浆（湿拌）1：2.5 水泥砂浆	100m²	0.01	2211.46	8273.54	0	594.11	22.11	82.74	0	5.94
人工单价		小计						29.46	83.28	0	7.91
综合工日：102 元 / 工日		未计材料费						14.78			
清单项目综合单价								135.43			

	主要材料名称、规格、型号	单位	数量	单价（元）	合价（元）	暂估单价（元）	暂估合价（元）
材料费明细	白棉纱	kg	0.015	12.29	0.18		
	白色硅酸盐水泥 P·C 32.5	t	0.0001	721.14	0.07		
	水	m³	0.04	4.72	0.19		
	复合普通硅酸盐水泥 P·C 32.5	t	0.0012	428.4	0.51		
	其他材料费	元	0.3222	1	0.32		
	仿大理石拼花瓷砖 600×600	m²	1.025	80	82		
	预拌砂浆〔湿拌〕1：2.5 水泥砂浆〔地面找平〕	m³	0.0405	365	14.78		
	材料费小计			—	98.06	—	0

注：1. 如不使用省级或行业建设主管部门发布的计价依据，可不填定额编码、名称等；

表 – 10

2. 招标文件提供了暂估单价的材料，按暂估的单价填入表内"暂估单价"栏及"暂估合价"栏。

任务 5.2　广联达 BIM 土建算量软件 GCL2013

【任务描述】

　　本任务是采用广联达 BIM 土建算量软件 GCL2013 建立模型，输入做法以及确定工程量计算规则，软件根据所选计算规则进行工程量的计算，最终输出计算结果及各类报表进行结果的统计。通过本内容的学习，使学生掌握软件计算工程量的方法，会根据图纸来建立三维模型，能准确输入构件的做法及工程量计算规则，会判断模型建立及做法输入的正确性，能输出计算结果并对软件生成的报表进行统计整理。

【知识构成】

5.2.1　工程量计算电算化

　　以往的工程量计算方法主要以手算为主，以计算器等为辅助计算工具，随着信息化技术的发展，逐渐过渡到采用计算机表格进行简单的工程量计算及统计。社会在不断发展，大型建筑物越来越多，各地的工程也如雨后春笋，建筑工程量的计算随之变成了一项工程浩大而计算繁琐的工作，用手算或者计算机表格的方法已经远远不能满足工程人员的要求。算量软件的出现大大减少了工程人员的工作量，也使得计算大型建筑物的工程量成为可能。目前我们已经普遍采用通过算量软件建立模型然后自动计算工程量及输出计算结果的方法。

5.2.2　算量软件的优点

　　算量软件一般是基于各地计算规则与全统清单计算规则，采用建模的方式，整体考虑各类构件之间的相互关系，以直接输入为补充来计算工程量。软件主要解决工程造价人员在招投标过程中的算量、过程提量、结算阶段构件工程量计算的业务问题，不仅将使用者从繁杂的手工算量工作中解放出来，还能在很大程度上提高算量工作效率和精度。

　　现在建筑及结构设计图纸一般都是二维的设计图纸，提供建筑的平、立、剖图纸，对建筑物进行表达。而建模算量则是将建筑平、立、剖面图结合，建立建筑的空间模型，模型的建立则可以准确的表达各类构件之间的空间位置关系，土建算量软件则按计算规则计算各类构件的工程量，构件之间的扣减关系则根据模型由程序进行处理，从而准确计算出各类构件的工程量。

5.2.3 软件介绍

本书选用的是广联达 BIM 土建算量软件 GCL2013。

该软件采用广联达自主研发的三维精确计算方法，运用三维编辑技术建模并处理构件，可以在三维模式下绘制构件、查看构件，也可以在三维中随时进行构件编辑：包括构件图元属性信息、图元的平面布局和标高位置等，真正实现了所得即所见，所见即能改。同时，软件根据各地的算量标准内置了各种计算规则，可按照规则自动计算工程量，也可以按照工程需要自由调整计算规则按需计算。软件中配置了三类报表，每类报表按汇总层次进行逐级细分来统计工程量；其中指标汇总分析系列报表将当前工程的结果进行了汇总分析，从单方混凝土指标表，再到工程综合指标表，我们可以看到本工程的主要指标，并可根据经验迅速分析当前工程的各项主要指标是否合理，从而判断工程量计算结果是否准确。

使用广联达 BIM 土建算量软件 GCL2013 建模并计算工程量的流程如图 5-48 所示。

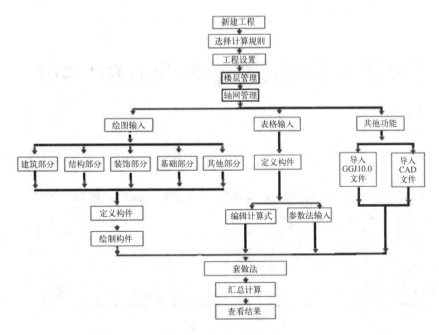

图 5-48　软件操作流程图

课堂活动

活动 1　新建工程

1. 活动内容分析

（1）正确选择清单与定额规则，以及相应的清单库和定额库；

（2）正确设置室外地坪相对标高；

（3）定义楼层及统一设置各类构件混凝土强度等级。

2. 操作步骤

（1）双击软件图标，打开软件。注意：本书使用的广联达 BIM 土建算量软件版本号为 10.5.0.1314。

（2）新建工程，点击【新建向导】，如图 5-49 所示，进入"新建工程"界面。

工程名称：可以按工程图纸名称输入，保存时会作为默认的文件名，也可以不作修改。

清单规则和定额规则的选用如图 5-50 所示。注意：清单规则与定额规则的选择会影响最终的结果，并且选择确定之后不能再修改规则，因此这里一定要选择正确的规则，如图 5-50 所示。

做法模式：选择纯做法模式。软件提供了两种做法模式：纯做法模式和工程量表模式，如图 5-51 所示。两者的区别在于是否对构件需要计算的工程量给出参考列项。

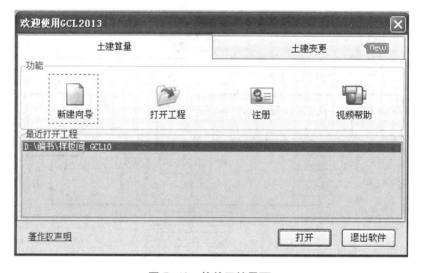

图 5-49　软件开始界面

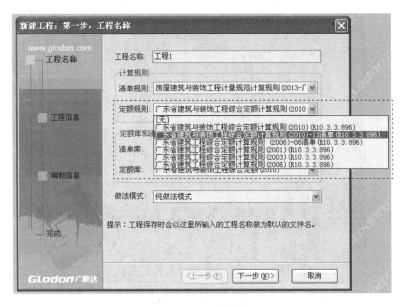

图 5-50　新建工程

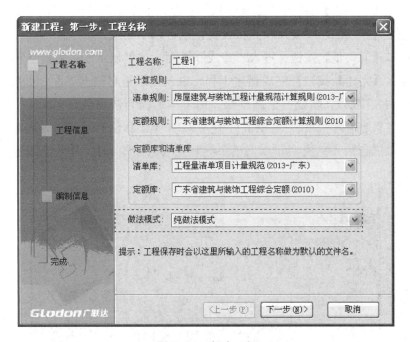

图 5-51　新建工程

（3）点击【下一步】，进入"工程信息"界面，如图 5-52 所示。界面中黑色字体的属性名称对应的属性内容只起标识作用，不会对计算结果产生影响，可以不用输入。异色字体的"室外地坪相对 ±0.000 标高"将影响外墙装修工程量，一定要按图纸内容正确输入。本工程为样板间的装修，因此直接输入"0"。

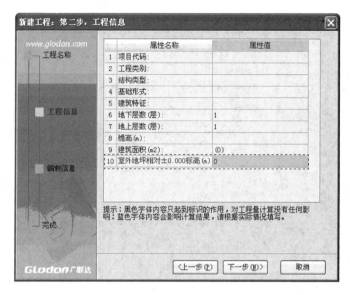

图 5-52　新建工程

（4）点击【下一步】，进入"编制信息"界面，如图 5-53 所示，根据实际工程的情况添加相应的内容，汇总时会反映到报表里，也可以不输入。

（5）点击【下一步】按钮，进入"完成"界面，这里显示了工程信息和编制信息。

（6）点击【完成】按钮，完成新建工程，进入楼层信息输入界面，如图 5-53 所示。左键单击【插入楼层】，新建一个新楼层。由于本工程为带夹层的样板间，因此根据图纸，在首层层高处输入 2.3，二层层高处输入 2.2。本工程没有基础层，因此层高可以不作修改。楼层信息输入完成后，点击模块导航栏【绘图输入】，进入绘图输入界面进行建模计算。

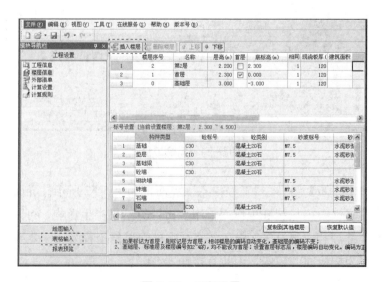

图 5-53　工程设置

【知识拓展】

（1）新建工程中，主要确定工程名称、计算规则以及做法模式。异色字体的参数值影响工程量计算，应按照图纸输入，其他信息只起标识作用。

（2）首层标记：在楼层列表中的首层列，可以选择某一层作为首层；勾选后，该层作为首层，相邻楼层的编码自动变化，基础层的编码不变。此功能主要用于设置地下室。

（3）底标高：指各层的结构底标高，软件中只允许修改首层的底标高，其他层标高自动按层高反算。

（4）相同板厚：按图纸中最常用的板厚设置；在绘图输入新建板时，会自动默认取这里设置的数值。

（5）建筑面积：是指各层建筑面积图元的建筑面积工程量，只起标识作用。

（6）标号设置：按照结构设计总说明，对应构件选择标号和类型。修改后软件会用不同颜色显示以示区别。在首层输入相应的数值完毕后，可以使用右下角的"复制到其他楼层"命令，把首层的数值复制到参数相同的楼层。

活动 2　新建轴网

1. 活动内容分析

（1）按照图纸内容新建正交轴网；

（2）建立辅助轴线。

2. 操作步骤

（1）在绘图输入界面中，依次单击【轴网】、【新建】、【新建正交轴网】，如图 5-54所示。

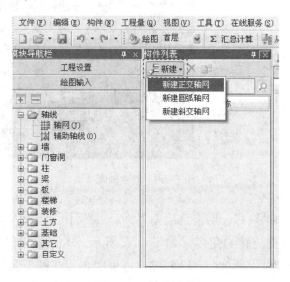

图 5-54　新建轴网

（2）在右侧轴网尺寸输入框中输入7700，单击【添加】加入第一个下开间轴线尺寸。单击【左进深】，在输入框输入8900，单击【添加】加入进深尺寸，如图5-55所示。生成的轴网将在右侧窗口中显示，如图5-56所示。

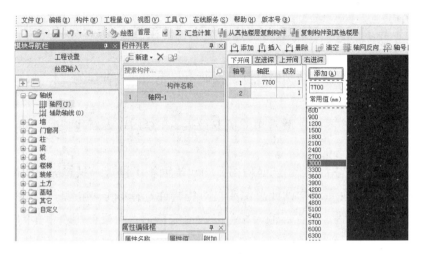

图 5-55　新建轴网

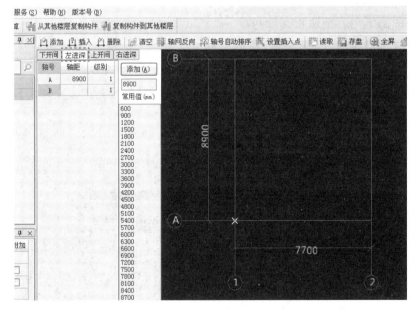

图 5-56　新建轴网

（3）左键双击"轴网-1"，切换到绘图界面，并弹出"请输入角度"对话框，提示用户输入定义轴网需要旋转的角度，如图5-57所示。本工程轴网为平竖直向的轴网，角度按软件默认输入为"0"，点击【确定】，将轴网布置在模型窗口中，完成对本工程轴网的定义和绘制。

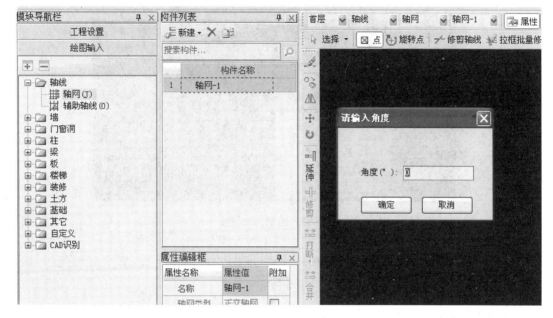

图 5-57　绘制轴网

【知识拓展】

（1）建立轴网时，输入轴距有多种方法：常用的数值可以直接双击；常用值没有的数据输入添加即可，或者在轴距下面的表格中直接输入轴距然后按回车即可。

（2）当上开间与下开间、左进深与右进深轴距一样时，只需输入一个开间或一个进深即可；如果不一样（即错轴），则上下开间或左右进深都要输入，可以使用轴号自动生成将轴号排序。

（3）软件自动生成的轴号与图纸不同时，可以双击轴号进行修改，也可以修改轴号级别。

（4）当轴网不能满足建模要求时，可以使用建立辅助轴线的功能来另行添加辅助轴线，比较常用的建立辅助轴线的功能有：二点辅轴（直接选择两个点绘制辅助轴线）；平行辅轴（建立平行于任意一条轴线的辅助轴线）；圆弧辅轴（可以通过选择 3 个点绘制辅助轴线）。平行辅轴的操作步骤如下：点击【平行】，然后鼠标左键选择一条参考轴线，弹出偏移距离对话框，如图 5-58 所示，向上偏移输入正值，向下偏移则输入负值，点击【确定】，完成辅轴的绘制。

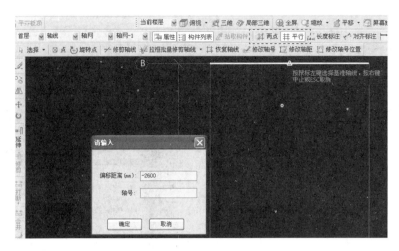

图 5-58　绘制辅助轴线

（5）在任何界面下都可以添加辅轴。辅轴与轴网之间是相互独立的。辅轴使用之后如果不再需要了，可以直接在模型窗口中删除。

【项目训练】

（1）请根据样板房图纸建立如图 5-59 所示轴网。

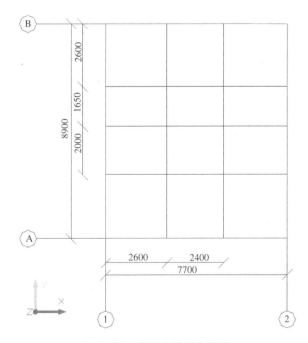

图 5-59　样板房轴网布置图

（2）请使用新建轴网或建立辅助轴线功能建立如图 5-60 所示轴网。

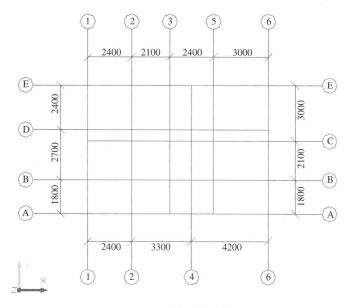

图 5-60　轴网布置图

活动 3　新建柱

1. 活动内容分析

（1）定义矩形柱构件属性；

（2）使用多种方法绘制柱图元；

（3）区分构件与图元的概念，跨楼层复制图元。

2. 操作步骤

（1）在绘图输入界面模块导航栏中，依次左键双击【柱】、【柱（Z）】，如图 5-61 所示；然后依次点击构件列表【新建】、【新建矩形柱】，在属性编辑框中输入框架柱的属性，如图 5-62 所示。

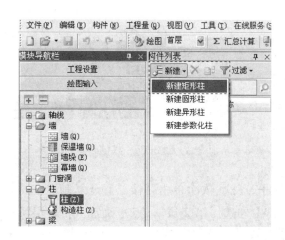

图 5-61　新建柱

图 5-62　柱属性

（2）柱属性定义完成后，单击【绘图】按钮，或者双击需要建立的构件名称，如图5-63所示，切换到绘图界面。

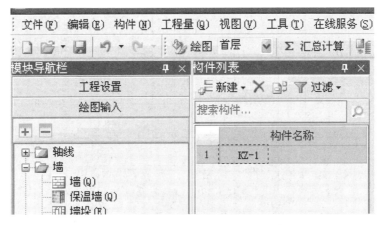

图5-63　柱构件列表

（3）点绘制柱图元：单击【点】，鼠标靠近并捕捉①轴和⑧轴的交点，单击鼠标左键即可建立一个柱构件，如图5-64所示。依次点击其他需要布置柱构件的位置，将柱一一布置上去，然后单击鼠标右键结束图元的绘制。

（4）单击【设置偏心柱】，直接在模型窗口中点击需要修改的偏移数据，然后按回车结束设置，如图5-65所示。

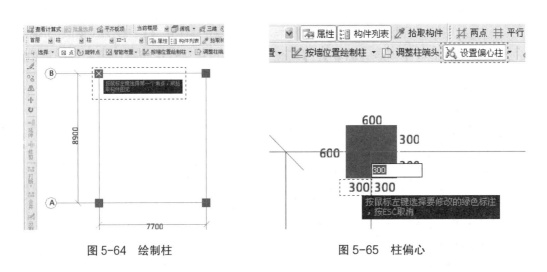

图5-64　绘制柱　　　　　　　　　　图5-65　柱偏心

（5）单击【选择】，框选中所有柱子，然后依次单击【楼层】、【复制选定图元到其他楼层】，如图5-66所示，在弹出窗口中勾选"第2层"，点击确定，将首层所有的柱图元及构件复制到第二层，如图5-67所示。

图 5-66　跨层复制柱图元　　　　　　图 5-67　跨层复制柱图元

【知识拓展】

（1）点击【绘图】或【定义】可以在绘图界面和定义界面之间切换，双击构件名称也可以进行切换。

（2）软件中有图元与构件两个概念，必须先定义构件然后绘制图元，有构件不一定有图元，但有图元一定有构件。删除构件时，必须先把对应绘制的图元删除，删除图元则不用。复制时也分为复制构件和复制图元。复制构件在【构件】菜单下操作，复制构件时不会复制图元；而复制图元在【楼层】菜单下操作，复制图元时其对应的构件也会一并复制。

（3）模块导航栏的绘图输入界面中，括号里的字母为对应构件的显示快捷键，一般为拼音首字母。在绘图窗口中，按下相应的字母（英文输入法状态下）可以显示或者取消显示图元。同时在键盘上按下 Shift 键和构件的显示快捷键，可将相应的构件名称显示在模型窗口。例如：同时按下 Shift 和 Z，将柱构件名称显示在柱图元旁边，如图 5-68 所示。

（4）柱图元的其他绘制方法：

1）偏移绘制：常用于绘制

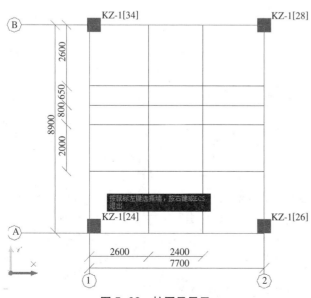

图 5-68　柱图元显示

不在轴线交点处的柱。在点绘制状态下，把鼠标放在参考点处，同时按下键盘上的"Shift"和鼠标左键，弹出"输入偏移量"对话框，输入与参考点的偏移距离，单击确定即可绘制，如图5-69所示。2）智能布置：常用于柱子比较多时加快绘图速度。单击【智能布置】、【轴线】，直接框选需要布置柱的轴线交点即可，如图5-70所示。

图5-69 偏移绘制柱

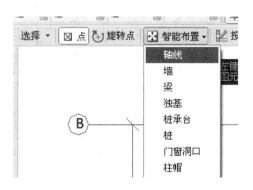

图5-70 智能布置柱

【项目训练】

（1）请根据样板房图纸建立首层柱子，如图5-71所示。

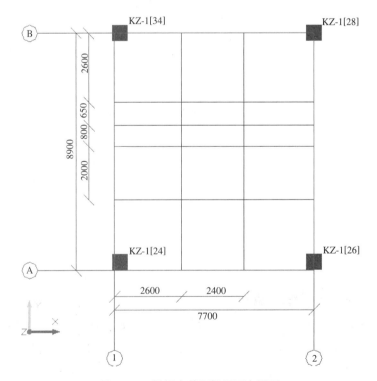

图5-71 样板房首层柱平面布置图

（2）请在"活动 2"项目训练中建立的"轴网 2"上，布置如图 5-72 所示的柱子：其中，KZ1 尺寸为 R250，KZ2 为 500×500，KZ3 为 400×600，注意调整柱子偏心。

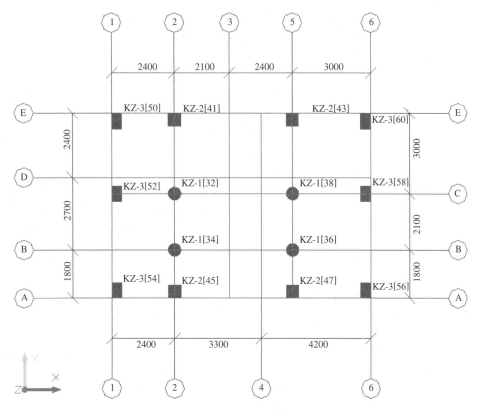

图 5-72　柱子平面布置图

活动 4　新建墙

1. 活动内容分析

（1）定义墙构件的属性，区分内外墙及不同材料墙；

（2）用多种方法绘制墙图元；

（3）运用对齐功能实现墙的偏心。

2. 操作步骤

（1）依次双击模块导航栏【墙】、【墙（Q）】，单击构件列表【新建】、【新建外墙】，如图 5-73 所示，在属性编辑框输入墙厚 200，按回车确定，勾选后面的附加框，把墙厚显示在构件名称中，如图 5-74 所示。再次单击【新建外墙】，将属性编辑框中的材质改为现浇混凝土，输入墙厚 300，按回车确定，如图 5-75 所示。然后单击构件列表【新建内墙】，在属性编辑框输入墙厚 100；重复以上操作，新建 120 厚内墙构件，如图 5-76 所示。墙构件列表如图 5-77 所示。

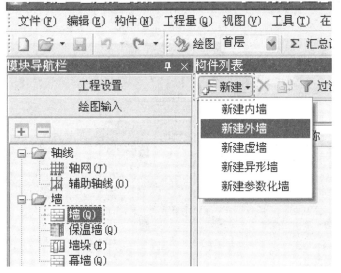

图 5-73　新建墙

图 5-74　墙属性编辑

图 5-75　墙属性编辑　　　　图 5-76　墙属性编辑　　　　图 5-77　墙构件列表

（2）单击【绘图】，或者双击构件名称，进入模型绘制窗口。选择"300 厚砼外墙
Q-1"，点击"直线"，鼠标左键先后点击起点和终点，然后单击右键确定即可绘制一面
墙，如图 5-78 所示。

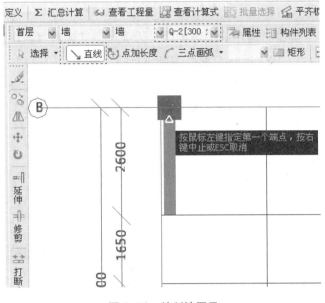

图 5-78　绘制墙图元

（3）重复以上操作，绘制一面 200 厚砖外墙。不同材质的墙或者内外墙图元软件会用不同的颜色显示以示区分。

（4）单击【对齐】、【单对齐】，将鼠标靠近对齐目标线，直至出现双方框的光标后左键点击对齐目标线，再点击需要对齐的边线，将外墙线与柱线对齐，如图 5-79、图 5-80 所示。重复以上操作，将其他墙对齐。

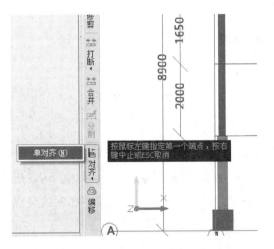

图 5-79　墙对齐（靠近目标线）

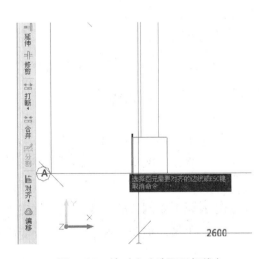

图 5-80　墙对齐（选取目标线）

【知识拓展】

1. 虚墙的应用

在装修工程中，经常需要用到虚墙构件。依次点击【墙】、【新建】、【新建虚墙】即可建立虚墙构件，如图 5-81 所示，虚墙本身不计算工程量，可以用来分割、封闭房间。例如楼地面工程，当材质不同且交界处没有墙分隔时，可以绘制虚墙图元进行分割，如图 5-82 所示，然后再分别绘制不同的楼地面。虚墙的厚度不影响工程量。

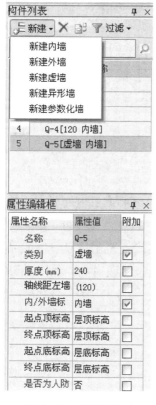

图 5-81　虚墙属性

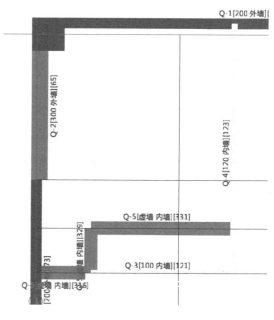

图 5-82　绘制虚墙

2. 墙图元的其他画法

（1）点加长度绘制：单击【点加长度】，鼠标左键在轴线交点处指定第一个端点，然后指定第二个端点用于确定墙的方向，弹出"点加长度设置"对话框，如图 5-83 所示，输入所需绘制墙的长度，点击确定即可。此功能一般用于当墙的端点不在轴线交点处时，不用借助辅助轴线就可以进行墙图元绘制。

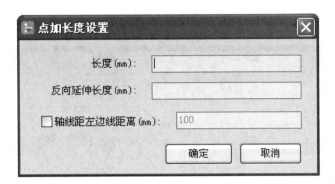

图 5-83　点加长度绘制墙

（2）智能布置：依次单击【智能布置】、【轴线】，然后在模型窗口中框选需要绘制墙的轴线，程序将自动在所选的所有轴线位置绘制墙图元。

【项目训练】

（1）请根据样板房图纸建立首层墙图元，如图 5-84 所示。

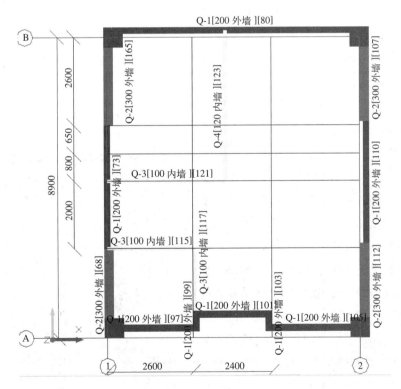

图 5-84　样板房首层墙布置图

（2）请在"活动 2"项目训练中建立的"轴网 2"上，布置如图 5-85 所示的墙，其中：Q-1 为 120 厚的内墙，Q-2 为 180 厚的外墙，墙材质均为砖。

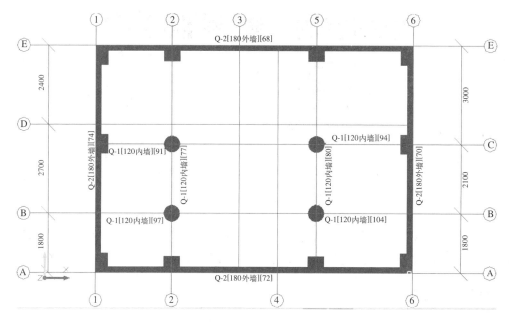

图 5-85　墙平面布置图

活动 5　新建门窗

1. 活动内容分析

（1）定义门窗构件的属性；

（2）绘制门窗图元；

（3）添加门窗的做法并选择工程量代码；

（4）精确布置门窗图元。

2. 操作步骤

（1）依次双击模块导航栏【门窗洞】、【门（M）】，单击【新建】、【新建矩形门】，如图 5-86 所示，在属性编辑框中输入洞口宽度 1350，洞口高度 2100。

（2）单击【查询匹配清单】，找到防盗门的清单项，双击添加至做法栏，然后输入项目特征，如图 5-87 所示。清单默认门的工程量计算表达式为面积，本工程的门按樘来计算，因此需要修改工程量计算表达式。双击工程量表达式，然后单击右边的三个点图标，弹出"选择工程量代码"对话框，双击【数量】然后单击确定，即可将门工程量计算方式改为按樘计算，如图 5-88 所示。

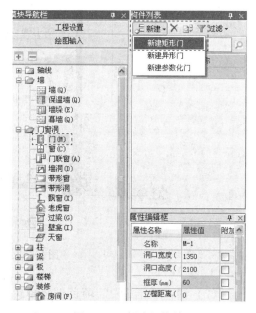

图 5-86　新建门构件

图 5-87　门的做法输入

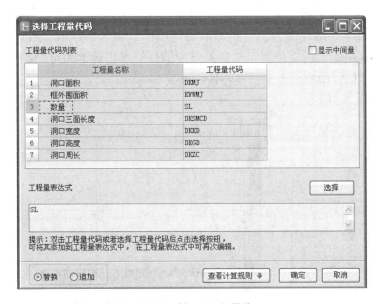

图 5-88　选择门工程量代码

（3）单击【绘图】，进入模型窗口，将鼠标靠近门所在的墙图元，左键单击即可将门布置上去，如图 5-89 所示。

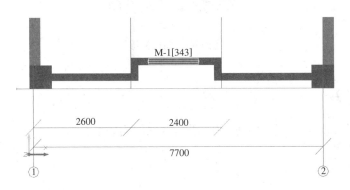

图 5-89　绘制门图元

【知识拓展】

（1）窗构件的定义和图元的绘制方法与门类似。门窗洞属于墙的附属构件，也就是说门窗洞构件必须绘制在墙上。

（2）门窗洞最常用的是点绘制图元的方式。对于计算来说，一段墙扣减门窗洞口面积，只要门窗绘制在墙上，且不与柱重叠即可，一般对于位置要求不用很精确，所以直接采用点绘制即可。

（3）当门窗紧邻柱等构件布置时，考虑其上过梁与旁边的柱、墙扣减关系，需要对这些门窗洞精确定位。定位方法如下：单击【精确布置】，鼠标左键选择需要布置门窗的墙，然后左键单击选择插入点，单击右键弹出"请输入偏移值"对话框，如图5-90所示，在对话框中输入门窗位置距离插入点的偏移值点击确定即可；偏移方向与箭头方向相同时输入正值，偏移方向与箭头相反时输入负值。

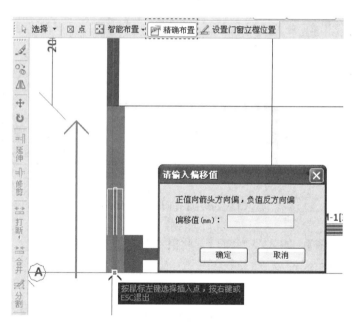

图5-90　门窗偏移

【项目训练】

1.请根据样板房图纸建立如图5-91所示首层门窗。

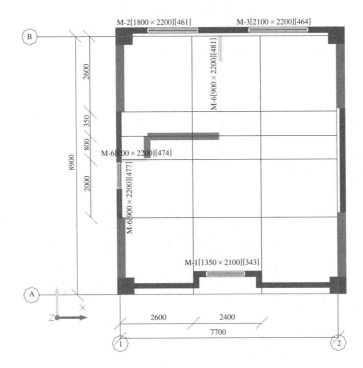

图 5-91　样板房首层门窗平面图

2. 请在"活动 5"项目训练中建立的"墙体 2"上添加如图 5-92 所示门窗洞口，其中 C-1 的尺寸为 1500×1800，M-1 为 1200×2100，M-2 为 800×2100。

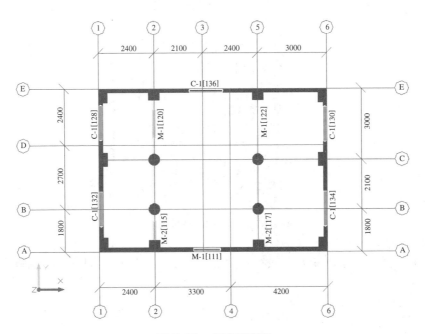

图 5-92　门窗平面图

活动 6　新建板

1. 活动内容分析

（1）定义板构件的属性；

（2）绘制板图元。

2. 操作步骤

（1）依次双击模块导航栏【板】、【现浇板（B）】，点击【新建】、【新建现浇板】，在属性编辑框中输入板厚，由于装饰工程不需要计算板，因此本工程图纸中没有给出板厚，但是建立天棚面装饰时需要有板图元，因此按默认板厚即可，如图 5-93 所示。

图 5-93　板构件属性

（2）单击【点】绘制图元，鼠标左键点击一个封闭区域，即可直接将板布置上去，如图 5-94 所示。

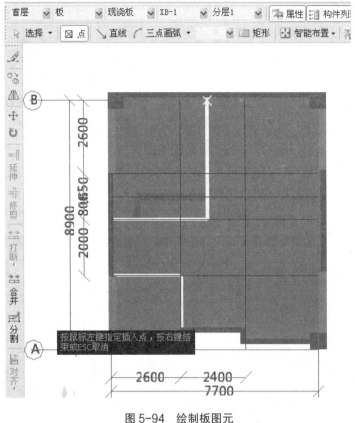

图 5-94　绘制板图元

【知识拓展】

（1）属性编辑框中默认的板厚为【工程设置】、【楼层信息】中的现浇板厚，如图 5-95 所示。

	楼层序号	名称	层高(m)	首层	底标高(m)	相同层数	现浇板厚(mm)	建筑面积(m2)
1	2	第2层	2.200	☐	2.300	1	120	
2	1	首层	2.300	☑	0.000	1	120	
3	0	基础层	3.000		-3.000	1	120	

图 5-95　默认板厚设置

（2）板图元也可以用直线绘制的方法来建立：点击【直线】，左键依次单击板的边界区域的交点，围成一个封闭区域，即可将板建立上去。

活动 7　新建楼地面

1.活动内容分析

（1）定义楼地面的属性；

（2）绘制楼地面图元；

（3）添加楼地面的做法并选择工程量代码；

（4）定义立面防水高度。

2. 操作步骤

（1）依次双击模块导航栏【装修】、【楼地面（V）】，然后点击【新建】、【新建楼地面】新建构件 DM-1。如果房间需要计算防水，要在"是否计算防水"中选择"是"。点击【查询匹配清单】，找到并双击"块料楼地面"，添加楼地面做法，然后输入项目特征，如图 5-96 所示。如果匹配清单里面没有所需的清单，则可以直接点击【查询清单库】找到相应的清单。

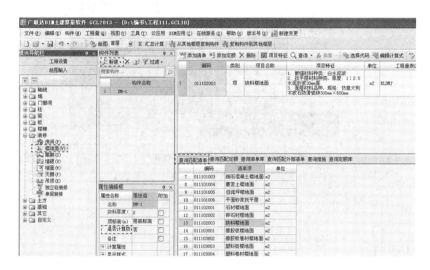

图 5-96 添加楼地面做法

（2）点击【查询定额库】，在【切换专业】下拉框中选择装饰工程，找到 A9-1 并左键双击添加至做法栏，如图 5-97 所示。点击【换算】，在【标准换算】栏中输入实际厚度：30，点击【应用换算】添加换算信息，如图 5-98 所示。

	编码	名称	单位	单价
1	A9-1	楼地面水泥砂浆找平层 混凝土或硬基层上	100m2	359.06
2	A9-2	楼地面水泥砂浆找平层 填充材料上 20mm	100m2	343.93
3	A9-3	楼地面水泥砂浆找平层 每增减5mm	100m2	59.53
4	A9-4	水泥砂浆找平层 楼梯 20mm	100m2	1374.23
5	A9-5	水泥砂浆找平层 台阶 20mm	100m2	976.06
6	A9-6	楼地面沥青砂浆找平层 砼或硬基层上 厚度	100m2	2233.84
7	A9-7	楼地面沥青砂浆找平层 填充材料上 厚度20	100m2	2987.95

查询匹配清单 查询匹配定额 查询清单库 查询匹配外部清单 查询措施 **查询定额库** 标准换算

章节查询　条件查询

A.9 楼地面工程
A.10 墙柱面工程
A.11 天棚工程
A.12 门窗工程
A.13 幕墙工程
A.14 细部装饰栏杆工程

添加子目　关闭　切换定额库：广东省建筑与装饰工程综合定额（2010）　切换专业：装饰工程

构件做法

图 5-97 添加楼地面做法

图 5-98　添加楼地面做法

（3）双击构件名称DM-1，或者单击【绘图】，将DM-1图元绘制至模型窗口，如图 5-99 所示。

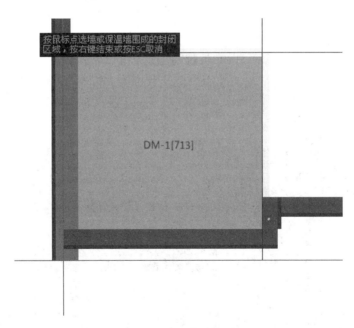

图 5-99　绘制楼地面图元

（4）如果要定义立面防水高度，可单击【定义立面防水高度】、【设置所有边】，点击楼地面图元，单击右键弹出"请输入立面防水高度"对话框，输入"300"，单击【确定】，立面防水图元绘制完毕，如图 5-100 所示。

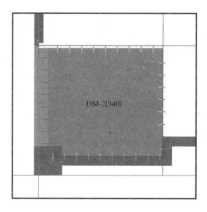

图 5-100　定义立面防水高度

【知识拓展】

（1）装饰工程不需要计算墙、柱、板等的工程量，因此在建立墙、柱、板等的构件时没有添加做法；楼地面、踢脚、墙面、天棚等装修构件则必须添加做法，只有添加了做法的构件程序才会输出算量结果。如果建立了多个构件，则做法添加会比较繁琐。当构件的做法都一样时，可使用做法刷功能提高效率。

首先选中做法，单击【做法刷】，弹出"做法刷"对话框，点击"追加"，选中需要添加做法的构件，其他层的构件也可以一并勾选，点击确定即可将相同的做法刷至所选构件。做法刷的原则是："覆盖"指的是把当前选中的做法刷过去，同时删除目标构件的所有做法；"追加"指的是把当前选中的做法刷过去，同时保留目标构件的所有做法，如图 5-101 所示。

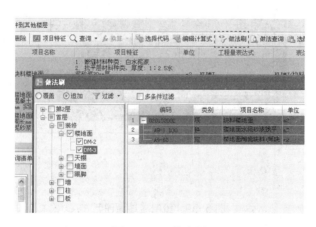

图 5-101　做法刷

（2）在定义立面防水高度时，如果不是所有边都设置防水高度，可以用【设置多边】功能，然后点击鼠标左键拾取需要设置的防水边，点击右键确认即可。

【项目训练】

1. 请根据样板房图纸建立如图 5-102 所示首层楼地面。

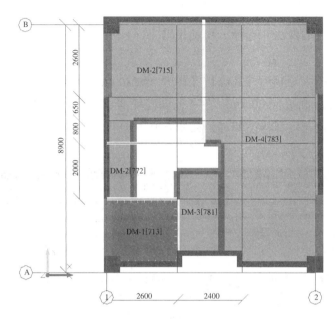

图 5-102　样板房首层楼地面平面图

2. 请在"活动 5"项目训练中建立的墙体围成的封闭区域内添加如图 5-103 所示楼地面，其中，DM-1 为木地板，DM-2 为块料楼地面，DM-3 为现浇水磨石楼地面。

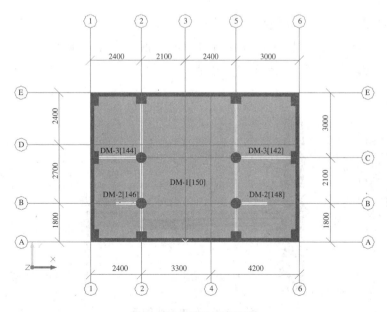

图 5-103　楼地面平面图

活动 8　新建踢脚线

1. 活动内容分析

（1）定义踢脚线的属性；

（2）绘制踢脚线图元；

（3）添加踢脚线的做法并选择工程量代码。

2. 操作步骤

（1）依次双击模块导航栏【装修】、【踢脚（S）】，点击【新建】、【新建踢脚】，在属性编辑框中输入踢脚高度：100mm。在【查询匹配清单】中找到"金属踢脚线"，双击添加至做法，然后输入项目特征即可，如图 5-104 所示。

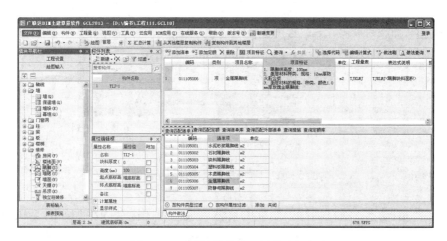

图 5-104　踢脚构件建立及做法添加

（2）单击【绘图】，进入模型窗口界面，在点绘制状态下，鼠标靠近需要绘制踢脚线的墙边，直至光标变成双方框，左键单击即可将踢脚图元绘制在墙边，如图 5-105 所示。如果墙两面均有踢脚，则两面都要绘制。

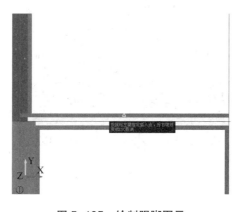

图 5-105　绘制踢脚图元

（3）单击主菜单【构件】、【复制构件到其他楼层】，弹出"复制构件到其他楼层"对话框，勾选"目标楼层"第 2 层，点击确定，将构件 TIJ-1 复制到第 2 层，如图 5-106 所示。重复以上操作将第 2 层踢脚线绘制到墙边。

图 5-106　复制构件到其他楼层

活动 9　新建墙面

1. 活动内容分析

（1）定义墙面的属性；

（2）绘制墙面图元；

（3）添加墙面的做法并选择工程量代码。

2. 操作步骤

（1）依次双击模块导航栏【装修】、【墙面（W）】，点击【新建】、【新建内墙面】。在【查询匹配清单】中找到"墙面一般抹灰"，双击添加至做法，然后输入项目特征；继续在【查询匹配定额】中找到 A10-7，双击添加至做法即可，如图 5-107 所示。

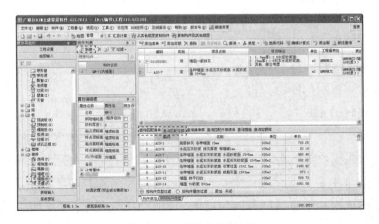

图 5-107　添加墙面做法

（2）单击【绘图】，进入模型窗口界面，墙面绘制方法同踢脚线，这里不再重复。

【知识拓展】

在建立外墙面图元时，可以用智能布置来提高建模效率：选用外墙面构件，点击【智能布置】、【外墙外边线】，如图 5-108 所示，在弹出的对话框中勾选需要建立外墙面的楼层，如图 5-109 所示，点击确定即可将各层的外墙面图元一次性绘制上去。

图 5-108　外墙面智能布置

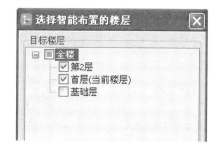

图 5-109　外墙面布置楼层

活动 10　新建天棚面

1. 活动内容分析

（1）定义天棚面的属性；

（2）绘制天棚面图元；

（3）添加天棚面的做法并选择工程量代码。

2. 操作步骤

（1）依次双击模块导航栏【装修】、【天棚（P）】，点击【新建】、【新建天棚】，在【查询匹配清单】中找到"天棚抹灰"，双击添加至做法，然后输入项目特征；继续在【查询匹配定额】中找到 A10-7，双击添加至做法即可。

（2）单击【绘图】，进入模型窗口界面，天棚面绘制方法同楼地面，这里不再重复。

活动 11　新建房间

1. 活动内容分析

（1）定义房间属性；

（2）添加房间依附构件；

（3）绘制房间图元。

2. 操作步骤

（1）依次双击模块导航栏【装修】、【房间（F）】，点击【新建】、【新建房间】，然后在所需的构件类型中点击【添加依附构件】，在【构件名称】的下拉菜单中可以选择构件名称。其他的依附构件也是同理进行操作，如图 5-110 所示。房间构件可以包含多种装修依附构件，在绘图时直接绘制房间图元可以一次性把各种装修图元都绘制上去，大大提高了建模效率。

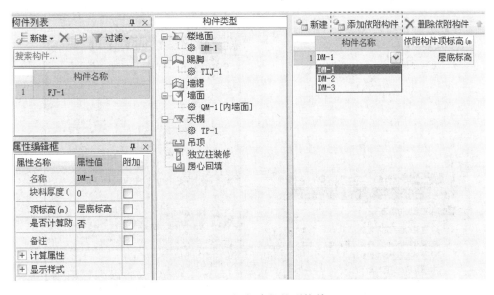

图 5-110　添加房间依附构件

（2）单击【绘图】，进入模型窗口界面，把房间图元绘制在封闭区域。必须要保证房间是封闭的，否则会弹出如图 5-111 所示对话框。因此在绘制墙时要注意将墙绘制到端头处以确保区域封闭。当装修类型不同又没有墙分隔时，可以建立虚墙构件来分隔或形成封闭区域。

图 5-111　检查封闭区域

活动 12　汇总计算

1.活动内容分析

（1）工程量汇总计算；

（2）输出计算结果及报表；

（3）查看构件图元工程量。

2.操作步骤

（1）依次单击主菜单【工程量】、【汇总计算】，如图 5-112 所示，弹出"计算汇总"对话框，在对话框中勾选需要计算的楼层或者直接勾选全楼，点击确定软件即开始计算。如果需要根据所套定额输出计算结果，则还需要勾选"汇总清单考虑所套定额"，如图 5-113 所示。

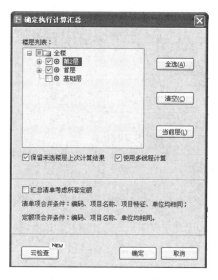

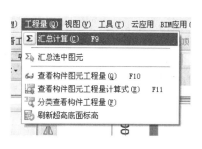

图 5-112　汇总计算

图 5-113　汇总计算

（2）单击模块导航栏【报表预览】，弹出"设置报表范围"对话框，勾选需要输出算量结果的楼层，点击确定，如图 5-114 所示。左键单击报表列表中各项表格即可将相应表格显示在报表窗口，如图 5-115 所示；也可以将报表导出到 excel 表格，如图 5-116 所示。

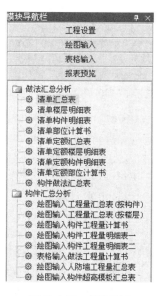

图 5-114　设置报表范围

图 5-115　报表列表

图 5-116　导出到 excel 文件

【知识拓展】

在报表预览中汇总的是所有的工程量，想查看某些构件的工程量时还需要从大量报表中找出来，比较繁琐。下面介绍几种在绘图界面查看工程量的方式 。

（1）单击【查看工程量】，选中要查看的构件图元，弹出"查看构件图元工程量"对话框，可以查看做法工程量、清单工程量和定额工程量，如图 5-117 所示。

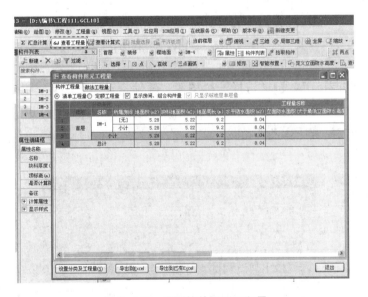

图 5-117　查看构件图元工程量

（2）单击【批量选择】，如图 5-118 所示，或者在键盘中按 F3 弹出"批量选择构件图元"对话框，勾选需要查看工程量的构件单击确定，然后再单击【查看工程量】进行查看。

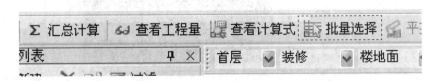

图 5-118　批量选择

图 5-119　批量选择构件图元

（3）单击【查看计算式】，选择一个图元，软件自动进行计算，并弹出"查看构件图元工程量计算式"对话框，可以查看此图元的详细计算式，还可以利用"查看三维扣减图"查看详细工程量计算式及扣减方式。

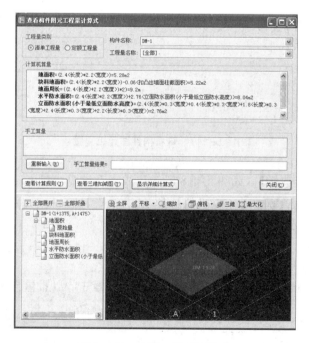

图 5-120　查看工程量计算式

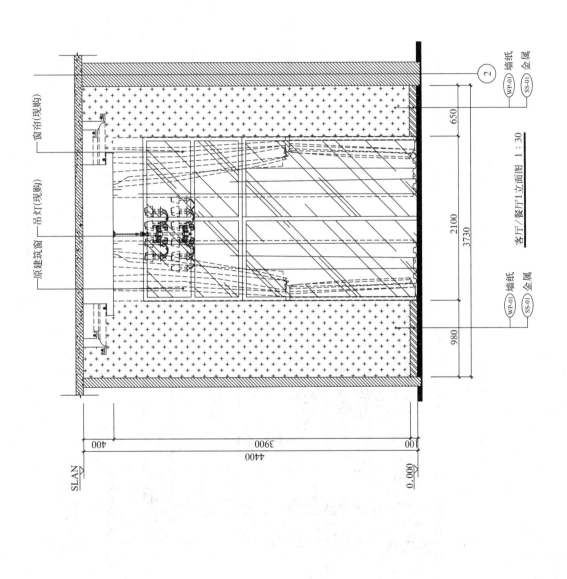

窗帘(现购)

吊灯(现购)

原建筑窗

②
WP-01 墙纸
SS-01 金属

650

2100

3730

980

客厅/餐厅立面图 1：30

WP-01 墙纸
SS-01 金属

SLAN

400
3900
4400

00

0.000

267

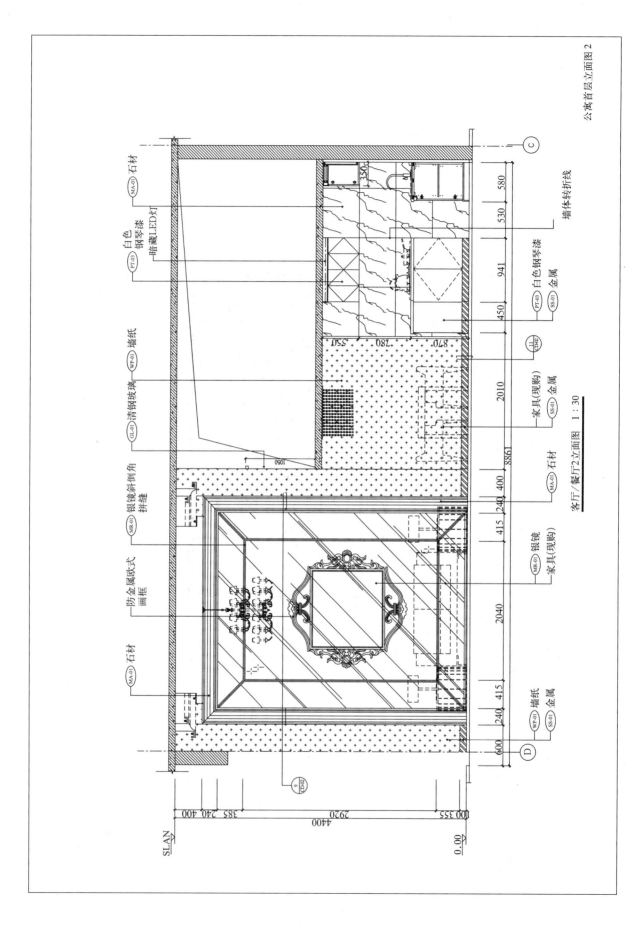

客厅／餐厅2立面图 1：30

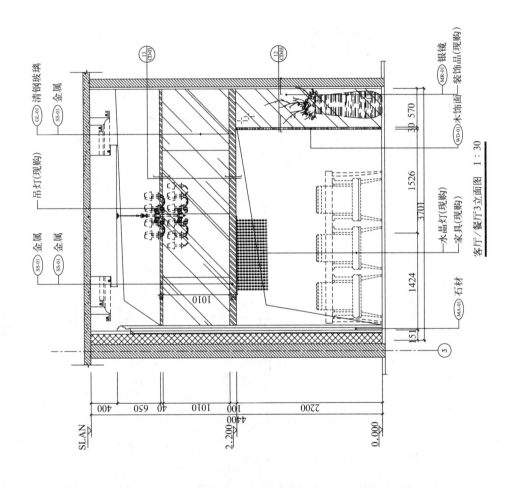

客厅/餐厅3立面图 1：30

269

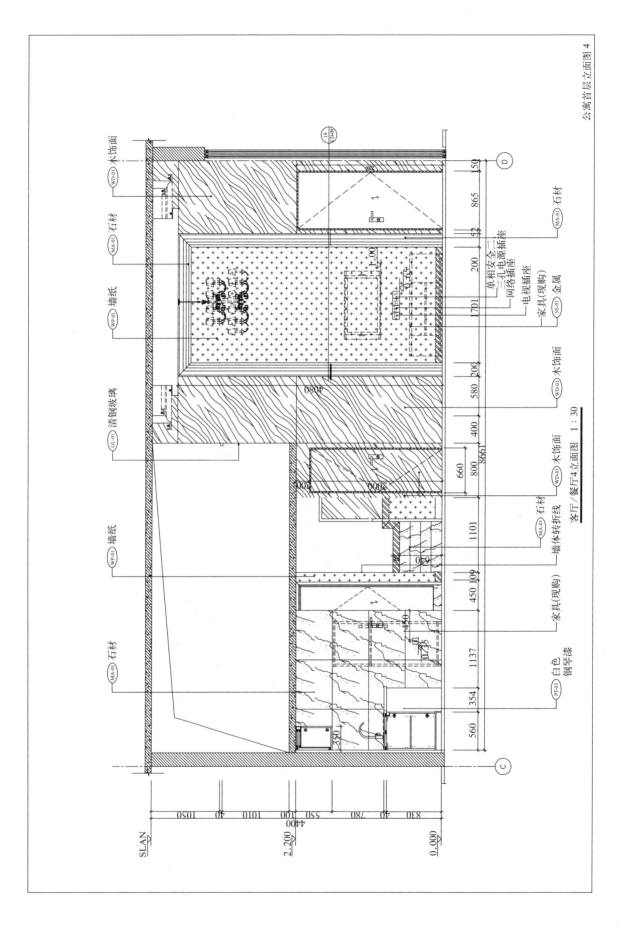

客厅/餐厅 4 立面图　1 : 30

原建筑窗

暗藏
LED灯

中纤板车花
底机片透光 (VV-01)

墙纸 (WP-01)

白色钢琴漆 (PT-03)

金属包边 (SS-01)

暗藏
LED灯 (PT-03)

白色
钢琴漆 (PT-03)

金属包边 (SS-01)

墙体转折线

金属 (SS-01)

墙体转折线

木饰面 (WD-01)

白色钢琴漆 (PT-03)

金属 (SS-01)

石材 (MA-01)

白色钢琴漆 (PT-03)

金属 (SS-01)

客厅/餐厅5立面图　1：30

SLAN

2.200

0.000

271

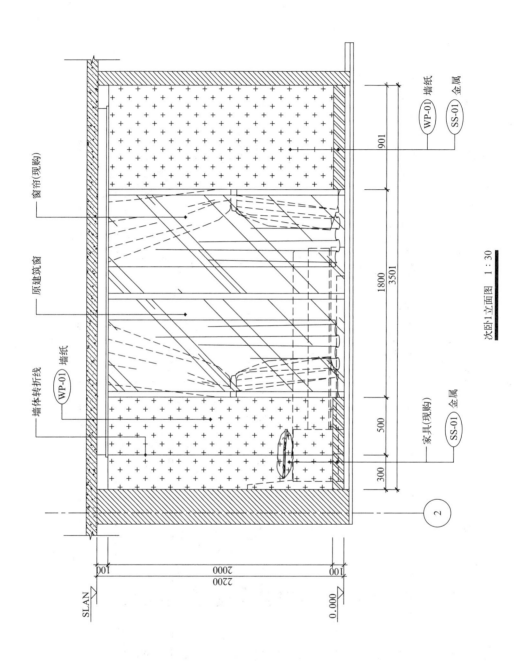

窗帘(现购)

原建筑窗

墙体转折线

WP-01 墙纸

WP-01 墙纸

SS-01 金属

家具(现购)

SS-01 金属

次卧1立面图 1 : 30

901

1800

3501

500

300

100

2000

2200

100

SLAN

0.000

2

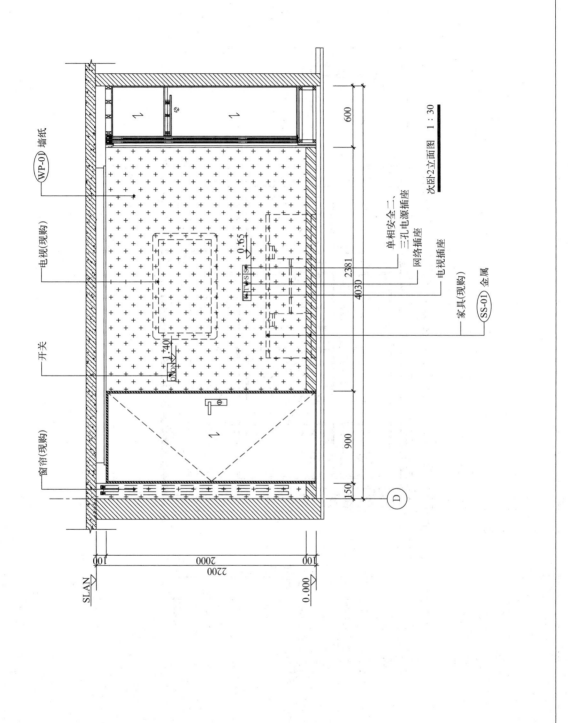

次卧2立面图 1：30

WD-01 木饰面

WD-01 木饰面

WD-01 木饰面

WD-01 木饰面

家具(现购)

24
CD-10

2

WD-01 木饰面

20

800

80
80

3599

2540

16
CD-04

SS-01 金属

次卧3立面图　　1:30

79

SLAN

0.000

100

2000

100

2200

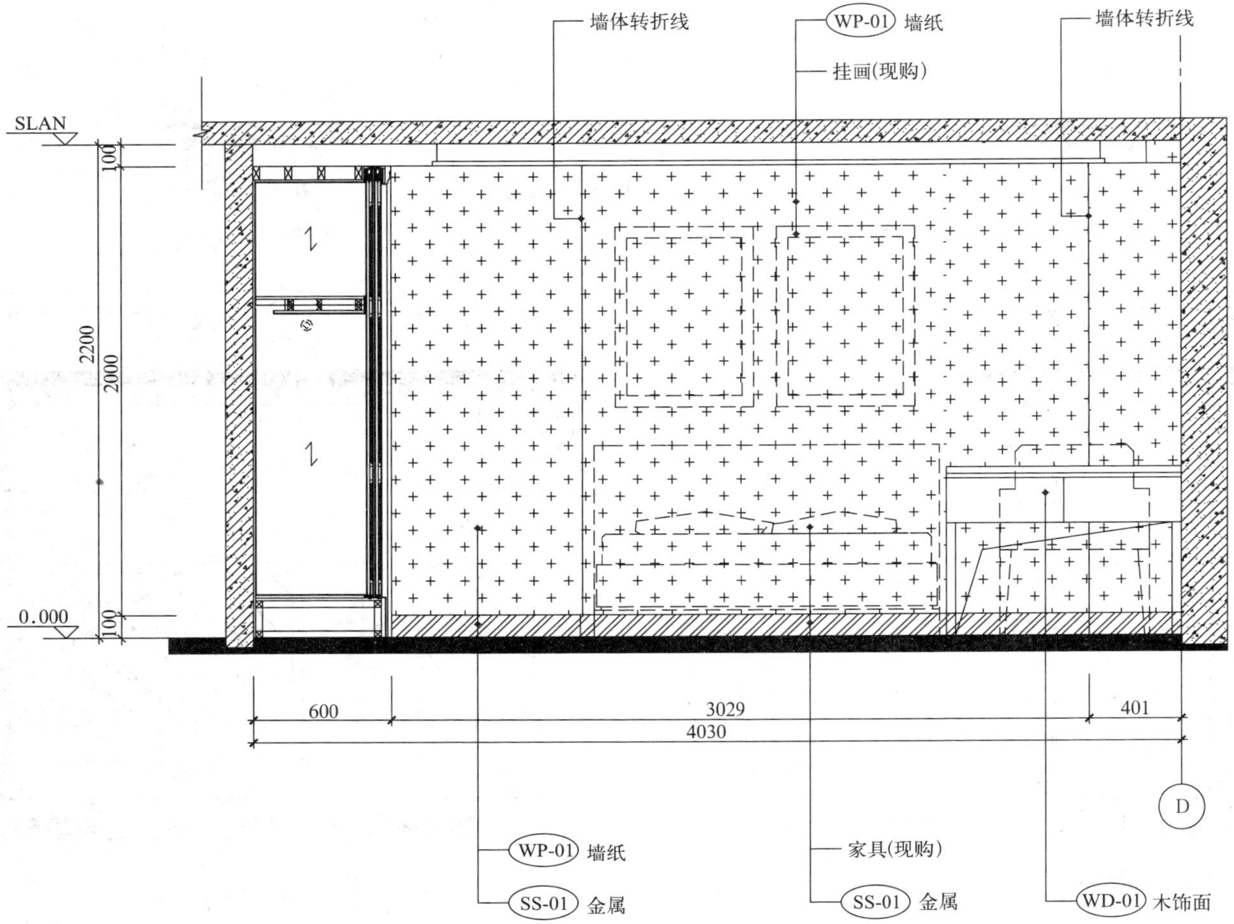

墙体转折线

墙体转折线

WP-01 墙纸
挂画(现购)

WP-01 墙纸
SS-01 金属

WD-01 木饰面

家具(现购)
SS-01 金属

D

401

3029

4030

600

SLAN

2200

100

2000

100

0.000

次卧4立面图 1 : 30

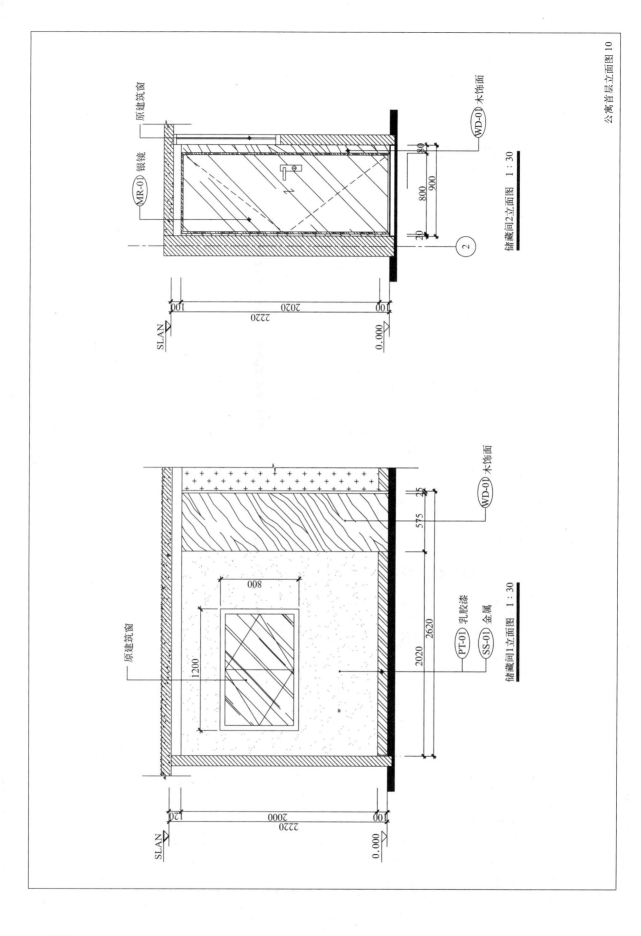

储藏间2立面图 1：30

储藏间1立面图 1：30

原建筑窗

MR-01 银镜

WD-01 木饰面

原建筑窗

WD-01 木饰面

PT-01 乳胶漆

SS-01 金属

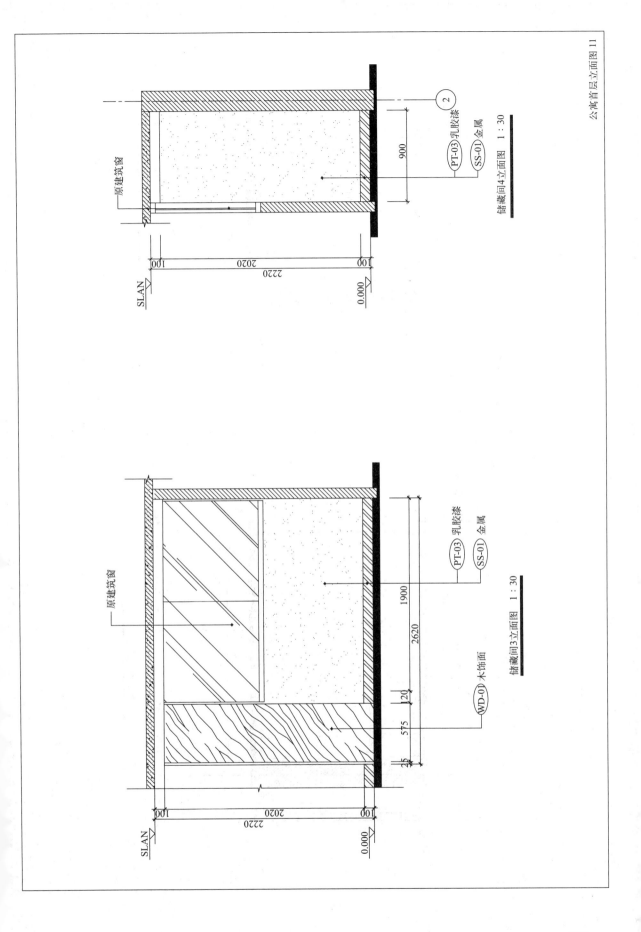

储藏间4立面图 1 : 30

储藏间3立面图 1 : 30

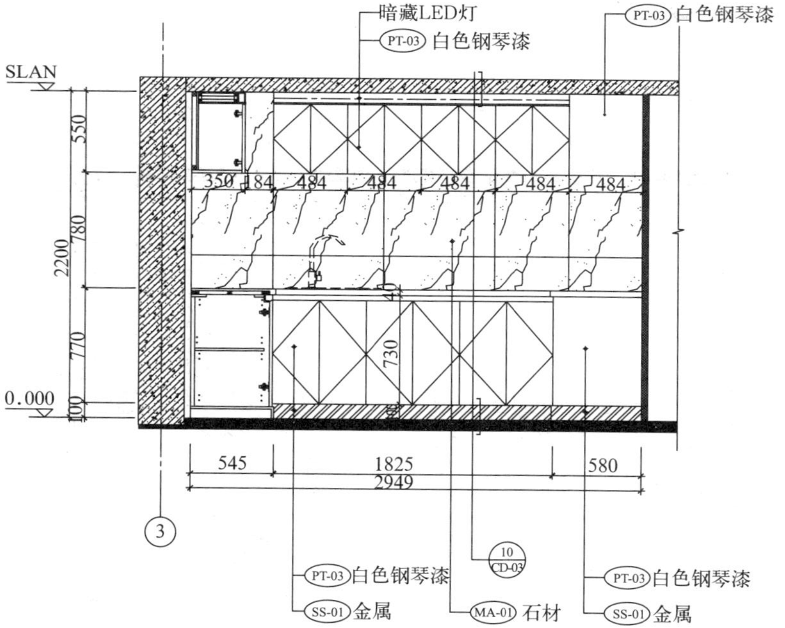

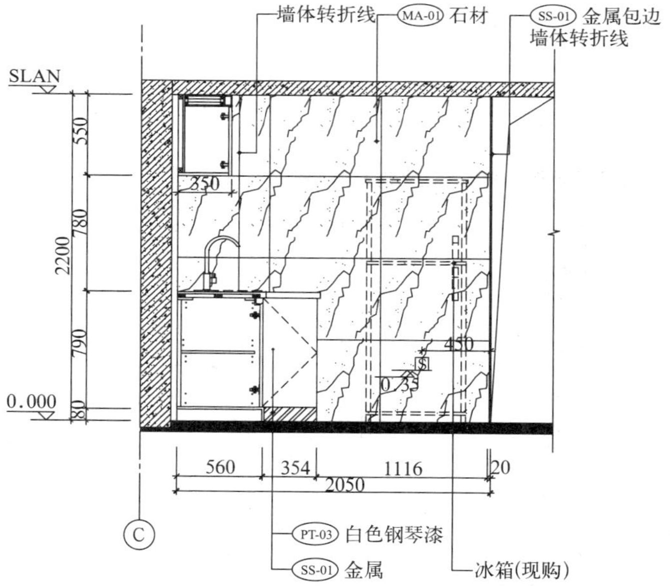

开放式厨房2立面图 1 : 30

开放式厨房1立面图 1 : 30

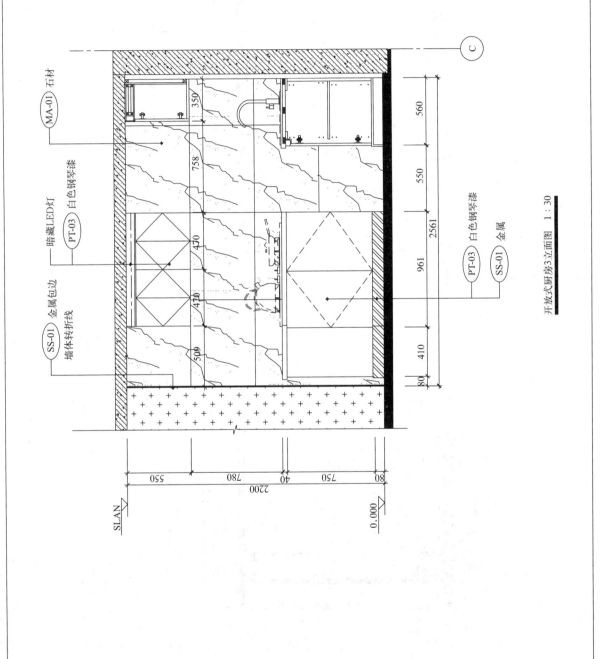

MA-01 石材

暗藏LED灯
PT-03 白色钢琴漆

SS-01 金属包边
墙体转折线

开放式厨房3立面图 1：30

PT-03 白色钢琴漆
SS-01 金属

350
758
470
470
500

C

560
550
961 2561
410
80

SLAN
550
780
40 750
80
2200

0.000

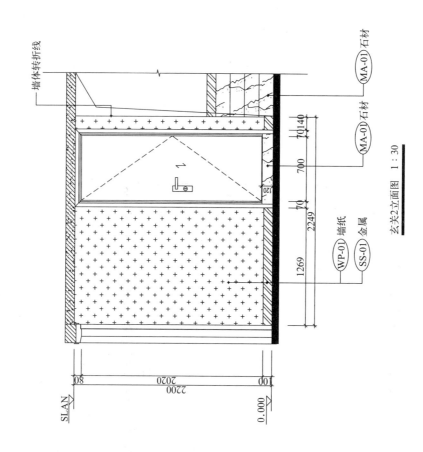

玄关2立面图 1：30

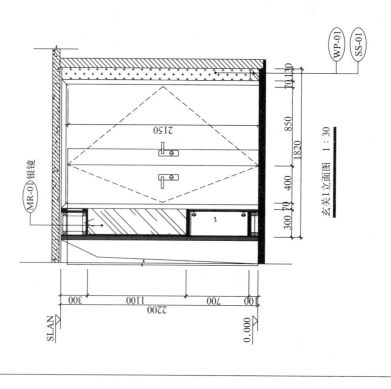

玄关1立面图 1：30

280

WD-01 木饰面

MR-01 银镜

WD-01 木饰面

WD-01 木饰面

SS-01 金属

405

405

405

1690

405

80

300

1100

700

100

2200

SLAN

0.000

玄关3立面图 1：30

281

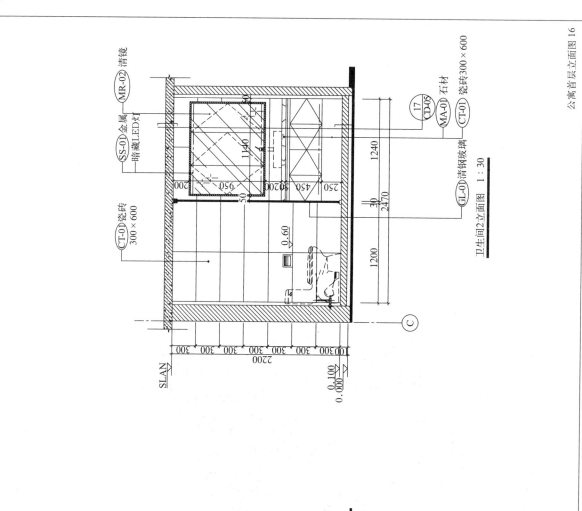

卫生间2立面图 1：30

MR-02 清镜
SS-01 金属
暗藏LED灯
CT-01 瓷砖
300×600

17
CD-05
MA-01 石材
CT-01 瓷砖300×600
GL-01 清钢玻璃

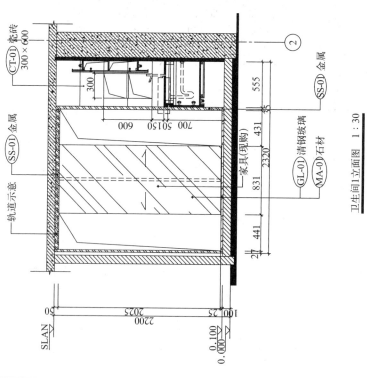

卫生间1立面图 1：30

CT-01 瓷砖
300×600
SS-01 金属
轨道示意

SS-01 金属
GL-01 清钢玻璃
MA-01 石材
家具（现购）

282

毛巾架
(随楼附送)

挂钩
(随楼附送)

WD-01 木饰面

C

T-01 瓷砖
300×600

GL-01 清钢玻璃

家具 (现购)

1190

2470

390 50

720

60

卫生间4立面图 1 : 30

60

2040

100

2200

SLAN

0.100
0.000

T-01 瓷砖
300×600

1765

2320

555

卫生间3立面图 1 : 30

2

200

950

200

750

100

2200

SLAN

0.100
0.000

沐浴龙头(随楼附送)

1.75

0.90

858

50

1765

857

GL-01 清钢玻璃

CT-01 瓷砖
300×600

卫生间5立面图　1：30

SLAN

50

2050

2200

100

0.100

0.000

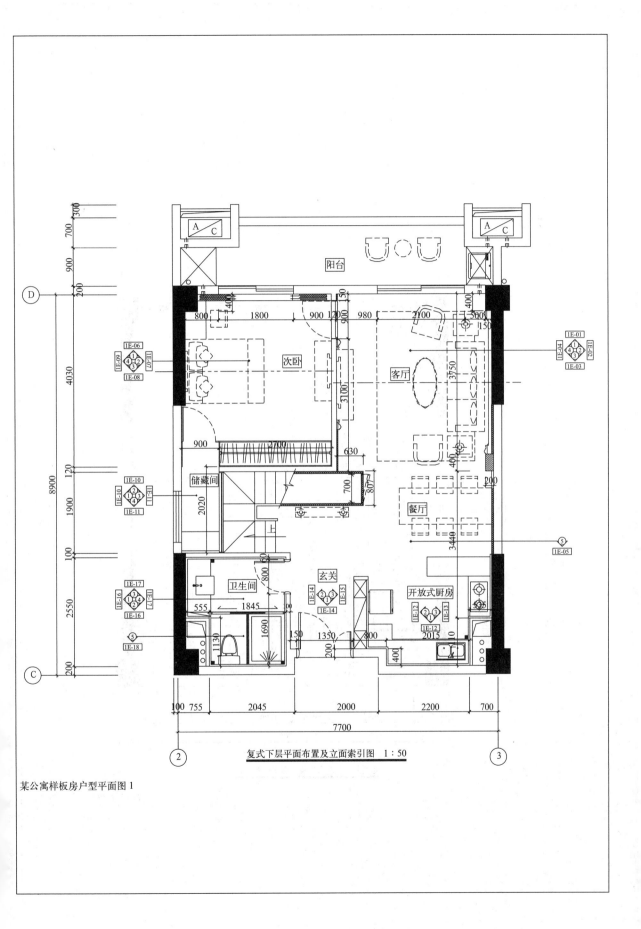

阳台

次卧

客厅

储藏间

卫生间

玄关

开放式厨房

餐厅

复式下层平面布置及立面索引图　1:50

某公寓样板房户型平面图1

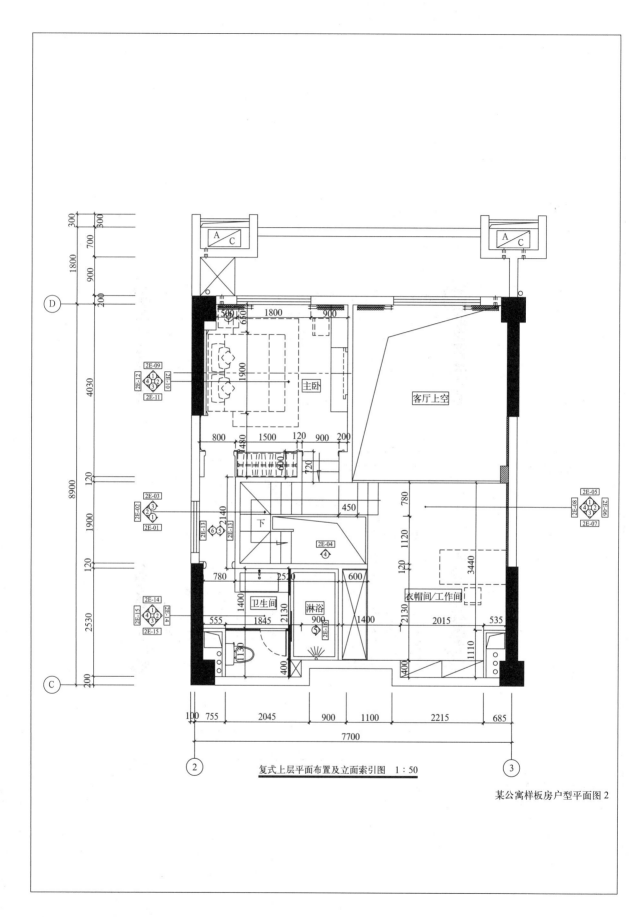

复式上层平面布置及立面索引图 1:50

某公寓样板房户型平面图 2

286

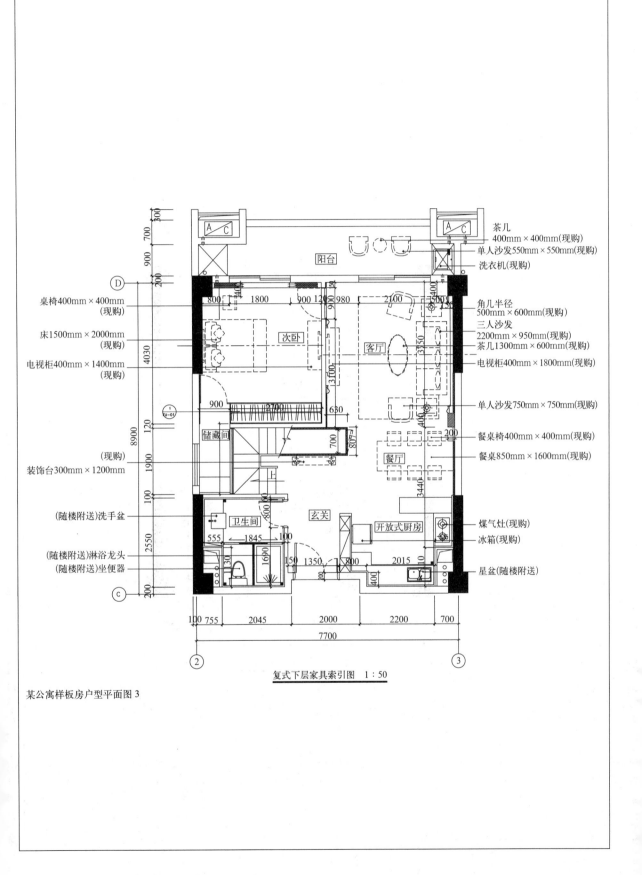

茶几
400mm×400mm(现购)
单人沙发550mm×550mm(现购)
洗衣机(现购)

阳台

桌椅400mm×400mm
(现购)

床1500mm×2000mm
(现购)

电视柜400mm×1400mm
(现购)

次卧

客厅

角几半径
500mm×600mm(现购)

三人沙发
2200mm×950mm(现购)
茶几1300mm×600mm(现购)
电视柜400mm×1800mm(现购)

单人沙发750mm×750mm(现购)

储藏间

餐桌椅400mm×400mm(现购)

餐桌850mm×1600mm(现购)

(现购)
装饰台300mm×1200mm

餐厅

(随楼附送)洗手盆

卫生间

玄关

开放式厨房

煤气灶(现购)

冰箱(现购)

(随楼附送)淋浴龙头
(随楼附送)坐便器

星盆(随楼附送)

复式下层家具索引图 1：50

某公寓样板房户型平面图 3

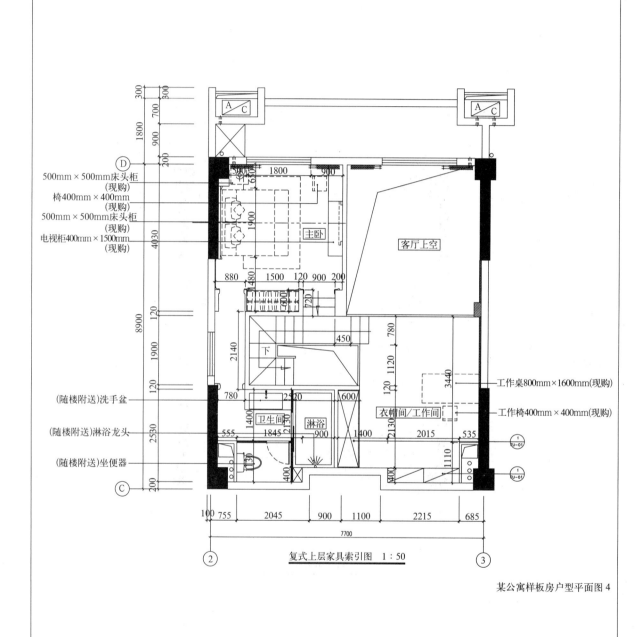

500mm×500mm床头柜
(现购)

椅400mm×400mm
(现购)

500mm×500mm床头柜
(现购)

电视柜400mm×1500mm
(现购)

主卧

客厅上空

工作桌800mm×1600mm(现购)

衣帽间/工作间

工作椅400mm×400mm(现购)

卫生间

淋浴

(随楼附送)洗手盆

(随楼附送)淋浴龙头

(随楼附送)坐便器

复式上层家具索引图 1:50

某公寓样板房户型平面图 4

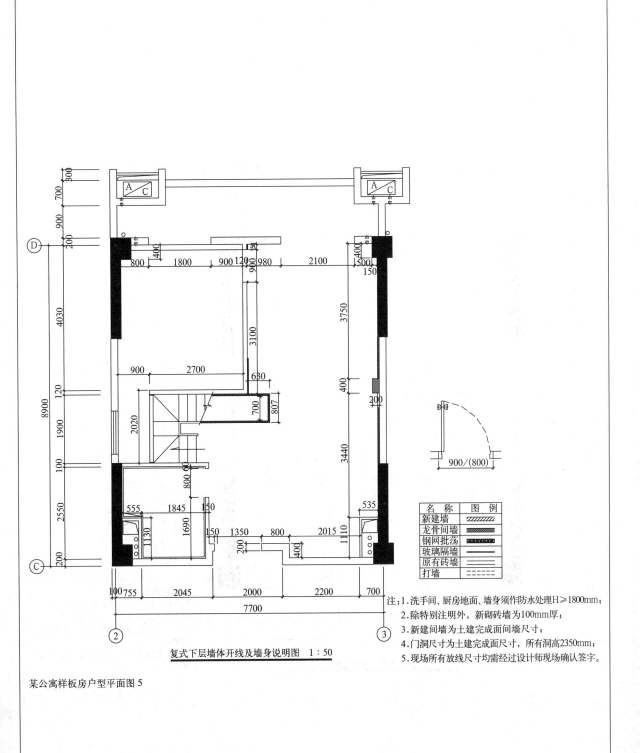

复式下层墙体开线及墙身说明图 1:50

注:1.洗手间、厨房地面、墙身须作防水处理H≥1800mm;
　　2.除特别注明外,新砌砖墙为100mm厚;
　　3.新建间墙为土建完成面间墙尺寸;
　　4.门洞尺寸为土建完成面尺寸,所有洞高2350mm;
　　5.现场所有放线尺寸均需经过设计师现场确认签字。

名　称	图　例
新建墙	
龙骨间墙	
钢网批荡	
玻璃隔墙	
原有砖墙	
打墙	

某公寓样板房户型平面图 5

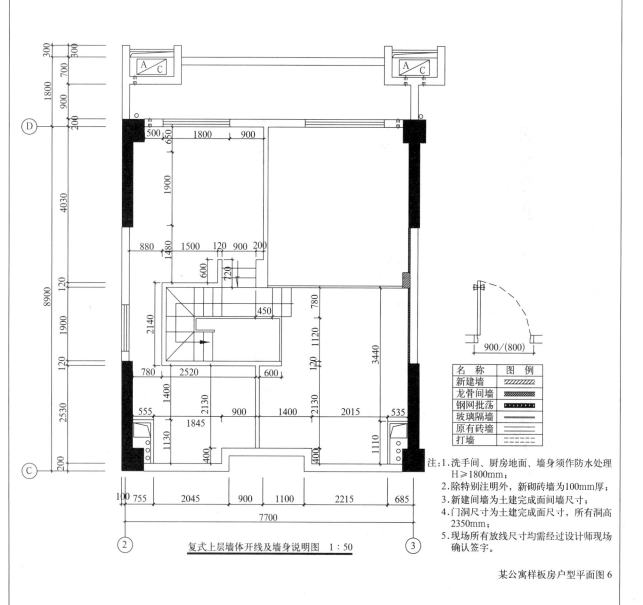

复式上层墙体开线及墙身说明图　1：50

名　称	图　例
新建墙	/////
龙骨间墙	▨▨▨▨
钢网批荡	••••••
玻璃隔墙	————
原有砖墙	————
打墙	======

注:1.洗手间、厨房地面、墙身须作防水处理
　　H≥1800mm；
　2.除特别注明外，新砌砖墙为100mm厚；
　3.新建间墙为土建完成面间墙尺寸；
　4.门洞尺寸为土建完成面尺寸，所有洞高
　　2350mm；
　5.现场所有放线尺寸均需经过设计师现场
　　确认签字。

某公寓样板房户型平面图6

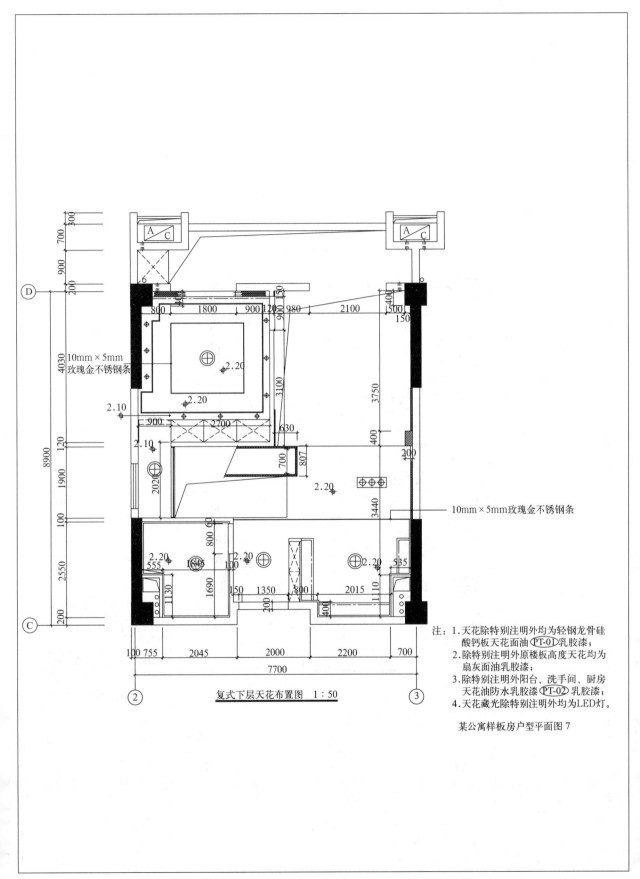

10mm×5mm
玫瑰金不锈钢条

10mm×5mm玫瑰金不锈钢条

注：1. 天花除特别注明外均为轻钢龙骨硅
　　　酸钙板天花面油 PT-01 乳胶漆；
　　2. 除特别注明外原楼板高度天花均为
　　　扇灰面油乳胶漆；
　　3. 除特别注明外阳台、洗手间、厨房
　　　天花油防水乳胶漆 PT-02 乳胶漆；
　　4. 天花藏光除特别注明外均为LED灯。

复式下层天花布置图　1：50

某公寓样板房户型平面图 7

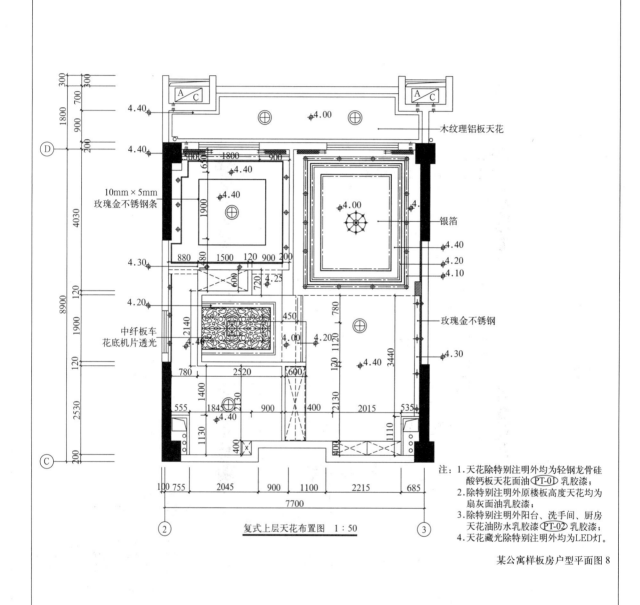

10mm×5mm
玫瑰金不锈钢条

中纤板车
花底机片透光

木纹理铝板天花

银箔

玫瑰金不锈钢

复式上层天花布置图　1:50

注：1.天花除特别注明外均为轻钢龙骨硅
　　酸钙板天花面油 PT-01 乳胶漆；
　　2.除特别注明外原楼板高度天花均为
　　扇灰面油乳胶漆；
　　3.除特别注明外阳台、洗手间、厨房
　　天花油防水乳胶漆 PT-02 乳胶漆；
　　4.天花藏光除特别注明外均为LED灯。

某公寓样板房户型平面图 8

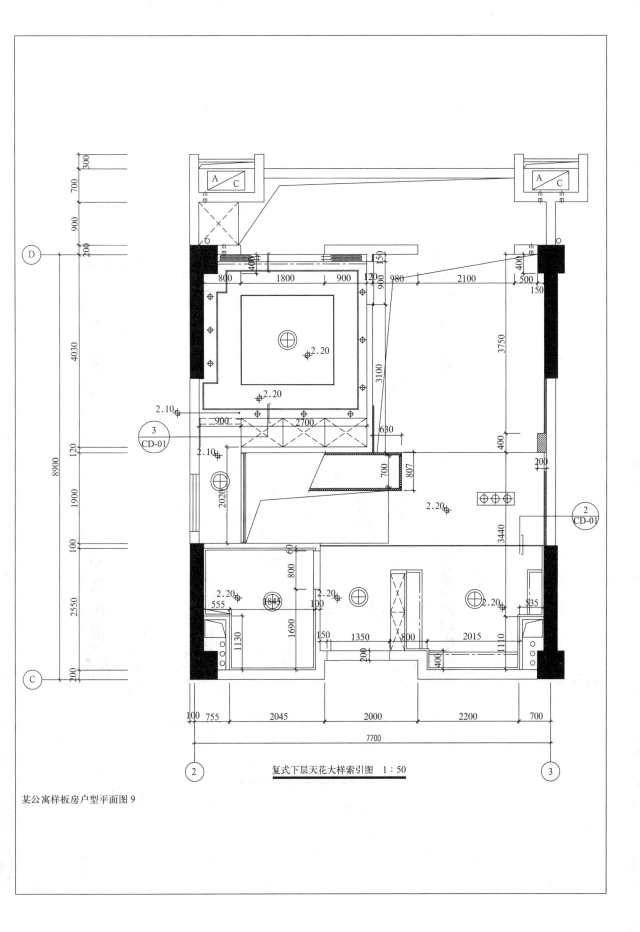

复式下层天花大样索引图 1:50

某公寓样板房户型平面图 9

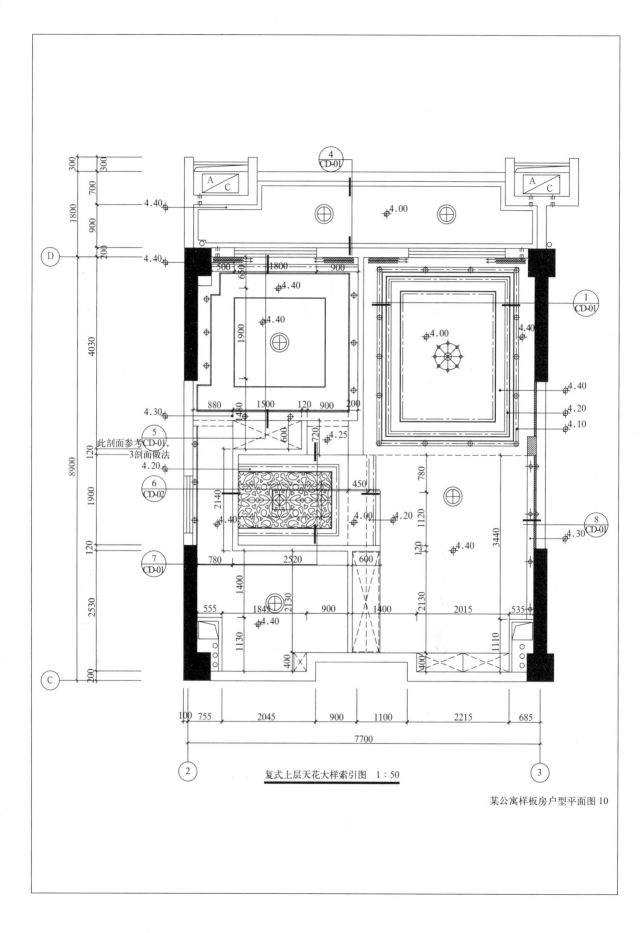

复式上层天花大样索引图 1:50

某公寓样板房户型平面图 10

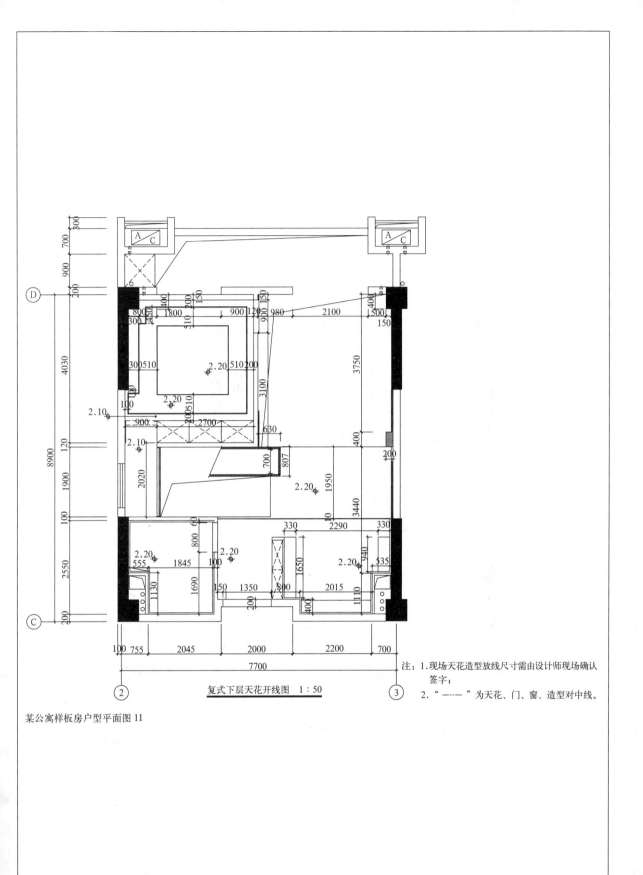

复式下层天花开线图　1：50

注：1.现场天花造型放线尺寸需由设计师现场确认
　　　签字；
　　2."——"为天花、门、窗、造型对中线。

某公寓样板房户型平面图 11

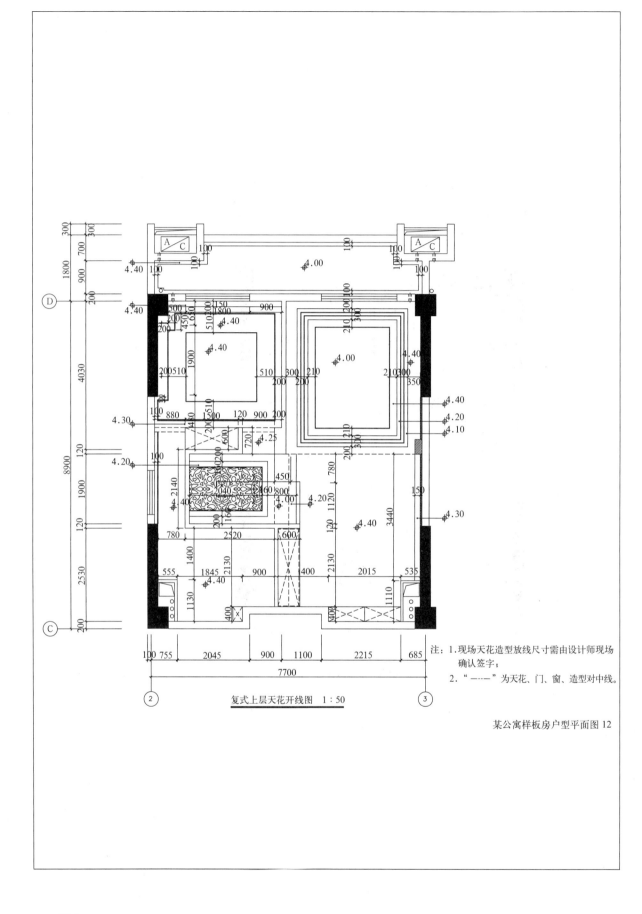

复式上层天花开线图 1:50

注：1.现场天花造型放线尺寸需由设计师现场
   确认签字；
   2.“——”为天花、门、窗、造型对中线。

某公寓样板房户型平面图 12

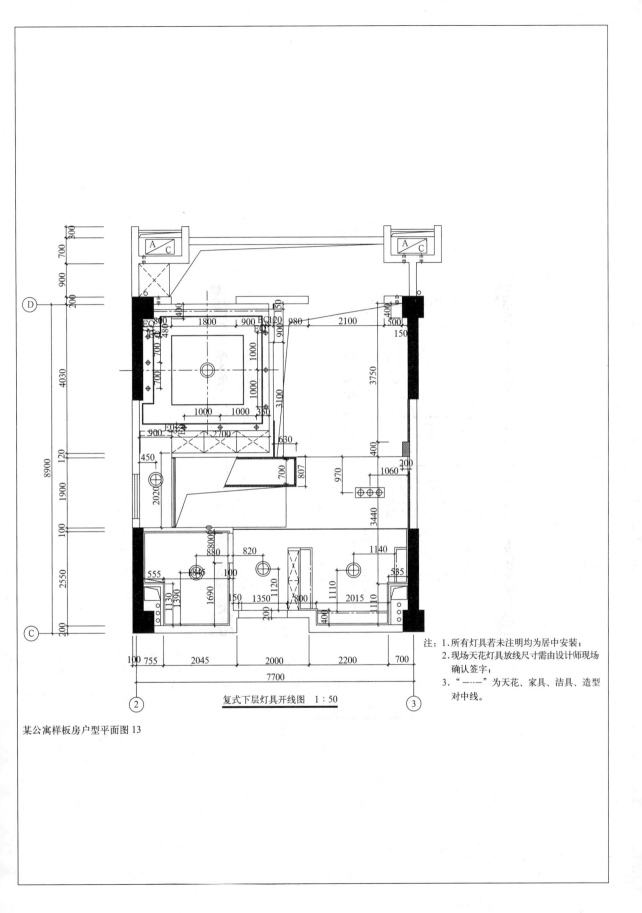

注：1.所有灯具若未注明均为居中安装；
2.现场天花灯具放线尺寸需由设计师现场
确认签字；
3."－－－"为天花、家具、洁具、造型
对中线。

复式下层灯具开线图　1：50

某公寓样板房户型平面图 13

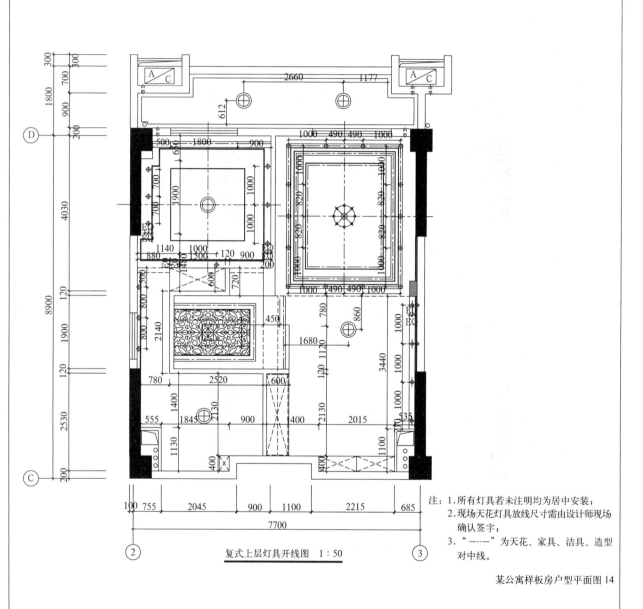

注：1.所有灯具若未注明均为居中安装；
2.现场天花灯具放线尺寸需由设计师现场
确认签字；
3."— - —"为天花、家具、洁具、造型
对中线。

复式上层灯具开线图 1：50

某公寓样板房户型平面图14

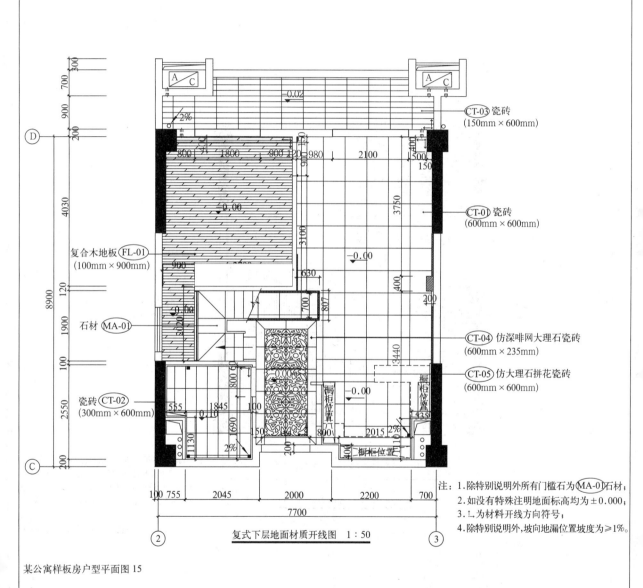

复式下层地面材质开线图 1：50

CT-03 瓷砖
(150mm×600mm)

CT-01 瓷砖
(600mm×600mm)

复合木地板 FL-01
(100mm×900mm)

石材 MA-01

瓷砖 CT-02
(300mm×600mm)

CT-04 仿深啡网大理石瓷砖
(600mm×235mm)

CT-05 仿大理石拼花瓷砖
(600mm×600mm)

注：1.除特别说明外所有门槛石为 MA-01 石材；
2.如没有特殊注明地面标高均为±0.000；
3.∟为材料开线方向符号；
4.除特别说明外，坡向地漏位置坡度为≥1%。

某公寓样板房户型平面图 15

299

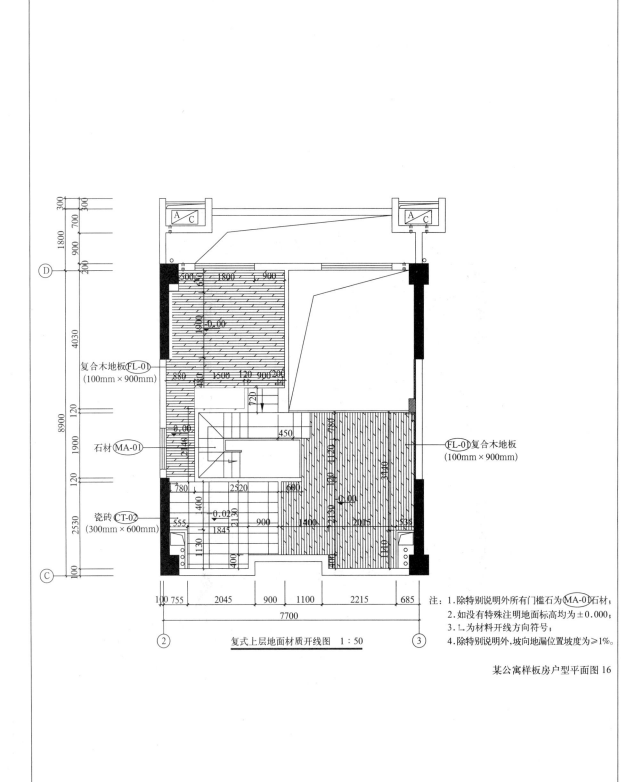

复合木地板(FL-01)
(100mm × 900mm)

石材 (MA-01)

瓷砖 (CT-02)
(300mm × 600mm)

FL-01 复合木地板
(100mm × 900mm)

复式上层地面材质开线图　1：50

注：1.除特别说明外所有门槛石为 MA-01 石材；
2.如没有特殊注明地面标高均为±0.000；
3. └ 为材料开线方向符号；
4.除特别说明外,坡向地漏位置坡度为≥1%。

某公寓样板房户型平面图 16

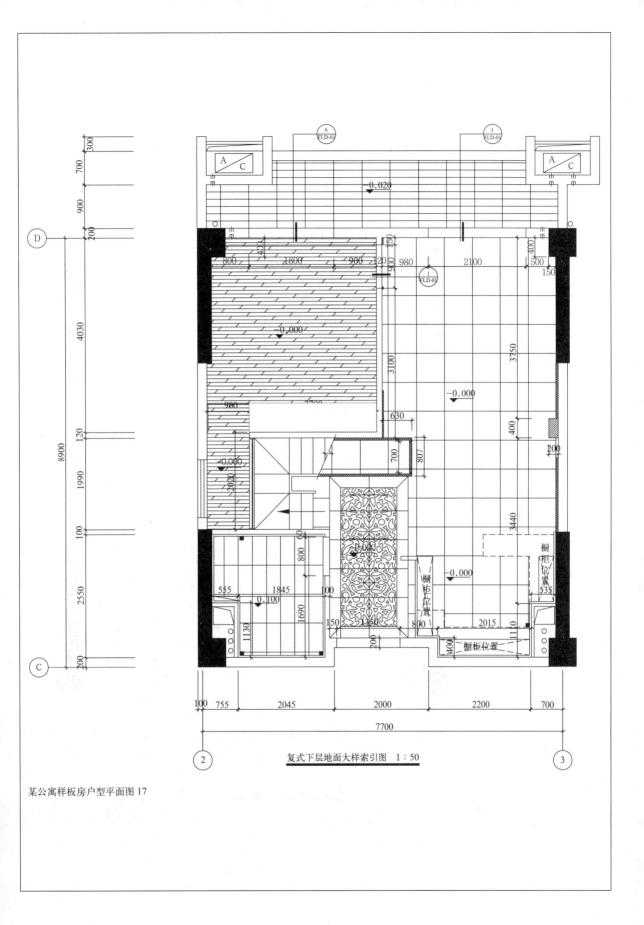

复式下层地面大样索引图 1:50

某公寓样板房户型平面图 17

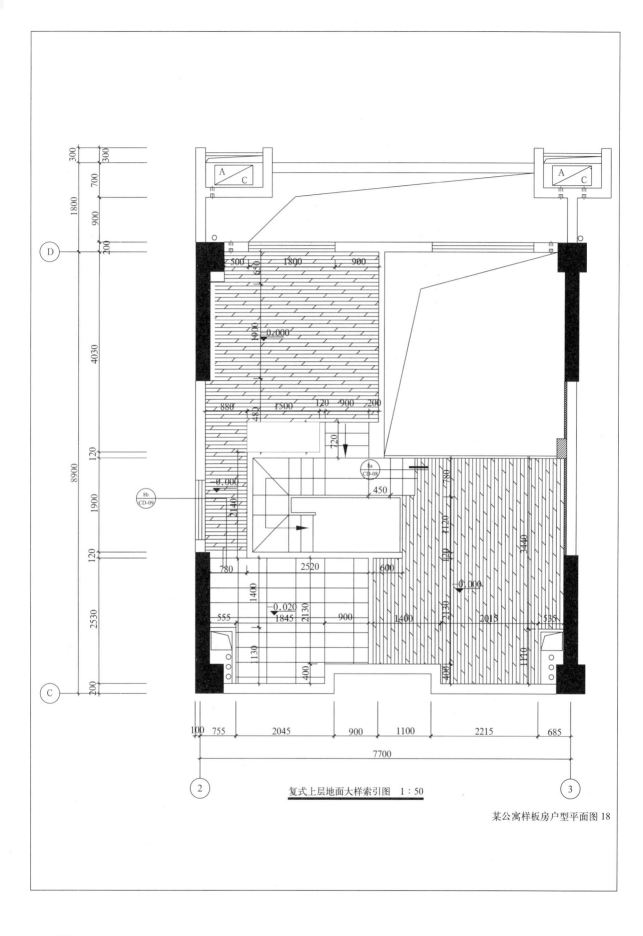

复式上层地面大样索引图 1：50

某公寓样板房户型平面图18

302

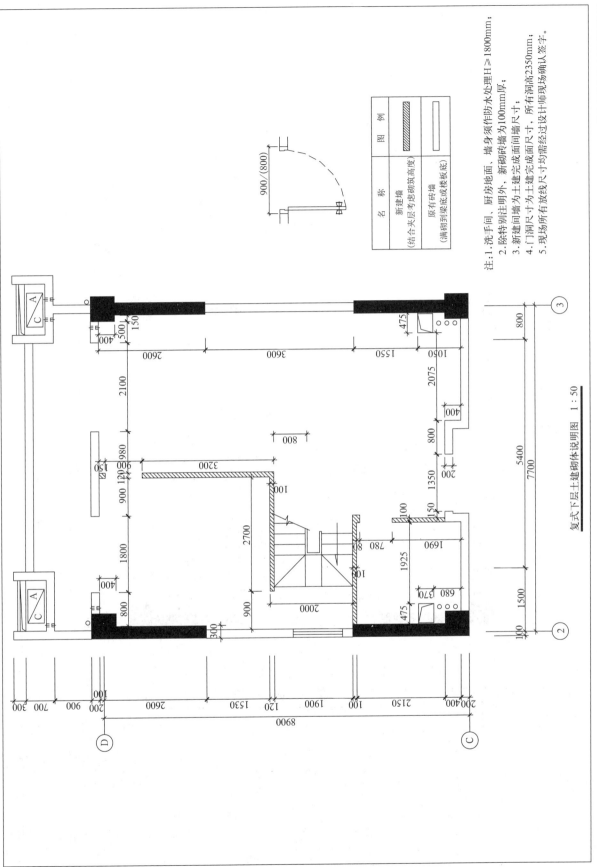

复式下层土建砌体说明图 1 : 50

图	例
名 称	
新建墙 (结合夹层考虑砌筑高度)	
原有砖墙 (满砌到梁底或楼板底)	

900/(800)

注:1.洗手间、厨房地面、墙身须作防水处理H≥1800mm;
　2.除特别注明外、新砌砖墙为100mm厚;
　3.新建墙间墙为土建完成面间墙尺寸;
　4.门洞尺寸为土建完成面尺寸, 所有洞高2350mm;
　5.现场所有放线尺寸均需经过设计师现场确认签字。

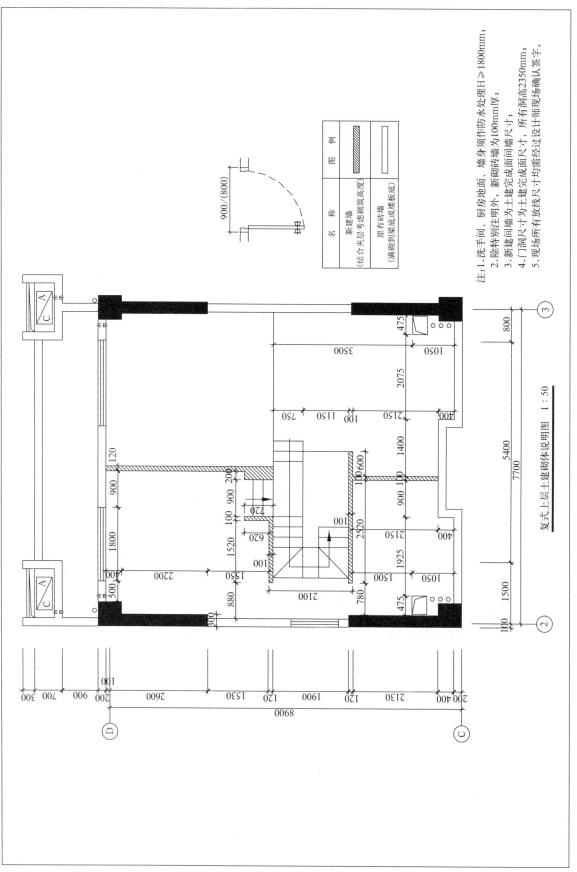

复式上层土建砌体说明图 1 : 50

名 称	图 例
新建墙 (结合夹层考虑砌筑高度)	
原有砖墙 (满砌到梁底或楼板底)	

900/(800)

注:1.洗手间、厨房地面、墙身须作防水处理H≥1800mm;
2.除特别注明外、新砌砖墙为100mm厚;
3.新建间墙为土建完成面尺寸;
4.门洞尺寸为土建完成面尺寸,所有洞高2350mm;
5.现场所有放线尺寸均需经过设计师现场确认签字。

某公寓样板房精装修材料表

材料编号	材料名称及编号	使用位置
PT-01	白色乳胶漆	天花
PT-02	白色外墙防水乳胶漆	卫生间天花
PT-03	白色乳胶漆 (同PT-01)	储物间天花、墙身
WD-01	浅色斑马木木饰面	墙身、装饰柜及门
WD-02	中纤板丰花	墙身、天花
MA-01	意大利木纹洞石	墙身及门槛石
MR-01	银镜	墙身造型
MR-02	清镜(同MR-01)	卫生间洗手台面位置
WP-01	金属墙纸	墙身
WP-02	银箔	天花
CT-01	仿意大利木纹石抛光瓷砖	客厅、餐厅地面
CT-02	仿意大利木纹石防滑瓷砖	卫生间地面
CT-03	仿意大利木纹石防滑瓷砖	阳台地面
CT-04	仿深啡网大理石瓷砖	玄关地面
CT-05	仿大理石拼花瓷砖	玄关地面
V V-01	有机透光片	楼梯间
GL-01	钢化请玻璃	栏杆
SS-01	玫瑰金不锈钢	地脚线、墙身及收口线

材料编号	材料名称及编号	使用位置
HPL-01	浅斑马木纹防火板	洗手盆柜门
FL-01	复合实木地板	主卧、次卧及工作间

说明：

备注：

注：本材料表仅编区号、名称参考使用，具体款式及型号请参照材料表（材料具体图片型表表格名）；
所有物料名称及代理商（如规格表中示）只为参性质，但施工方必须提供同等质量或更高标准的物料以满足
设计效果，技术标准及工艺标准要求。

Company Add
公司地址

Liaison Tel
联系电话

Engineer Title

Drawing Name
图名 主要材料明细表

■ DESIGN
设计师

■ DRAW
绘图

■ CHECK
审核

■ Paper No
图纸号 2

■ SCALE
比例 见图

■ DATE
日期 2014

参考文献

[1] 广东省住房和城乡建设厅. 广东省建筑与装饰工程综合定额[M].北京：中国计划出版社，2010.

[2] 住房与城乡建设部标准与定额研究所. GB 50500-2013建设工程工程量清单计价规范 [S]. 北京：中国计划出版社，2013.

[3] 住房与城乡建设部标准与定额研究所. GB 50854-2013建设工程工程量清单计价规范 [S]. 北京：中国计划出版社，2013.